# 爱因斯坦
## 还是对的吗？

### Is Einstein Still Right?

[美]克利福德·威尔　　[美]尼古拉斯·尤尼斯 ◎ 著

Clifford M.Will　Nicolás Yunes

刘丰源◎译

湖南科学技术出版社
·长沙·

# 前　言

　　1915 年，距今一个多世纪以前，阿尔伯特·爱因斯坦在 11 月里连续做了四场周三的报告，向普鲁士科学院介绍了他研究 8 年的引力理论。在座的德国科学家听众里，受触动、感到振奋的占少数，大多数人被搞糊涂了，还有一些公开表示反对。而在德国科学界以外，爱因斯坦的报告基本上没什么影响力。此时第一次世界大战进行正酣，除了瑞士、荷兰等少数几个中立国，德国基本上隔绝于世界其他国家。夜以继日的辛苦计算，再加上战时柏林定额的食物配给以及其他匮乏，让爱因斯坦身心俱疲。他回到了自己的办公室，继续埋头耕耘他那相对来说默默无闻的新理论。

　　但仅仅过了 4 年，在英国天文学家们宣布爱因斯坦关于光线近日引力偏折的预言正确之后[1]，国际头条就把爱因斯坦宣扬成了牛顿的接班人，一位预言了奇

---

[1]1919 年，英国天文学家弗兰克·戴森和亚瑟·爱丁顿带领的团队赴非洲观测 5 月 29 日的日全食，证明了太阳附近星光的偏折符合广义相对论的预言。观测结果于数月后宣布，次年论文发表，给爱因斯坦带来了非凡的声望。详见本书第三章。——译者注（除特别注明外，全书脚注均为译者注。）

异的全新宇宙的先知。这个宇宙被可变的时间和弯曲的空间所支配，描述它的繁难数学在世界上也只有屈指可数的几个人能掌握。一夜之间，爱因斯坦成了一位科学巨星。他总体来说享受这种身份，但偶尔也感到厌弃。然而，他那名叫广义相对论的思维产物却迅速被缺少实用意义、匮乏实验支持以及太过深奥的名声给拖累得衰颓了①。很快，在物理学的体系中，广义相对论变成了比补丁强不了多少的存在。

╳　然而到了 2015 年——广义相对论一百周年诞辰时，爱因斯坦的理论已经在物理学的圣殿中找到了自己名正言顺的位置。它的预言已经被验证了一遍又一遍，有时精确度简直匪夷所思。在大学的书架上，广义相对论的课本并列在量子力学、固体物理、天文学公认的经典旁边；开设广义相对论课程，也成了物理学院培养本科和研究生的常规举措。从高能物理、天文学到宇宙学，广义相对论已经被广泛应用在若干领域。像霍金这样的当代科学巨星，在油管网和《生活大爆炸》(*The Big Bang Theory*)等电视剧里详细地讲解弯曲时空。就连汽车导航和寻找遗失的智能手机都要依赖广义相对论，因为在 GPS 这样的全球性定位系统里，必须要考虑时间的变动。

2015 年 9 月 14 号，百岁广义相对论头上又加冕了一顶皇冠。

---

① 广义相对论经历过提出初期的短暂辉煌后，在学术界的地位迅速衰落。在 20 世纪 20 年代到 50 年代的近三十年间，仅有不到 1% 的物理学期刊论文与广义相对论有关。1947 年，担任普林斯顿高等研究院(IAS，爱因斯坦当时在此就职)院长的著名物理学家、美国"原子弹之父"罗伯特·奥本海默认为广义相对论"此路不通"，建议手下有前途的物理学家不要继续这方面的研究。美国著名物理学家理查德·费曼生前曾表示："因为缺乏实验证据，这一领域并不活跃。极少有出色的科学家从事(广义相对论)这方面的研究……优秀的研究人员都活跃在别处。"曾与爱因斯坦合作过的波兰物理学家利奥波德·英菲尔德回忆道："我们这些从事广义相对论的人，与其说被其他物理学家所质疑，不如说是被鄙视。爱因斯坦本人就常对我说：'在普林斯顿，他们把我当作老傻瓜。'这种境况在爱因斯坦去世前几乎没有任何改变。"

在这一天，人们探测到了离地球 100 万光年外一对黑洞并合产生的引力波。爱因斯坦在 1916 年首次预言了这种波，在 20 世纪 30 年代又短暂地怀疑过它的真实性，认为永远不能在现实中探测到它。探测结果于 2016 年 2 月在新闻发布会上公布，证实了爱因斯坦是正确的，并成为和百年前同样轰动的世界级头条。更重要的是，它为天文研究开辟了一条新的道路：人们不仅能用眼睛观察宇宙，还能"聆听"宇宙。除此之外，它也打开了用黑洞、中子星和引力波来检验爱因斯坦理论的大门。

　　本书有关于爱因斯坦百余年前的发现——广义相对论，内容侧重于实验和观测。广义相对论是一项非常漂亮的理论。爱因斯坦依据优美、简洁、优雅的美学标准，得出了它的最终形式。到了最后，尽管爱因斯坦仍然赞许实验检验的作用，但在内心深处他其实已经认定了，既然这项理论如此优美，它必然是正确的。然而，正如伟大的美国物理学家理查德·费曼（Richard Feynman）①所说："你的理论正确与否，和它形式多漂亮无关，和你多聪明也无关。只要和实验不一致，它就是错的。"

　　在这本书里，我们将会讲述广义相对论如何通过了每一项实验的检验。这张答卷完美得几乎令人难以置信，但在广义相对论出现之前，1687 年牛顿发表的引力理论也曾经交出过同样完美的答卷。我们没有理由认定广义相对论就是引力理论的最终形态。在目前的观测中，存在着一些异常效应，有些干脆和爱因斯坦的理论相悖，这说明我们已经到了需要新理论的时候了。例如 1998 年发现的宇宙加速（而非减速）膨胀，就是一个令人挠头的异常现象。一些人正

---

① 美籍犹太裔物理学家，1918.5.11—1988.2.15，在量子电动力学、粒子物理学以及科学普及和教育方面有重要贡献，1965 年获诺贝尔物理学奖。

努力寻找广义相对论的替代理论,以解释这种异常。因此,为了知道广义相对论是否会被取代,或者会在什么情况下、以什么方式被取代,我们必须继续检验广义相对论。特别是要在陌生的新竞技场里挑战它,例如在黑洞附近或者以引力波的形式。

本书的两位作者是从事理论研究的广义相对论学家,但是我们两个都花费了职业生涯中的很大一部分精力,研究如何利用实验和观测来证实或证伪广义相对论。的确,我们不亲自做实验和观测;如果我俩太靠近仪器设备,实验物理学家同事们会提心吊胆。然而,我们花了很多的时间和他们讨论、合作,掌握了他们所做的事,也明白了观测和实验如何检验广义相对论。在本书中,你将认识一些绝顶聪明的人,他们设计实验,建造仪器设备,分析得到的数据。其中有些人单打独斗,团队很小;也有一些是大型团队的一员,合作者包括数千名科学家、工程师、技术人员。为了查明爱因斯坦是否仍然正确,他们是真正做实事的人。

# 致　谢

　　我们感激许多朋友和同事，他们阅读了本书的某些部分，并给我们寄来批评、指正和建议。他们是：布鲁斯·艾伦（Bruce Allen），伊姆雷·巴托斯（Imre Bartos），皮特·本德尔（Peter Bender），唐纳德·布伦斯（Donald Bruns），亚历山大·卡迪纳斯-埃文达诺（Alejandro Cárdenas-Avendano），卡特雷纳·查兹欧南诺（Katerina Chatziioannou），伊尼亚齐奥·丘富里尼（Ignazio Ciufolini），卡斯滕·丹茨曼（Karsten Danzmann），谢普德·杜勒曼（Sheperd Doeleman），菲利普·伊顿（Philip Eaton），吉姆·霍夫（Jim Hough），科尔·米勒（Cole Miller），詹妮·梅耶（Jenny Meyer），保罗·弗雷尔（Paolo Freire），雷恩哈德·根泽尔（Reinhard Genzel），拉梅什·纳拉扬（Ramesh Narayan），豪尔赫·普林（Jorge Pullin），杰西卡·瑞雷（Jessica Raley），大卫·莱兹（David Reitze），伯纳德·舒茨（Bernard Schutz）和诺伯特·韦克斯（Norbert Wex）。如仍有任何错误或遗漏，我们负全部责任。

　　作者克利福德·威尔（Clifford Will）感谢佛罗里达大学的支持，还有 2018 年和 2019 年撰写本书时巴黎天体物理研究所在居留期间的招待。他同样感谢美国国家自然基金的多项拨款支持。作者尼古拉斯·尤尼斯（Nicholas Yunes）感谢蒙大拿州立大学和伊利诺伊大学厄巴纳–香槟分校的支持，还有 2019 年撰写本书时，科维理理论物理研究所在工作坊期间的招待。他同样感谢美国国家自然基金和美国国家航空航天局的多项拨款支持。

在本书中，我们将介绍一些"思维实验"，或者讲解一些有观察者参与的情况。我们有时用"他"、有时用"她"来指代，而没有做"他或她"或者"他们或她们"这样性别上的模糊处理。这并不意味着我们排除了观察者或者科学家是变性者或者非二元性别者的可能。事实上，作为物理学家，我们强烈意识到我们的职业还需要更多努力，才能在性别、性别认同、种族、民族以及残障方面达到更大的多样性，我们也愿尽力做好自己个人的部分。我们希望这种使用人称代词的方式能使得本书变得易读且有趣，与此同时仍然鼓励包容性。

# 译者序

## 广义相对论之虹

人类第一次宣布探测到引力波，是一个隆冬。那时我过着封闭的寄宿高中生活，在阅读学校下发的作文素材时，一条头版标题攫住了我的目光。这个瞬间，班级里的嘈杂声似乎凝止了，我目不转睛地盯着这个标题：

"重大发现，LIGO首次探测到了引力波。"

在毫无觉察之间，我经历了半世纪以来广义相对论最高光的时刻。世界上总有那么一些东西，极其难懂又高不可攀。和无数中国孩子一样，我从小听惯了爱因斯坦半真半假的奇闻逸事。电影里，只有通晓多门语言的神童和身残志坚的人才对高深的理论如鱼得水，而那些看起来和我的生活十分遥远。

他的广义相对论，仿佛早已镶嵌进了这个世界的基本框架。很多书里的口吻似乎都确定无疑：百年不遇的伟大理论已经建好，屹立不倒。种种稀奇的效应，尽管还未被完全验证，却如同西洋镜里的画片——若是你觉得有异议，一定是你太"土老冒"。

尽管从小总是大言不惭说自己想做个科学家，但诚实讲，我不知道这个世界还有什么留给我发挥。高考的重压下，我在桌肚里偷偷看一本旧版天文教材。书中讲述着琳琅满目的天文现象，而关于引力波只有寥寥数语："类似探测还从来没有成功过。"

那则关于引力波的报道让我意识到，这宇宙中不确定的东西仍然多如繁星。三年之后，我在天文系的课堂上听老师讲解天体力学。那是天体在引力作用下无休止的复杂运动，广义相对论在其中扮演着不可小觑的角色。随后，我收到导师发来的讨论邮件。在他的办公室里，我看到了即将发表的人类首张黑洞照片。小小的光影之间，是检验广义相对论的前沿阵地。

后来我读到一篇关于相对论致密天体的论文，其中引用莱昂纳德·科恩的歌词："万物皆有裂隙，光芒得以进入。"我研究生涯的"裂隙时刻"，或多或少都和广义相对论的实验有关。而广义相对论本身也同样有裂隙，正因为这些裂隙存在，我们才得以看到一个接一个实验透露的光芒。

在我现在工作的天体物理领域，广义相对论几乎无孔不入。那些星系的炽热心脏——活动星系核——表现出的许多特征，都需要依赖广义相对论解释。遥远宇宙的空间膨胀，也可用广义相对论推导出的公式描述。广义相对论不再是难以捕捉的鬼火，而是认识这个世界最基本的常识和底色。在这个如此依赖广义相对论的世界，了解一些真实世界语境下的广义相对论，也变得越来越必要。

这就是为什么我在翻译的过程中越来越欣赏这本书。它不用那种故作夸张的语气鼓吹广义相对论中那些抽象的概念，反而尽量将其平实道来，如同描摹邻家院落的瓜果蔬菜。更为关键的是，书中还指出这些设想的要害在何处，以及我们该如何去分辨。这就是实验——理论与现实关联的地方。

事实上，广义相对论充满了异议。科学家也常常在工作中犯错，在职场上挣扎，与不同身份的人痛苦地打着交道。在检验伟大的理论之时，有时候相当接地气：在飞过我家乡上空的飞机，也许正搭载着测量引力红移的钟表。或者一个简单的实心大铜球或者粗铝柱，就能与时空的起伏共舞。

尤为难得的是，本书包含了众多实验案例和技术细节。有趣的理论预言，也许学过这门理论的人都有所耳闻，但要准确而简练地点明一项实验的亮点，非得是亲身参与过的内行人不可，这从本书致谢中那些鼎鼎大名就可见一斑。书中讨论的技术也非常前沿，横跨若干不同领域。纵观全书，几乎可一览人类最尖端的技术成就，包括甚长基线干涉、无拖拽控制、脉冲星时间序列，它们在业内声名卓著，在外界却少被人知晓。受益于出版时间，实验进展较为新时，读者几乎能够感受到那种激动：我们正处在伟大发现的前沿。

少年时代的经历让我知道，一本能让人读懂的科普书是多么重要。本书中的科学内容不算简单，需要许多耐心才能完全理解。为了通俗起见，我在翻译过程中添加了若干译注，有些是对概念的解释，有些是对上下文逻辑推演的补足，还有的是对现状的更新。希望这些注解可以缓解科学的枯燥，为读者留下相对轻松和深入的阅读体验。书中涉及许多新概念、新项目，我在本书中为它们命名的同时，也向全国科学技术名词审定委员会建议了数十个新的标准译名。

最后，感谢我的编辑杨波，容忍我在这份翻译处女作上追求完美的拖延和重复修改，并在编辑过程中付出了大量辛劳。还要感谢我的父母，尽管他们一直在文科领域耕耘，却始终支持我的科学探索，并在本书翻译期间给予我坚实的支持。

愿我们都能在生活中找到一丝裂隙，透入广义相对论的这一缕虹彩。

刘丰源
2023 年春于北京奥运村

# 目　录

第一章

# 绝妙之夏

2017 年夏天，阿尔伯特·爱因斯坦大获全胜。5 月 25 号星期四，正是一年的暮春时节，学术期刊《物理学评论快报》在网站上发布了一篇论文。这篇论文描述了一场为期十九年的战役，内容是观测两颗绕着我们银河系正中心超大质量黑洞运转的恒星。这两颗恒星之所以特殊，是因为它们的轨道离黑洞很近，导致它们绕转的速度达到了光速的百分之几[1]，即每小时 2000 万到 3000 万千米。这些轨道中有可能存在和广义相对论预言不同的现象，拿来检验爱因斯坦的理论再理想不过了。然而，由加州大学洛杉矶分校的安德莉亚·季姿[2]率领的这支团队并没有发现什么不同。爱因斯坦又一次经受住了考验，这是第一次在黑洞周围的轨道上进行的检验。

7 月 18 号星期二，晚上 8 点，在德国小镇达姆施塔特（Darmstadt）上，一位科学家站在林立的计算机屏幕前，下达了关闭指令。5 秒之后，地球 150 万千米开外，"丽萨探路者（LISA Pathfinder）"卫星关闭了。整个房间里回荡着如释重负而又黯然神伤的叹息。16 个月以来，两个边长 1.8 英寸[3]、完全相同的金铂合金方块，一直自由地漂浮在卫星的真空舱内，保持着几乎完全一样的间距。卫星必须要周期性地微调，从而抵消太阳质子和辐射轰击造成的位置偏移。如果任何一个方块碰到了舱室内壁，都会是一场灾难。

---

① 根据引力理论，天体在椭圆轨道上公转时，轨道的半长轴越小，运转的线速度越大。也就是说，绕转的天体越位于中心天体附近，绕转的速度就会越大；越远离中心天体，绕转的速度就会越小。这种绕转速度与轨道半径的负相关关系，在后文中屡屡出现，读者应将其视为常识，不再一一解释。

② 美国天文学家，加州大学洛杉矶分校物理学和天文学教授，因为对银心黑洞周围恒星的观测而获得 2020 年诺贝尔物理学奖。

③ 1 英寸 =2.54 厘米。

要想任务成功，特制的飞船推进器和复杂的传感器必不可少。在 16 个月的过程中，这颗卫星的内部是全宇宙最宁静的地方。这个任务的成功，让科学家们离梦想更近了一步：用一组名叫丽萨（LISA）的空间探测器观测引力波。

这个夏天的八月甚至更妙。8 月 14 号星期一，美国的引力波探测器 (LIGO) 和意大利的室女座（Virgo）探测器挑出了一个 14 亿年前双黑洞并合的信号。这不是首次探测到引力波信号——那个意义重大的时刻发生在大约两年前。但是这是第一次同时由 LIGO 和室女座探测器探测到信号。前者的两台设备分别位于华盛顿州的汉福德（Hanford）核禁区 ① 附近以及路易斯安那州的巴吞鲁日（Baton Rouge）② 附近。后者位于意大利的比萨附近。三重探测让科学家能更好地确定出源在天空中的位置。

三天后，又一次引力波爆发摇撼了 LIGO 和室女座探测器灵敏的镜面。几秒之后，游弋在地球上空 534 千米处的费米伽马射线空间望远镜探测到了同样一片天区传来的伽马射线爆发。很快，搜寻性的研究就锁定了信号来源的星系。在接下来的几个小时和几天内，全世界的天文学家观测到了各种形式的光，从 X 射线到射电波，全都是从同一个位置传到地球的。这一次，信号源是两颗中子星，离地球大约 1.4 亿光年；它们在互相绕转、并合的过程中产生了引力波。随后爆发了核火球，蕴藏着超乎想象的能量。

单单是这一次观测，就揭示了爱因斯坦没想到的奇观。如果你戴着金项链或者铂金戒指，那么这些罕见（且昂贵）的元素很有可

---

① 位于美国华盛顿州哥伦比亚河畔汉福德镇，由美国政府设置与管理，用来处理各种核能废料产物，是美国最大的放射性核废料处理厂区。

② 美国路易斯安那州首府、第二大城市和目前人口最多的城市，是东巴吞鲁日县县治。

能就是在类似于这次观测的核子灾变中诞生的。实际上，宇宙中大多数的金和铂，如今都被认为是在中子星坍缩过程中产生的。

如果这还不够的话，再想想另一个事实：中子星并合前一瞬间发出的引力波，和并合后一瞬间发出的伽马射线，在飞行了 1.4 亿光年后，到达地球的时间仅差 2 秒钟。这说明至少在小数点后 15 位的精度上[①]，引力波的速度和光速都是完全相同的。令人惊异的是，这正是爱因斯坦在 1916 年所预言的。

接下来的 8 月 21 号周一，在怀俄明州的卡斯珀山（Casper Mountain）顶峰附近，业余天文爱好者唐·布伦斯（Don Bruns）[②]独自一人在折叠沙滩椅上坐定。当天有全日食带[③]穿过美国，一摁按钮，他的笔记本电脑就遥控一台 Tele Vue 牌的 NP101is 望远镜，趁日食时拍摄一系列太阳照片。他的目标是重现 1919 年由亚瑟·斯坦利·爱丁顿领导的职业天文学家队伍进行的著名实验。爱丁顿的观测证明了引力弯折光线的方式和爱因斯坦预言的一样，从而推翻了牛顿的理论，让爱因斯坦声名鹊起。布伦斯想看看，只靠一台消费级现代望远镜、一台 CCD[④] 相机和计算机控制的装备，非专业的天文爱好者能做到什么程度。分析完他的数据，布伦斯同样证实了太

---

① 本书中多次出现"精度""准确度""误差范围"等表述，这是由于实验测量的精确度有限，即便是理论上应该相同的物理量，在实验中也只能测到有限的位数相同。而测量精度之所以受到限制，往往是因为实验中存在无法消除的"噪声"，即干扰因素。总体来说，噪声水平越低，误差（不确定性）就越小，测量的准确性就越好，实验精度位数就越多，就能更加强有力地支持对应的科学结论。后文类似表述不再一一解释。

② 唐纳德·布伦斯（Donald Bruns）的昵称。

③ 由于天体排布，发生日食时，地球不同地区看到的景象不同。能看到全日食的带状地区称为全日食带。

④ 电荷耦合器件，是现代天文望远镜常用的成像器件，上有许多排列整齐的电容，能感应光线，并将拍摄到的影像转变成数字信号，在某些单反相机中也有应用。

阳引起的光偏折和爱因斯坦预测的一样，但他的测量精度要胜过爱丁顿三倍。

若干诸如此类的事件被媒体一概而论，起上类似于"爱因斯坦又对了"的标题。他们固化了一个关于广义相对论的童话故事：1905 年，瑞士伯尔尼（Bern）专利局的卑微职员爱因斯坦创造了狭义相对论，然后他开始研究引力，艰苦工作十年，创造了广义相对论。1919 年，爱丁顿通过测量星光偏折证实了他的理论。爱因斯坦声名鹊起，他的理论大获全胜，大家从此过上了美满幸福的生活。

真实的广义相对论故事远比这要复杂。20 世纪 20 年代，爱丁顿的结果受到了很多人质疑，尤其是美国天文学家。1917 年，实验并未测到另一个效应，而爱因斯坦认为这个效应对检验他的理论至关重要——太阳光的波长向光谱的红端移动①。这很显然影响了爱因斯坦拿诺贝尔奖的机会。直到 1921 年，他才因为他在光电效应②方面的研究获奖，而不是广义相对论。

广义相对论被认为是极其复杂的，其中还包括时空弯曲这种搞糊涂了当时大多数物理学家和天文学家（更别说普罗大众）的诡异新概念。1919 年 11 月 9 号发行的《纽约时报》上，一篇关于相对论的文章头条是："为 12 位聪明人而写的书 / 当出版商冒险接收此书时，爱因斯坦说世上能理解之人绝无更多。"爱因斯坦可能最早在 1916 年的时候就说过类似的话，来描述他写的一本关于相对论的科

---

① 光具有波动性，把光的强度按照波长依次排列开，形成的图表称为光谱。在可见光的范围内，波长最长的部分在人眼看来是红色，而波长最短的部分在人眼看来是蓝紫色。此处所描述的实际就是引力红移，具体解释详见第二章。

② 指高于特定频率的光束照射在物体上，会使物体产生电子的物理效应。爱因斯坦认为，这是因为光的能量并非连续分布，而是分为一个个离散的光子，单个光子的能量和频率有关。这一理论不仅解决了光电效应问题，还推动了量子力学的产生。

普书。另一个差不多意思的故事来自爱丁顿。1916 年，广义相对论的最终形式发表不久后，爱丁顿首先意识到了它的重要性。他开始深入学习这门理论，随后组织了一支队伍去测量光线偏折。1919 年 11 月皇家天文学会和伦敦皇家学会联合会议的闭幕式上，爱丁顿汇报了自己测量的成功结果。据说，有个同事说："爱丁顿教授，您肯定是世界上仅有的三个能理解相对论的人了！"爱丁顿否认了。同事坚持说："爱丁顿，别谦虚了。"爱丁顿回答道："恰恰相反，我想不出第三个人会是谁。"

或许的确只有屈指可数的人能理解广义相对论，但成千上万的人被它所吸引，想要读到关于广义相对论和爱因斯坦的事情。在大众传媒上，广义相对论引发的科学革命，被放到了和哥白尼、开普勒和牛顿的远见卓识同等重要的位置上。一篇又一篇社论发了出来，一边赞叹它是人类有史以来的最大成就，一边抱怨要理解它太困难。爱因斯坦在 1919 年底亲自为《泰晤士报》写了一篇长文，试图把理论解释给普通人听。他的照片光耀四射，刊登在 1919 年 12 月 14 号德国新闻杂志《柏林画报》封面上，标题是"世界史上又一伟大人物"。

然而科学家们认为，尽管这理论如此复杂，它对伟大的牛顿理论做出的修正却极其微小。彼时，实验物理学家统治物理界。在他们看来，广义相对论永远不会成为主流。

在这种怀疑思潮下，广义相对论研究很快就无人问津，停滞不前。到 20 世纪 20 年代中期，爱因斯坦已经转向研究结合引力和电磁力的规范场理论，其他广义相对论研究者也紧随其后。然而，这种尝试以徒劳告终。在此后 35 年里，只有一小撮人在研究广义相对论，而且研究的基本都是非常抽象的数学问题和基本概念。科学史学家珍·埃森史泰特将这段时期称为爱因斯坦理论的"枯水期"。此时人们对爱因斯坦理论的典型看法,可用 1962 年一位毕业生收到的建议概括。当时这位学生刚从加州理工学院毕业,准备去普林斯顿大学读研究生。母校一位著名的天文学家叮嘱他,去了普林斯顿后千万别研究广义相对论,因为不管是对物理还是对天文,它都永永远远没有用处。好在那位学生——基普·索恩(Kip Thorne)[①]——并没拿这条建议当回事。

当基普启程向东,前往普林斯顿那爬满常春藤的围墙之时,加州理工学院的天文学家们正准备宣布一类特殊天体的发现。他们称之为"类恒星的射电源",或"类星体"。这些释放出射电波的天体非常遥远,能量又极其强大,一切传统的物理理论都无法解释。有少数人开始思考,广义相对论是不是能提供解释?他们找来天体物理学家和广义相对论学家,开了一场专门针对类星体的会议。1963年 12 月,在达拉斯召开了一场历史性的会议,史称"第一届得克萨斯相对论天体物理研讨会"。没过几年,其他发现也表明广义相对论在天体物理中绝对有一席之地。1965 年,人们探测到了宇宙大爆炸遗留的微波背景辐射[②]。1967 年,射电天文学家发现了第一颗脉冲星,随后又发现了更多[③]。如今我们知道,脉冲星其实是高速自转的中子星。1971 年,人们发现了一颗致密而强大的 X 射线源,正绕着一颗普通恒星转动。这是第一个黑洞候选体。要想理解这些现象,非得用广义相对论不可。

---

① 他后来因为探测广义相对论预言的引力波获得诺贝尔物理学奖,具体过程详见第八章。他亦是本书作者之一克利福德·威尔的研究生导师。
② 一种充满整个宇宙的电磁辐射,特征和绝对温标 2.725K 的黑体辐射相同。详见第七章。
③ 详见第五章。

这些发现带来了广义相对论的复兴，它逐渐重回物理和天文学的主流视野。这当然也少不了技术革新的作用，譬如原子钟、激光、超导的发明以及空间项目的上马。新出现的工具以前所未有的高精度检验了广义相对论，巩固了它的实验基础。毕竟，要想用爱因斯坦的广义相对论解释类星体、脉冲星、微波背景辐射，你先得知道它正不正确。抛开爱因斯坦的盛名不谈，彼时与广义相对论逐鹿的还有其他引力理论。其中一个叫作布兰斯-迪克理论，命名自普林斯顿大学的罗伯特·迪克和他的学生卡尔·布兰斯。这一理论自信地声称，自己就和爱因斯坦的理论一样可行。这些竞争刺激了更多优秀实验的产生，去检验爱因斯坦到底是对还是错。

其他契机也为广义相对论的重生铺好了路。讽刺的是，其中一个可能是 1955 年 4 月的爱因斯坦之死。再没有哪个物理课题单独和某个伟大人物如此紧密地相连。当时，仅有的几个广义相对论研究者经常去普林斯顿朝圣，把他们的成果讲给爱因斯坦听，期待获得一些赞许。2015 年庆祝相对论诞生百年时，法国数学家伊冯娜·乔克特-布鲁哈写了一篇优美的回忆文章，怀念她 1951 年在高等研究院的访问，那时她还是个 27 岁的博士后。那年她多次拜访爱因斯坦，向他阐述自己关于场方程解存在性的数学研究，并听他讲他自己的规范场理论。他表示十分欣赏她的工作，这项工作后来也成了这个领域的重要里程碑。他自己对规范场理论的研究一无所获。但随着爱因斯坦的生命落幕，场论反倒重获自由，按自己的方式继续发展了。

另一个契机，可能是相对论专家的小团队开始形成社群。1955 年 7 月，在瑞士伯尔尼召开了一场会议，纪念狭义相对论诞生五十周年。从此，开办有关相对论的国际会议就变得常态化了。1959

年，在法国罗亚蒙特（Royaumont）举行了第三场此类会议。会上，这个领域的领头羊们建立了一个广义相对论"国际委员会"，用来帮助组织此类会议、整理已发表的论文，并提供全世界各研究团组的信息。这个组织最终演变成如今的国际广义相对论与引力学会，它选任官员、征收年费，还办了自己的学术期刊。

事实上，科学远不止知识本身，它还意味着研究者组成的社群。研究者们分享知识、团结合作、互相竞争——甚至是互相纠错，进而巩固科学事实，推动这个领域的科学进步。一些科学史学家认为，是因为在20世纪50年代晚期，相对论研究社群兴盛起来了，所以60年代的天文学新发现才能得到灵活高效的回应。

到1979年爱因斯坦诞辰时，60年代开始的广义相对论复兴正发展到顶峰。相关书籍如潮水般纷纷出版，证明了这个领域的鲜活和刺激。爱因斯坦那些复杂的方程，已经有了在各种情形下求解的办法，分门别类如工具箱一般。当问题更复杂时，研究者干脆就用计算机来求解。人们做了许多检验广义相对论的实验。其中有些实验是那些"经典"实验在新技术下的升级版，譬如测量光线偏折时，用类星体的射电波代替恒星的可见光。还有一些新实验爱因斯坦从未设想过，例如"夏皮罗时间延迟"现象：当雷达追踪在轨的行星或者航天器时，若是信号传播途中经过太阳附近，将发生额外的延迟。[①]

人们开始接受并认识理论中的黑洞，黑洞真实存在的证据也在慢慢累积。关于宇宙的基本结构和演化过程的模型已相当漂亮，宇宙学家甚至开始研究大爆炸后万亿分之一秒内发生的事情。不过，虽然研究了20年后脉冲星有了很好的理论解释，类星体的本质却依然是个谜。

---

① 详见第三章。

广义相对论的 100 周年诞辰以一场华丽的仪式宣告开幕。1978年 12 月，在德国慕尼黑举办的第九届得克萨斯相对论天体物理研讨会上，来自马萨诸塞州大学的约瑟夫·泰勒报告了广义相对论新检验方法的最新进展，这个了不起的方法是他和学生拉塞尔·赫尔斯在 1974 年发现的。它是一颗脉冲星，绕着一颗伴星旋转，俗称"脉冲双星"。泰勒在报告里描述了他们如何从 1974 年开始观测这颗脉冲星的绕转轨道，如今已经首次确认了爱因斯坦理论最重要的预言之一——引力波的存在。19 年后，泰勒和赫尔斯获得诺贝尔物理学奖，这也是诺贝尔奖首次颁发给广义相对论相关的研究。如果说广义相对论在 1919 年只是初露锋芒，那么如今它的的确确称得上是大获全胜了。

然而，地平线上仍徘徊着几片阴云，潜藏着更多阴霾。当然，它们无一直接威胁到爱因斯坦理论的霸权——到 1979 年为止，广义相对论与任何实验都相符，这一完美的记录一直持续到现在——但是这些阴影意味着，爱因斯坦的理论可能仍然并不是引力理论的最终形态。

第一片阴云是理论上的问题。除了发展狭义和广义相对论，爱因斯坦还是量子力学的先驱。尽管他的意见总是和量子物理的一些诠释相左，但他首先承认了，量子力学在解释亚原子层面的测量效应上取得了辉煌的成功。甚至他时常痛斥的那些幽灵般的概率问题（"上帝绝不掷骰子！"），由最近的实验看来，也是真实存在、无法避免的。从实践（化学、半导体、核磁共振成像、核能、智能手机……等无穷无尽的东西）到狂想（夸克、希格斯玻色子[①]、量子计

---

[①] 粒子物理理论预言的一种基本粒子，极不稳定，生成后会立刻衰变。2012 年由欧洲大型强子对撞机（LHC）首次发现。

算机……），量子力学掌控一切。万物内部最基本的力量——支配原子核的强相互作用，支配带电粒子和光的电磁相互作用，支配某些放射性衰变、和某种名叫中微子的诡异粒子紧密相关的弱相互作用——如今都要靠量子力学来理解。"量子无处不在"的信念在物理学界如此普遍，以至于它几乎成了一种信仰，这种信仰要求那最弱的力——引力，也要以某种方式"量子化"。

当然，这种想法不单单是出于信仰。如果纯粹从理论方面来看广义相对论，那么它实际上埋藏着颠覆自己的祸根。最常见的例子就是黑洞。在本书后面我们会谈到，黑洞中心存在着一个"奇点"。奇点是空间中的某个位置，在此位置，时空的弯曲、物质的密度、压力和能量都变成了无穷大。按照标准的广义相对论，在宇宙最初一瞬间的"大爆炸"时，也存在着类似的奇点现象。然而在通常的理解下，倘若一个理论预言出了无穷大，那它就是崩溃了。举例来说，1911 年的实验表明，原子内部是带负电的电子，绕着中心一个极小的、带正电的核转动。此时，科学家立马意识到了有什么地方不对。因为绕转的电子本应辐射出电磁波，失去能量，越转离原子核越近，最终释放出无穷大的能量。为了拯救这个局面，尼尔斯·玻尔（Niels Bohr）提出了原子的量子力学模型，要求电子在固定的轨道上绕转。只有当电子从一条轨道跳（或者叫"跃迁"）到邻近的低能量轨道时，才会辐射出光子。并且每个原子都有一个"基态"，也就是能量最低的轨道。一旦跳到这条轨道上，就不能再自发跃迁了。埃尔温·薛定谔和维尔纳·海森伯后来进一步发展了量子力学，用概率和不确定性原理完善了这幅图景。

在黑洞和大爆炸奇点的问题上，人们寄希望于量子力学或许可以用类似的办法伸出援手。比如说，就像原子基态理论避免了电子落到原子核那样，或许也有什么原理能避免物质落到黑洞中心形成奇点。

　　然而这条路上有个障碍。差不多 100 年了，还没出现过一种能被人们接受的量子引力理论。这不是因为没人努力：全世界都在尝试攻克此问题，研究角度旁逸斜出，叫人眼花缭乱。还发明出了一堆高深莫测的名字，举几个例子就可见一斑：正则量子引力、超弦理论、因果集合理论、圈量子理论、反德西特 / 共形场论对偶……此处就不连篇累牍地讲这个问题多么困难了，我们直接跳到最终结论：爱因斯坦 1915 年提出的广义相对论形式是无法量子化的。无论目标理论最终是什么样，它必然和广义相对论不一样。问题在于，它会有多不一样？以及，我们怎么去发现这些不一样？有种观点认为，量子引力只在大爆炸之后的千正 [①] 分之一秒（即 $10^{-43}$ 次方秒）内，或者在能量比日内瓦的欧洲大型强子对撞机高千亿倍时，才会变得显著。在黑洞内部，量子效应同样只在中心奇点周围极短的距离内起作用。既然包围奇点的事件视界阻止了内部信息的外泄，我们何必在乎黑洞内部发生了什么呢？因此，在这种思维下，我们永远不可能测到量子引力效应。这引发了一个科学难题：如果你有两个不同的理论，却没有任何可行的方法去检验它们，那么你如何判断它们孰对孰错？靠是否优美？是否简洁？民主投票？信仰？那还算科学吗？

　　另一种观念是不可知论。正如你将在本书后面部分看到的，我

---

① 本书中提到了很多大数，在英文中有专门的名词，翻译时使用清代《数理精蕴》中的"万进记法"：一、十、百、千、万、亿、兆、京、垓、秭、穰、沟、涧、正、载、极。万以上每逢一万进一位，即一万亿为一兆，一万兆为一京，以此类推。注意这种记法仅为译文流畅起见，并非通行规范。

们关注的基本都是在有限的时间内、用有限的预算（虽然有时价钱很高）能做完的实验。正因如此，本书就不详细描述发展量子引力理论的种种尝试了，否则就又可以写一部漫长而复杂的史书了。然而，我们必须承认，科学界还不太知道如何让广义相对论和量子力学兼容。因此，未来的实验很可能会因为二者不兼容而失败。倘若这真的发生了，那么这类实验观测将会为量子引力理论指出一条路。目前，我们只能不断地用更高的精度、更新的方法去检验爱因斯坦的理论。

笼罩在地平线上的第二片阴云，称为暗物质。如今，大多数物理学家和天文学家都相信，可观测宇宙只有 4% 是由普通物质构成的。我们自己就是这种物质。我们了解的一切，爱过的一切，都由它们构成：质子、中子、电子以及其他基本粒子。这些粒子加在一起，组成了物理学家所说的"标准模型"[1]。还有大约 23% 的东西叫作"暗物质"（其余的 73% 我们稍后再谈）。有很强的证据支持暗物质的存在。旋涡星系中恒星和气体的速度，星系团中星系的速度以及星系和星团周围光线的偏折，都大得无法用星系中普通可见物质的质量来解释[2]。在这些天体周围应该还有其他的物质，不发光但产生引力，因此被称为"暗"物质。宇宙背景辐射密度的微小起伏，也肯定了暗物质的存在。甚至大爆炸 100 万年后开始的星系形成，也要借助暗物质才能恰当地解释。是暗物质的引力把普通物质拖进了团块，并最终坍缩、并合，形成了我们如今看到的恒星和星系。

---

[1] 描述强力、弱力及电磁力这三种基本力及组成物质基本粒子的理论。

[2] 这三种现象都和引力质量有关。星系中的恒星和气体速度不能太大，否则就会挣脱星系本身质量产生的引力束缚，逃离星系。星系团中的星系也是如此，否则就无法维持在星系团中。而光线偏折也受到引力的影响，详见第三章。这些现象的数值过大，说明它们对应的质量也很大，经过计算发现超出星系和星系团中发光物质的质量，所以在这些系统中应当有不可见的物质存在。

　　暗物质最可能的候选者，是标准模型之外的基本粒子。只需稍微调整一下模型，粒子物理学家就能发明出一大堆看似合理的候选粒子。若果真如此，在你读这本书的每一秒钟，都有上百万这种粒子穿过你的身体。因此倘若有个足够灵敏的探测器，理应能探测到其中的一些。然而，全世界的物理学家拼命做了将近 40 年实验，却一点儿都没有测到。某些人觉得这处境有些尴尬，所以他们换了种思路：为什么不修改引力本身呢？正如你将在本书中读到的，广义相对论虽然已经在许多不同的舞台上被检验过了，但还没有在极其遥远的星系、星系团以及整体的可观测宇宙上验证过。因此，还是有可能提出某些理论，对广义相对论进行恰当的修正，从而解决暗物质问题的。至今为止，大多数的这种所谓"修正引力"理论都还不是很成功。如果未来出现某种理论，给出的预言能在观测——尤其是那些远距离观测——中得到验证，那它就成功了。

　　宇宙其余的 73% 是什么？地平线上最后一朵云进入视野："暗能量"。1998 年，天文学家研究了非常遥远的超新星爆发，他们被迫承认，从得到的数据来看，宇宙的膨胀正在加速，而不是减慢[①]。1929 年开始，我们就知道宇宙正在膨胀。直觉上，你可能觉得这种膨胀正在减缓。毕竟，有质量就有引力，而引力总是向内吸引的。所以，正像地球引力会让上抛的球速度减慢，最终使它落地，宇宙的质量应该也会使它自己的膨胀减缓（至于是速度减缓但不会停止，

---

① 某些超新星爆发之后，自身发光功率（称为光度）会随着时间递减，光度大小和递减速度遵循一个特定的关系。这样一来，天文学家就可以通过观察超新星的亮度变化，得知它光度的绝对值。由于实际观测到的亮度是随着光源距离增加而降低的，所以比较这种绝对值和实际观测到的亮度，就可以得知超新星的距离。这种测量距离的方法也被称为"标准烛光"法。测量若干超新星的距离，就可以得知整个宇宙空间的情况，从而确定宇宙膨胀是加速、匀速还是减速。

还是逐渐停止并往回缩，那就是另外一个问题了）。而且，爱因斯坦的广义相对论也确实预言了，宇宙的膨胀会慢下来，而不是快起来。所以，实际测到的加速膨胀无疑是一枚震爆弹。

随后，理论学家开动脑筋，提出了解释这种新现象的办法。其中一类想法类似"暗物质"，因而被芝加哥大学的宇宙学家迈克尔·特纳称为"暗能量"。它们名字中的"暗"有极强的预言意味。因为对我们来说，直到现在，它们仍处在未知的黑暗之中。如果你将与引力相对的排斥力，或者叫"反引力"的性质赋予某种物质，并且假设该物质占整个可观测宇宙总质量和能量的 73%，那么你得到的结果就能漂亮地吻合所有实际观测。实际上，基于这种思想的宇宙学模型——称作"ΛCDM"模型——确实能够很好地解释宇宙大尺度上的多种数据。在这里，大写希腊字母 Λ 代表暗能量，而 CDM 代表冷暗物质。然而，深奥的量子力学和粒子物理理论在解释暗能量时，产生了太多互相竞争的模型，很难通过实验或者观测来甄别它们。

另一类想法，是重拾爱因斯坦当年所说的自己"最大的错误"。早在 1916 年，他就想把自己的理论应用到整个宇宙上去。但令他惶恐的是，他发现理论证明宇宙要么膨胀，要么收缩，都不能稳定。在当时，传统的共识是，真实的宇宙是静态的，完全不发生变化。实际上，那时候连银河系外还存在着星系都不知道。为避免产生矛盾，他在原始的公式里加上了一项，他称为"宇宙学项"。这一项会引入一种反推效应，抵消宇宙在自身引力作用下收缩的趋势，从而营造出一个完美平衡的静态宇宙。这一项的大小由"宇宙学常数"控制，用希腊字母 Λ 表示（正是为致敬爱因斯坦，暗能量拥护者选用了同样的字母）。只要给宇宙学常数选取正确的值，爱因斯坦就能在维持宇宙静态的前提下，让一切保持正常。

但是，随后的观测数据搞乱了爱因斯坦的世界观。首先，人们发现了我们的星系之外还有星系，而且其中若干正在远离我们。随后，加州威尔逊山天文台的天文学家埃德温·哈勃（Edwin Hubble）在 1929 年宣布，星系运动的数据表明宇宙并非静态，而是正在膨胀。这样一来，爱因斯坦不得不扔掉他的宇宙学项，毕竟发明它的目的就是为了让宇宙稳定。现在我们既然知道了宇宙膨胀还在加速，那就可以再重新引入爱因斯坦的宇宙学项，因为它能提供抵消引力收缩的反推力。解释宇宙膨胀加速所需的宇宙学常数的值，要比爱因斯坦当时让宇宙稳定所需要的值小得多。因此，对于宇宙学以外的事情来说，加上的这一项都可以忽略。你或许可以把它叫作爱因斯坦理论的"迷你"修订。

第三类想法是更大幅地修改广义相对论，再加上足够多的微调，使最终结果不和本书接下来要讲的众多实验相矛盾。这看起来并不简单。在建立广义相对论时，爱因斯坦追求的是理论结构优雅简洁，他最终非常成功。在爱丁顿公布观测结果的年代，也许这个理论看起来很复杂。但从更现代的角度来看，广义相对论其实是描述引力最简单的理论了。事实上，为了宇宙学而修改广义相对论，总是会导出一些非常丑陋且复杂的理论。当然，现在我们还不清楚描述大自然的真理是否需要优雅或者漂亮。毕竟美感只是人类自己的概念，和物质世界毫无联系。换句话来说，宇宙本身就是一个混乱又肮脏的地方，所以说不定用来描述它的正确理论也应该同样地混乱和肮脏？

所有这些阴云——量子引力、暗物质、暗能量以及其他此处没地方讨论的——都不会直接令广义相对论失效。但它们带给我们一种不安的感觉,让我们觉得可能有必要"超越爱因斯坦"来理解引力,有必要建立一种新的理论:它既能在广义相对论已被精确检验的一切领域和广义相对论相吻合,又能按照量子引力和宇宙学的要求,在非常小尺度和非常高能量下与广义相对论有所不同。

这本书将会讲述不同领域(实验室、太阳系内和天体物理方面)为检验广义相对论而进行的若干精密实验和观测。但读完广义相对论如何通过了一个又一个检验之后,你可能会被诱导着说,无需再议了,"爱因斯坦仍然是对的"。然而,不管是在广义的科学里,还是在具体的物理学科中,对理论的接纳总是暂时的,因为没有人能穷尽所有应用场景,穷尽无限的精确度去测量一个理论。我们所能做的,只是将我们的实验拓展到越来越多的场景中,精确度提升得越来越高,以期待对这个理论建立更强的自信,或者找到某个变数,引领我们再去发现更基础、更完善的新理论。在科学的历史上,这两种结局俯拾皆是。

对广义相对论而言,实验检验的舞台首先是太阳系,从 1919 年著名的光偏折实验开始。到 20 世纪 70 年代,随着脉冲双星的发现,舞台拓展到了天体物理尺度。从 20 世纪 70 年代开始,这两个领域里的实验精确度大大提升,又出现了引力波和黑洞这样的新舞台。2017 年,这个对爱因斯坦来说绝妙的夏天,将所有这些检验广义相对论的舞台呈现在我们面前。

第二章

# 时间的褶皱

电影《星际穿越》中，持久号（Endurance）飞船的船员们讨论如何登陆米勒（Miller）的行星。那颗星球在轨道上公转，就位于超大质量黑洞"卡冈图亚"（Gargantua）的事件视界外不远。

库珀（Cooper，马修·麦克康纳吉饰演）：要不这样，我可以绕着那颗中子星转弯来减速……

布兰德（Brand，安妮·海瑟薇饰演）：不是这个问题，是时间的问题。引力会让我们的时间比地球上慢。慢得多。

库珀：有多慢？

吕米伊（Romilly，大卫·盖伊斯饰演）：那个行星上每过一个小时，地球上就过了大约……7 年。

库珀：老天……

吕米伊：这就叫相对论，伙计们。

在 20 世纪以前，人们都相信牛顿的学说。时间是全宇宙统一的，不管什么时候，不管在哪里，不管在谁身上，都一样快慢地流淌着。如此令人安心的绝对性，却被爱因斯坦颠覆了。1905 年他提出狭义相对论，指出只要人们彼此之间存在运动，时间在不同人身上流逝的速度就不一样。这不是什么搞怪的钟表现象。是真正的物理时间在以不同速率流逝，人们老去的速度也因此不同。1911 年他再次提出，引力也同样会影响时间。

这个惊人的预言，是基于爱因斯坦所谓的自己"最幸福的想法"。那是 1907 年，广义相对论提出的 8 年之前，当时爱因斯坦混得很好。他 1905 年时发表了 5 篇论文，讨论光电效应、光的量子本质、布朗运动、狭义 相对论和质量–能量等效性，此时已经引起了议论纷纷。很快，他就要离开这个呆了 6 年的瑞士伯尔尼专利局办公室，担任附近伯尔尼大学的教职。他还被邀请写一篇关于狭义相对论的综述文章，发表在科学刊物《放射学与电子学年鉴》上。文章的一部分是他对狭义相对论的回顾，还有自 1905 年以来他和别人的研究进展。但还有一部分要用来写他最近在研究的事情：引力。

狭义相对论尽管很成功，但还是有短板。它建立在一个叫作"惯性参考系"的假设上：假设有一间实验室，永远朝着一个方向运动，速度也永远不变。在这个实验室里，自由粒子（意为不受任何力的作用，譬如静电力或磁力）会以恒定速度沿直线运动。只有在这种参考系下，爱因斯坦才能自如地解释实验现象，说明为什么光速与光源、观察者的速度都无关。他也能解释相对运动的不同观察者看到的现象，指出电场和磁场的相互关系。他的狭义相对论得出了一些惊人的预言，这些预言在那时还没有人检验过。例如运动的钟会比静止的钟滴答得更慢，以及能量和质量本质上是同一种东西。二者的关系就是他著名的 $E=mc^2$ 公式，如今在 T 恤衫和咖啡杯上印得到处都是。

想象一个惯性参考系并不难，譬如说一艘关了引擎的宇宙飞船，远远地漂在外太空，远离一切恒星和星系。不过，靠近地球的地方怎么办？因为地球有引力，任何一个自由运动的粒子都会具有加速度，改变速度和运动方向。只要引力存在，没有参考系会是真正的惯性参考系。到了 1907 年，爱因斯坦意识到，他必须想出个办法，让狭义相对论能和引力共存。

在这里，爱因斯坦展露出了他非凡的天才。他拿来一个简单的实验现象，添上一个想象的理想化实验（德语叫"格旦肯"，即"思维实验"），和原先那个实验的精髓一致，然后把它外推到逻辑的极限。在这个例子中，这个平平无奇的实验现象是：如果没有空气阻力，不管物体是用什么做成的，它们下落的加速度都一样。这让人想起伽利略·伽利雷当年在比萨斜塔顶上往下扔东西的故事，虽然现在没有任何记录能证明他真做过这事儿。不过在 20 世纪初，这个实验结果已经被匈牙利物理学家罗兰德·埃特沃斯（Lorand Eötvös）证实到了十亿分之一的精度。爱因斯坦基于这个简单的观测，进一步想象如果观测者在一个封闭的、自由下落的实验室里，他会看到什么。

当然，在 1907 年爱因斯坦第一次琢磨这个问题的时候，它完全是思维实验。太空时代的黎明还未降临，还要再过五十年，才会有宇航员在太空舱外漂浮。有故事说，他有次看到了一个工人从屋顶掉下来，才想到要是没有重力会怎么样（他倒是不担心工人和地面接触时会怎样！在工人看来，是大地朝自己越来越快地抬升）。无论如何，爱因斯坦认为，观测者经历的这种重力消失——或者说失重——十分重要，有必要抬升到原理的高度。他称之为"等效原理"。

"等效"，是基于这样一种观念：生活在自由下落的实验室里，应该和生活在没有引力的环境下一样[①]。或者也可以这么想：如果你在一艘封闭的火箭里，一扇窗户都没有，离任何恒星、星系都很远，而火箭以恒定的推力恰到好处地加速（即"1g"的加速度[②]），那么你应该感觉不出你到底是在火箭里，还是安全地待在一座地面上的

---

[①] 可以这样理解：在没有外部引力时，系统中的一切物体当然都不存在外部引力造成的效应。而在引力场中自由下落的系统中，因为所有物体都在同样地下落，彼此相对静止，所以在系统内部看来，也没有因为外部引力而产生的效应。因此对于系统内部的观察者而言，这两个系统是等价的。

[②] 和地球表面的重力加速度相同。

建筑物里。爱因斯坦认为,不管是火箭推力带来的加速度,还是地球引力带来的加速度,效果应该都是一样的!从这条等效原理出发,爱因斯坦得出结论:对于一个相对引力场静止的高塔来说,尖顶上的钟表应该比塔脚下的钟表走得更快一点。

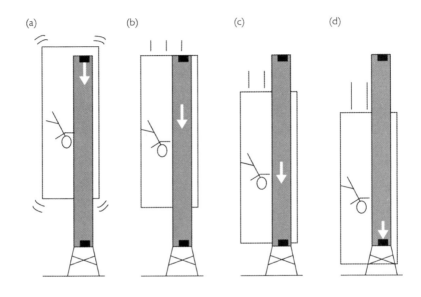

图 2.1　引力红移的思维实验

假设在发射器射出光脉冲的同时,释放实验室。(a):实验室内部的观察者可以用无引力下的狭义相对论,来分析这道光的发射、传播和接收。(b):实验室已经开始下落了,但是因为内部的观察者没有感觉到重力,她看到的光束应该和之前观察到的频率一样。(c):实验室下落得更快了,观察者看到接收器朝她运动过来了。(d):因为在她看来光束的频率仍然不变,那么出于多普勒效应,正在接近她的接收器应该探测到更高的频率(蓝移)。决定频率变化大小的是速度,而这个速度就是在光束从发射器到接收器的这段时间内,实验室加速落下所达到的速度。

　　理解此事最简单的办法,就是做一个简单的思维实验。这个实验包含地球、一套光束发射器和接收器以及一个自由下落的实验室(图 2.1)。这个思维实验比爱因斯坦写在 1911 年论文里的版本要更现代化一点，不过中心思想是一样的。想象有一个以特定波长或频率[1]发射光线的设备，垂直朝下地安装在一座高塔的顶上。地面上放着一个接收器，调到了同样的频段，要接收塔上发射器发出来的信号。和发射时的频率相比，接收到的频率应该更高、更低，还是一样？

要回答这个问题，不妨想象有一座实验室被一架机器吊着，悬在这座塔旁边。机器能在一瞬间释放实验室，让它自由坠落到地面。要更直观点，就把它想象成悬在一个 200 英尺高的垂直过山车轨道上，譬如说佛罗里达州坦帕市（Tampa）布希花园那座叫"褐耳鹰（SheiKra）"的过山车[2]。乘坐时，车厢在坠落之前会短暂地停留一瞬间，然后紧跟着几秒钟让人喘不过气的自由坠落（以及尖叫声）。很显然，过山车的车厢在撞到地面之前会沿着轨道拐弯。不过在我们的思维实验里，实验室会直接撞到地面上——当然，实验室的命运和我们讨论的物理问题无关。

我们再想象释放实验室的瞬间，同时有一股短暂的光脉冲——或者说光的"波包"[3]——由发射器释放出来。在实验室内部，一个观测者做好准备，一边朝地面自由下落，一边测量波包的频率。很显然，波包朝着接收器运动的速度是光速，比下落的实验室和观测者更快。所以，波包会超过观测者，在实验室撞到地面之前就到达

---

① 光线的波长和频率是一一对应的，波长越长，频率越低。频率和波长都可以用来描述光的同一性质。

② 该过山车高度为 200 英尺（约 61 米），包含了一段近乎垂直的轨道，开放于 2005 年，是北美的第一座潜水过山车。2009 年，上海欢乐谷在"上海滩"园区内复制了一座相同的装置，名为"绝顶雄风"，是目前中国第二高的过山车。此处想象为跳楼机亦可。

③ 所谓的脉冲或"波包"，指的其实就是一小股光线，以波动的形式传播，自身的延展可以忽略不计。此处也可以理解为粒子性的光：发射器发射的是一批光子，单个光子的能量和它自身的频率有关。但这样一来，解释频率的变化将更加复杂。

接收器，就像图 2.1 的（d）所描绘的那样。

现在让我们考虑一下，在观测者下落的每个阶段，她测量到的结果都是什么。坠落一开始的那一瞬间［图 2.1 的（a）］，实验室和发射器还相对静止。所以发射出来的频率是"静止"频率，不受任何狭义相对论所谓的"动钟变慢"影响。因此测量到的频率就是发射器的标准频率，可以在标准物理学常数的表格里查到，或者用原子物理和核物理的标准公式计算出来①。

在下一个瞬间［图 2.1 的（b）］，波包向下运动，而实验室和观测者由于地球引力而开始下落。观测者现在测量到的会是什么？她会感到天旋地转，意识到自己的下落是自由落体。又由于她精通等效原理，她同时意识到，引力对她来说消失了！因此波包应该遵循狭义相对论，光速是常数，频率不会变化。所以，从她的视角看来，下落的全过程中她测到的波包频率一直是不变的。

但一小会儿之后，观测者意识到，在她看来，地面和接收器其实是朝她靠近的！虽然相对于一个站在地面上的人来说，接收器显然没有移动［图 2.1 的（c）］。但既然观测者在下落，那她当然会觉得地面在靠近。因此，从观测者的视角来看，朝她冲来的接收器吸收了光的波包［图 2.1 的（d）］，由于多普勒效应，接收器接到的频率应该比她在自由下落的实验室里测到的频率更高一点②。由于同样的效应，救护车朝你开来时警笛的频率（或者说音调）会变高，离你远去的时候又变低。这就是我们得到的答案！和发射时的频率相

---

① 光是原子或分子的微观物理过程产生的，因此可以用对应的公式进行计算。

② 多普勒效应，指波源和观察者有相对运动时，观察者接收到波的频率与波源发出的频率并不相同。当波源和观察者相对靠近时，观察到的波频率升高，波长变短，光的颜色会变得更蓝；相对远离时，观察到的波频率降低，波长增长，光的颜色会变得更红。此处接收器看似靠近波源运动，因此测得频率理应更高。

比，接收到的频率会变得更高。

当然，发射器和接收器仍然是相对彼此静止的，但那不重要。重要的是，在自由落体实验室的观测者看来，光的频率不变，而接收器是朝她运动的。实验室和接收器的相对速度，就是波包从发射器飞到接收器这段时间内实验室自由落体所达到的速度。根据这个速度，可以计算出光的频率变化①。例如，假设高度差是 100 米，那么算出来的频率变化是百万亿分之一，即百分之一的兆分之一！如果发射器和接收器的海拔高度一样，只在水平方向上有距离，那么就不会有频率变化②。

在这个思维实验中，观察到的频率是朝向高频变化的，也就是可见光谱的蓝端。这是因为自由落体参考系是朝向接收器运动的。如果发射器放在塔底，接收器放在塔顶，频率变化就会朝向低频，也就是红端。因为当波包到达塔顶时，自由落体参考系和接收器是相对远离的。虽然结果是蓝移还是红移取决于具体过程，但这类效应都统称作引力红移。之所以把这种频移称作"引力"，因为它只在有质量的物体（在我们的例子中是地球）为实验室施加引力时才会发生（在我们的例子中让实验室加速下落）。

按我们的思维实验来看，引力红移显然是全宇宙通用的。在分析过程中，自由落体实验室的行为才是关键点。发射器和接收器的性质没有什么重要的，我们怎么看待光的本质也不重要。发出的光可以是可见光，也可以是射电波或者 X 射线。信号可以是连续的光束，也可以是一个波包一个波包的，比如说由一个一秒钟闪一次

---

① 多普勒效应造成的频率变化和二者的相对速度成正比。

② 因为自由落体产生的相对速度是由引力场造成的，而地表引力仅存在于垂直方向，所以水平方向上不会产生相对速度，因而没有多普勒效应。

的闪光灯发出来。如果发射器是一秒闪一次的闪光灯，到达塔底的观测者不仅会看到光线本身的频率朝蓝端移动，还会发现闪光到达接收器的间隔短于一秒钟[1]。也就是说，所有现象的频率都会发生变化[2]。如果用某种钟表为闪光灯的光线计时，那么地面上的观测者会发现，塔顶上的钟表走字的速度要比他的钟表更快一些[3]。换句话说，钟表走字的频率也被"蓝移"了。

实际上，我们上面说的钟表和光束的发射器／接收器，其实只是表达上的区别。"钟表"这个概念本身，就是指重复性地以特定的频率进行某种物理活动的设备。这种物理活动可以是秒针的机械摆动，可以是闪光灯的闪烁，也可以是电磁信号的波动。现代的原子钟正是基于最后一种活动——原子发出的光波是某个特定的、不变的、定义明确的频率——制造出来的。引力红移平等地影响一切钟表；其中也包括生物钟，毕竟生理过程最根本上是原子和分子的活动，是由物理定律主宰的。这些现象可以总结成一句简单的陈述：引力扭曲时间。

另外一件明显的事情是，我们在整个讨论过程中都没有用到过狭义相对论。引力红移只依赖于等效原理。尽管真正的广义相对论也预言了这种红移效应，爱因斯坦后来还把红移当作检验他理论的三大实验之一，但我们现在知道，它只能用来检验更基础的等效原

---

[1] 在观测者看来，接收器在加速靠近波包。假设从第一个波包到达接收器开始计时，第二个波包到达接收器时，接收器已经朝向第二个波包运动了一段距离，所以波包会提前到达接收器，导致两次接收的时间间隔小于一秒钟。

[2] 光线本身波动的频率变化了，而灯光闪烁的频率也变化了。以此类推，所有物理现象的频率都会变化，这实际上是引力红移的普遍反映。

[3] 假设塔顶和塔底的钟表完全一样，根据塔顶钟表一秒钟的间隔释放闪光。闪光到达塔底时的间隔会缩短，小于塔底钟表的一秒钟。所以一个只看塔底钟表的人，会因此认为塔顶钟表一秒钟走得快一些，才会以这样的间隔释放闪光。

理。任何兼容等效原理的引力理论（有许多这样的理论，比如布兰斯-迪克理论）都会像广义相对论一样给出同样的引力红移预言。

有个常见问题：是发射器和接收器（或者钟表）本身的频率改变了，还是光信号在飞行过程中改变了自己的频率？答案很简单：无所谓！这两种描述在物理上都是一样的。就算不一样，也无法做实验去区分它们。假设我们想检查一下发射器和接收器的频段是不是一样，可以把发射器拿下来，放到塔底的接收器旁边。我们会发现，它们确实是一样的①。类似地，如果我们把接收器拿上去，放到塔顶的发射器旁边，我们也会发现它们的频率是一样的。但是为了看到引力红移，钟表必须有高度差；因此，我们必须要靠某种在它们之间来回穿梭的信号，才能比较它们。但这样一来，就分不清是信号变化造成了频率变化，还是器械本身变了。我们观测到的现象本身是确定无疑的：接收到的信号蓝移了。再要刨根问底是没有物理意义的。

这是相对论的关键，实际上也是整个物理学的关键。我们只关注能用物理设备测量的量，不问无法回答的问题。

不过，有个办法能不靠中间信号就看到这种现象。那就是通过两个钟表走过的时间来测量这种效应。一开始先把两个钟表放在一起，让它们转动速度同步，且调到同一时刻。这样一来，在任何一个时刻，它们显示的都是同样的数字，而且转动的速度都一样快。慢慢把其中一个钟表拿到塔顶，在上面放一会儿。然后把它慢慢地拿下来，再和地面上的钟表比对。当它们再见面时，它们表针走动的速度就又一样了。但是，放上过高塔的钟表显示的时间会领先于地面上的钟表。之所以会有这种结果，是因为钟表放在塔上的时候

---

① 也就是说，发射器发出某个频率的光，被接收器接收到时也处于同样的频率。

走得更快，不过那时候除非我们用光信号在两个钟表之间沟通，否则我们没办法比较两个钟表走针的快慢。只有我们把它们重新放到一起后，才能发现它们的差距。这一思路实际上是 1971 年实验的基础，不过实验用的是原子钟和喷气式飞机，后面会简单描述。

早期尝试测量引力红移时，人们关注的是太阳光。原子从一个电子能级跃迁到另一个时会发出光线，其频率或者波长是这种原子特有的。在实验室里，可以用很高的精确度测量这种"谱线"的频率。太阳表面同样的原子也会发出光线，但是在地球上看来，光线频率应该会红移。这就和我们的思维实验一样，只不过要把塔建在太阳表面，塔顶一直伸到地球上。太阳上的原子就相当于塔底的发射器，地球上的探测器就相当于放在塔顶（图 2.2）。在这里我们可以忽略地球的引力，也忽略地球的轨道运动；忽略掉的部分大概只占太阳引力效应的 0.03%。钠元素的亮黄色发射线波长为 5893 埃（1 埃等于 1 厘米的一亿分之一），这太阳光谱中最强烈的线，波长会朝更长（频率变低）的方向移动 0.0125 埃，这完全能用常见的技术测量到。

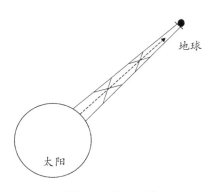

图 2.2　引力红移

光线从太阳发出，被地球上观测者接收到。"塔"只用来分析频率的变化量。

然而，1917 年，加利福尼亚州威尔逊山天文台的查尔斯·E. 圣约翰却报告说，他没有发现太阳的谱线有任何"爱因斯坦红移"。1918 年，印度戈代加纳尔（Kodiakanal）一座天文台的报告也是无结论。可以想象爱因斯坦是什么感受！科学史学家认为，这些结果直接影响了爱因斯坦成为 1918 年诺贝尔奖候选人。直到 1921 年，诺贝尔奖才颁给了他，而且还不是因为他的相对论。他的光电效应理论经由实验证实了，但那是在 1921 年，要证实相对论还早得很。

现在回看，我们不再把圣约翰和其他人的结果看作是爱因斯坦预测的失败，而是归因于他们那时对太阳表面缺乏了解。太阳表面的气体发生着激烈的湍流扰动，热气体上升，冷却的气体下降，这会导致射出的光线频率发生多普勒频移，有的朝红端，有的朝蓝端。气体受到的压力也很大，因此特定原子发出的频率本身也会变化。再加上其他一些效应，早年间根本不可能把引力红移和这些复杂的效应区分开来。直到 1960 年，天文学家更了解了这些效应之后，才有可能测量太阳谱线的引力红移。1991 年的测量证实了爱因斯坦的预测，精度达到大约 2%。

太阳的问题是，和其他干扰效应相比，相对论造成的频移太小了。不过到 1920 年，天文学家又发现了几颗叫作白矮星的新天体，它可以用来测爱因斯坦预言的红移。白矮星的质量和太阳相近，但体积却被压缩到只有地球那么大，比太阳小 100 倍，引力红移也会增大到太阳的 100 倍，因此更容易探测到。但要预测红移，需要知道白矮星的质量和半径，这方面的了解就不像太阳那么清楚了。

幸运的是，即便早在 20 世纪 20 年代，这种未知也有一个例外。这类非同寻常的天体里，有一颗叫作天狼 B 的，实际上在绕着全天最亮的大犬座天狼星（叫作天狼 A）旋转。从它的绕转轨道中，天文学家推断出它的质量和太阳一样。1924 年，亚瑟·斯坦利·爱丁顿（1882—1944）运用他的数学模型，提出天狼 B 的半径是太阳的 $\frac{1}{40}$。爱丁顿不仅是一位天才的天文学家，更是当时世界一流的恒星结构专家。根据他的结果，他预测了天狼 B 的谱线引力红移。同时，加利福尼亚州威尔逊山天文台有名的天文光谱学家沃尔特·S.亚当斯，也在想办法改善测量手法，来探测爱因斯坦所说的红移。亚当斯曾在 1915 年首次测量了天狼 B 的光谱。他得到的光谱很难解释，部分原因是其中掺杂了旁边亮得多的天狼 A 的光。不过 1925 年亚当斯还是发表了他的结果，和爱丁顿的预测极其接近。《纽约时报》报导道："新实验支持爱因斯坦的理论。"

然而很快，一切都崩溃了。首先，有人意识到爱丁顿用来研究白矮星的模型是错的。他在剑桥大学的同事拉尔夫·富勒在 1926 年指出，白矮星是天文学里一头未驯的野兽，它体内的构造和普通的恒星完全不同。那个地方由量子力学原理主导，两个电子不能处在同一态上 [1]。除此之外，随着发现的白矮星越来越多，证认出它们独特的光谱特征越来越多，亚当斯对光谱的解释也遭到了火力围攻。

要正确地做出白矮星实验，全世界还得再等四十年。直到 1961 年，从地球上看起来，天狼 B 在轨道上运行到了距离天狼 A 足够远的位置，才能使用新改良过的光谱测量手段，让帕洛马山 200 英寸望远镜 [2] 派上用场。同时，白矮星结构的现代理论也发展了，可以更好地预测半径和红移。最终，1971 年得到的结果和爱因斯坦的一致，但是光谱得到的红移比亚当斯当年宣称的大四倍，理论模型预测的红移也比爱丁顿当年宣称的大四倍。亚当斯和爱丁顿都各自差

---

[1] 即泡利不相容原理：两个全同的费米子（如电子）不能处于相同的量子态。

[2] 当时世界上最大的望远镜，口径约合 5.1 米。

了四倍！这可能是亚当斯自己有意无意的偏见，因为他做测量的时候和爱丁顿经常交流。但是大多数科学史学家不同意这种观点，他们认为 1924 年前后的理论和实验得到的值都低于预期，亚当斯能和爱丁顿这么显著地吻合完全是巧合（不管这巧合是好是坏）。2005年，哈勃空间望远镜（Hubble Space Telescope）对天狼 B 的测量将爱因斯坦红移证实到了 6% 的精度。

爱因斯坦对他的理论提出了三项关键测试：他在 1915 年论文里解出来的水星轨道不规则进动，1919 年证实的光线偏折，以及引力红移。1950 年，爱因斯坦不得不承认，红移效应的证据"还未确定"。然而，再过不到十年，红移的证明就会出现，但不是来自天文学，而是来自物理实验室。

引力红移第一次准确、可信的测试，是 1960 年的庞德-雷贝卡实验。这次试验和我们在图 2.1 里描述过的高塔思维实验很相似。实验中所用的塔，是哈佛大学物理系大楼的杰斐逊塔（Jefferson Tower）。塔高 74 英尺（1 英尺 =30.48 厘米），预测的频率变化仅为一千万亿分之二。因此，需要频率极其精确的发射器和接收器。罗伯特·V. 庞德和他的学生小格伦·雷贝卡使用铁的不稳定同位素 $^{57}$Fe，其寿命或者半衰期是 1 秒的一千万分之一（1 微秒的十分之一）。这种同位素衰变时，会发出波长为 0.86 埃的伽马射线，线宽非常窄，仅有其波长的一万亿分之一。这种同位素还能在同样的波长处吸收伽马射线，线宽也是同样地窄。

然而，单靠这个还不足以测量红移。现实中，在任何含有 $^{57}$Fe 的样品里，铁原子核都在不断地随机运动，因为有温度的物体都有内能。这会导致发出来的伽马射线发生多普勒频移，谱线宽度就会增加。除此之外，在伽马射线发射和接收时，铁原子核会"反弹"，就像台球如果被乒乓球打中会有轻微的反弹一样。这种反弹产生的速度也会导致多普勒频移。这些效应会严重增大现实中 $^{57}Fe$ 样品发射和吸收光线的频率范围。假如不是鲁道夫·穆斯堡尔这个人出现的话，测量红移是不可能完成的。

20 世纪 50 年代末，穆斯堡尔在德国海德堡的马克思·普朗克研究所工作。他发现，如果把铁原子核嵌入特定的晶体中，那么周围原子的作用力就会减少它的热运动，还会把发射光线原子的反弹转移到整个晶体上。因为整块晶体的质量比单个铁原子大得多，所以这种效应基本上就消除了[①]。因为这一发现，穆斯堡尔获得了 1961 年的诺贝尔物理学奖。在颁奖典礼上，颁发诺贝尔奖的瑞典皇家科学院援引了哈佛引力红移实验，作为这一效应的若干重要应用之一。

庞德和雷贝卡仔细地组装起他们的 $^{57}Fe$ 发射器和接收器，希望能最大限度地利用穆斯堡尔效应。但是，发射和吸收的频率范围还是比预期的引力频移大 1000 倍。所以，他们用了一个聪明的小把戏。

他们把发射器放在一个可移动的平台上，这个台面可以由液压驱动升降，配合齿轮传动的转仪钟[②]。如果发射器在塔顶，即伽马射线在到达塔底时蓝移，平台就会缓慢抬升，提供一个朝向红端的多普勒效应。通过调整抬升发射器的速度，庞德和雷贝卡能正好抵消引力蓝移，让到达底部的伽马射线频率范围非常接近接收器能吸收的频率范围。这个速度大概是每小时两米。为了消除误差源，真实的实验采取了对称的设计。半数实验测量的是发射器在底部、接收器在顶部的蓝移，另外一半实验测量的是发射器在顶部、接收器在

---

① 根据动量守恒，速度和质量的乘积保持不变。整块晶体质量很大，因此将速度大大减小。
② 一种电机控制设备，能精确控制仪器沿着轴运动。

底部的红移。1960 年实验的结果在 10% 的精度内与预测一致。1965 年，庞德和约瑟夫·L. 斯奈德又改进了实验，把精度提高到了 1%。

正如我们之前提过的，另一种检验引力红移的办法是比较两个钟表短暂分离后的读数。1971 年 10 月，一个出色的实验利用动钟的变化，同时测量了两种效应：引力红移和狭义相对论的时间延缓。这个"时差钟表"实验背后的思路是这样的。出于简化考虑，想象地球赤道上放置一枚钟表，而在同样的纬度上，喷气式飞机上搭载着另一个完全相同的钟表，从正上空朝东飞去。由于引力蓝移，飞行的钟表将会比地面上的走得更快。那么，狭义相对论的时间延缓体现在哪里？我们考虑这种情况的时候要格外小心，因为地球本身也是在绕轴旋转的，两个钟表都在绕着地心做圆周运动，和简单地在外层空间中做直线运动不一样。

根据狭义相对论，动钟的走时速率必须与惯性坐标系中的一系列钟表比较。因此，我们不能直接把飞行钟表和地面钟表直接进行比较。让我们假想一批钟表相对于地心静止，不随地球旋转，然后拿它们和这两个钟表比较（图 2.3）。地面钟表运动的速度由地球的自转决定，因此比假想的惯性系钟表（即图 2.3 中的主控钟表）走字慢一些[1]；飞行钟表也与地球自转同向（东方）运动，不过比地面钟表运动得更快，所以相对于主控钟表来说，它走字更慢。因此，时间延缓效应会导致飞行钟表走字比地面钟表慢。

---

[1] 因为地面钟表具有运动速度，根据狭义相对论，运动的钟表会变慢。

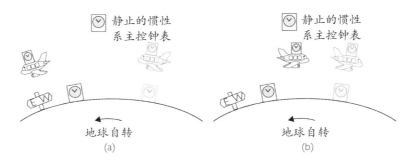

图 2.3 时差钟表

（a）飞机向东飞行。一开始，飞行钟表在地面钟表的正上方（用浅色画出）；地面钟表移动了一段时间之后，飞行钟表会比地面钟表向东移动更多。相对于一个静止的主控钟表，飞行钟表要比地面钟表移动得更快，意味着走字会更慢，因为狭义相对论有时间延迟。因此，飞行钟表走字要比地面钟表慢。另一方面，引力蓝移使得飞行的钟表比地面钟表走字更快。这两种效应是互相拮抗的。（b）飞机向西飞行。一开始，飞行钟表正好在地面钟表的上方；过了一段时间，地面钟表移动了，但是飞行钟表移动的距离却比地面钟表短。因为一般来说，商业喷气式客机飞得没有地球自转快[①]。相对于惯性系钟表，飞行钟表移动得没有地面钟表快。因此，由于时间延迟效应，飞行钟表会比地面钟表走字更快。引力蓝移也会让飞行钟表走字更快，所以这两种效应是叠加的。

在这个思维实验中，这两种效应——引力蓝移和时间延缓——会互相抵消掉一部分。至于净效果是飞行钟表更快还是地面钟表更快，则取决于飞行高度和飞行速度，也就是引力蓝移带来的加速有多少，以及狭义相对论时间延缓带来的减速有多少。假设同一纬度上有一枚朝西飞行的钟表[②]，它的引力蓝移还是一样的，但是比起地面钟表，它与惯性系主控钟表的相对速度更小了。因此相对于主控钟表来说，地面钟表的走字速度就会比飞行钟表还要慢。这样一来，

---

① 赤道处的地球自转速度约为每小时 1700 千米，普通客机的速度约为每小时 900 千米。

② 和地球自转方向相反。

飞行钟表就会比地面钟表转动得更快。这种情况下，引力效应和时间延缓效应的作用一致，都使飞行钟表走得更快。如果我们一开始有三个完全相同的调好的钟，把一个放在家里，一个朝东环绕地球，一个朝西环绕地球，那么朝西的钟表飞回来时显示的时间一定更快，或者说"老得更快"；而朝东的钟表显示的时间则取决于纬度和飞行速度，可能更快也可能更慢。

真正的实验由圣路易斯市华盛顿大学的 J. C. 哈菲尔和美国海军天文台的理查德·基廷主持，用的是铯原子钟。由于预算有限，他们无法直接包飞机绕地球连续环航，只能把钟表放在常规航班的商业飞机上。因为政府有规定，他们甚至都不能坐头等舱！

不过，钟表不像其他乘客那样绑在座位上。实际上，在大多数飞行中，钟表放在经济舱的前壁上，以保护它们免受降落时的抖动影响，也更容易接上飞机的电源。在实验过程中，航班有数不清的中转，而且飞行速度、纬度、经度和方向都在变化。但是他们仔细地记录着飞行数据，算出了每次航班预期带来的时间差别。向东的旅行实施于 10 月 4 号到 7 号之间，包括了 41 小时的飞行时间。向西的旅行实施于 10 月 13 号到 17 号，包括了 49 小时的飞行时间。预期向西的飞行会快 275 纳秒（1 秒钟的十亿分之几）的时间，其中三分之二是引力蓝移带来的。而观测到的是 273 纳秒。在向东的飞行中，时间延迟造成的变慢要比引力蓝移造成的变快更多，总效应为慢 40 纳秒；而观测到的是 59 纳秒。由于飞行数据和铯原子钟自身的速率变化，实验有正负 20 纳秒的误差。观测结果处于误差范围之内，是符合预测的！

在我们刚刚描述的两个实验中，有什么主要因素是我们忽略的？高度。在达到最高高度限制之前，随着发射器和接收器，也就是两个钟表的距离增加，引力红移效应的大小会一直增加。之所以存在最高高度限制，是因为你飞得越高，引力就会越弱，所以最后再高也没变化了。不幸的是，庞德和雷贝卡的伽马射线实验无法在高度上造成更大差距，因为 $^{57}$Fe 晶体样本的伽马射线是朝各个方向均匀发射的。这一现象的效应是，随着高度升高，接收器收到的伽马射线光子越来越少，最终没法用来实验了。飞机延迟时钟实验则在经费上限制于商业飞机的常用飞行海拔。但是，如果把原子钟放在卫星或者火箭上会怎样？在哈菲尔-基廷实验的年代，这样一项实验的计划已经在进行中了。

早在 1956 年，就在地球上第一颗人造卫星发射之前，就有过用卫星测试红移的想法。1966 年，该实验付诸实施，以百分之十的精度获得了小小的成功。但是，要论雄心壮志，当属 1971 年规划的实验。实验思路是拿两个当时最好的原子钟——叫作"氢脉泽钟"，把一个钟放在火箭里，发射到几倍于地球半径的高度。等到它先上升后下降，最后回到地球时，再把它的读数和另一个留在地面上的钟做比较。原则上来说，测量频移需要达到的精度是一万分之一，即百分之一的百分之一。幸好实验集合了所需的两组专家，目标最终才得以实现。

第一组专家是哈佛大学史密森松天体物理观测台的罗伯特·维索特和马丁·莱文。他们的实验室引领着这种新型原子钟的前沿。1959 年，哈佛大学的物理学家诺尔曼·拉姆齐、丹尼尔·克莱普纳和 H. 马克·戈登堡（H. Mark Goldenberg）发明了这种氢脉泽钟。之后不久，那时在瓦里安联合公司（Varian Associates）工作的维索特就把这种新计时器制成了商业化的便携式版本。1969 年时，维索特已经离开工业界，在哈佛就职。他想要利用这些设备来做基础物理实验。另一组专家来自美国国家航空航天局（NASA），他们提供发射载具、追踪和其他所需的设备，从而让钟表飞上高空，测量它的频移。

对这个实验来说，氢脉泽钟十分理想。它基于氢两个原子能级之间的跃迁，在光谱的射电波段辐射出光线，频率为每秒 1420 百万次（1420 兆[1]赫兹），波长为 21 厘米[2]。频率的散布很窄，已知的实测频率达到了 12 位有效数字，精度为一千亿分之一。

最初的计划是把其中一个钟放到空间轨道上。但很显然，在 1970 年，要发射泰坦 3C 型火箭和 2000 磅的有效载荷[3]，所需的花费远超过 NASA 预算。所以一个更折衷的计划发展了起来。新的计划是使用便宜的侦察兵 D 型火箭，把钟发射到亚轨道飞行，海拔约 10 000 千米，比典型商业喷气飞机高度高 1000 倍，有效载荷只有几百磅。NASA 将这个项目命名为"引力探测 A"。但是要实现这个实验，还有两个困难需要克服。

第一个困难是要制作一台轻量化的脉泽钟，而且要能承受发射期间 20g 的加速度。第二个困难是探测引力红移。让我们来想想在火箭升空期间发生了什么。当火箭上的钟发出信号时，地面接收到信号，并和地面上的时钟频率做比较。接收到的频率和地面上时钟的频率不同的原因有两个：高度差造成的引力蓝移，以及火箭快速移动造成的相对论时间延迟。然而，接收到的频率是朝红端移动的，因为通常的多普勒频移是来自于远离地面时钟的火箭（反之，在降

①此处的"兆"代表 $10^6$。
②由于该频率可以穿透地球大气窗口，且宇宙中氢原子含量多，因此在天文中经常被观测，研究较为成熟。人类第一次探测到宇宙中的氢 21 厘米谱线也是由哈佛大学天文学家做出的。
③约合 907 千克。有效载荷指运载火箭真正运载的物品，例如货物、机组人员、科学仪器或其他设备等。

落期间, 多普勒效应就会是蓝移)。典型的侦察兵 D 型火箭速度是每秒几千米, 对应的多普勒频移比引力红移要大 10 万倍。

要想看到我们感兴趣的那个小得多的效应, 必须要想办法消除这种巨大的效应。要做到这点有一种很漂亮的办法, 如下所述。假设地面时钟朝着发射的火箭时钟发出一个信号 (这叫作"上链", 反之, 下行的信号叫作"下链")。火箭有效载荷中包含一个"异频雷达收发器", 这个设备可以接收信号, 并立刻将其以同样的频率发送回去 (并且稍加增强, 以弥补上行过程中可能的损耗)。当收发器发射下链信号时, 还有第二个"单程"的下链信号发向地球上的接收器 (图 2.4)。

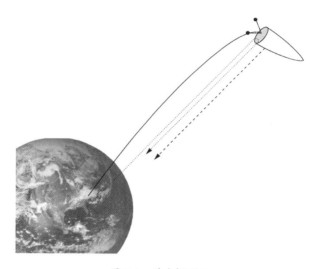

图 2.4 引力探测 A

当氢脉泽钟搭载在侦察兵火箭头部的锥形舱内、飞越大西洋上空时, 一个相同的地面脉泽钟会朝它发射一个信号。当火箭接收到这个信号, 就把它返还回来。同时, 火箭搭载的时钟本身也会再发射一个单向信号。因为火箭时钟和地面时钟的高度不同, 运动速度也不同, 到达地面时, 钟的单向信号会受到多普勒效应、引力红移、狭义相对论时间延迟三种效应影响, 频率发生改变。而对于往返信号来说, 地面时钟既是发射器又是接收器, 所以并没有引力红移或者时间延迟 (信号在发射和接收时的高度和速度都是一样的），而多普勒频移则发生了两次：收发器在远离地面，所以它接收到的信号由于多普勒效应而发生红移；地面接收器也再次看到信号发生了多普勒频移，因为发出它的收发器也正在远离地面。因此，只需从单程信号中扣除往返信号频移变化的一半，就能完全消除多普勒效应了。

当地面接收到信号时，返还的信号频率和单程的下链信号频率分别有什么变化？最开始，上链信号到达上升的火箭时钟时，火箭接收到的频率与火箭钟表的频率之间的差异来自于多普勒频移、引力红移、狭义相对论时间延迟。随后，当地面收到返还的信号时，这个信号的频率受多普勒频移的影响达到了双倍，因为收发器（你一定还记得，它是安在上升的火箭上的）一直在远离地球。但这个返回信号下行时受到的引力蓝移，正好抵消了上链中发生的引力红移。返回信号也受时间延迟影响，但也正好抵消上链中的变化。因此，当地面再次接收到信号时，这个往返的信号发生频率变化，就正好是多普勒频移的两倍，再没有别的了。另一方面，远离地面的火箭时钟发出单向的下链信号，在地面被接收到。这个信号受多普勒频移影响了一次，还受引力蓝移和时间延迟影响。所以只需要拿出往返信号的频率变化，把它分成两半，再从单向信号的变化里减去其中一半，然后——嘿，多普勒效应就没了。实际上，这种多普勒抵消法被直接内置进了两组射电链的电子设备中，这样实验数据中根本就不会出现多普勒频移了。

经过多年的研发，适用于太空任务的钟表做出来了，而且挺过了一遍又一遍模拟发射情况的测试。终于到了真正做实验的时候。这是 1976 年一个美好的六月清晨，天上只有一些高高的薄云，非常适合发射。维索特负责火箭上的钟表，他待在瓦勒普斯岛（Wallops Island）上 NASA 的发射机构里。这座岛是许多小岛中的一座，它们环绕着那分隔切萨皮克湾与大西洋的弗吉尼亚半岛。莱文则在梅里特岛上 NASA 追踪站里，照看着地面钟表。这座岛在佛罗里达的卡纳维拉尔角旁边。在发射前的这段时间，出现了很多并不罕见的问题。倒计时曾经中止过，因为氨制冷器出了问题。有一个用来监测火箭时钟情况的监视器也出了问题，维索特用一种老派的"硬重启"方式优雅地把它修好了：在地板上摔摔。

最终，倒计时数完了，东部标准时间早上 6:41，侦察兵 D 型火箭咆哮着刺入弗吉尼亚的晴空。6:46，包括钟表在内的有效载荷与火箭的第四级分离，随后处于自由抛体状态。此时，数据可以开始记录了，因为火箭时钟不再受到发射的高加速度和震动影响。大约有 3 分钟时间，火箭时钟发出的单向的下链频率（记住，多普勒效应的部分已经被自动消掉了）比地面时钟的频率要低，因为高速火箭造成时间延迟，朝向低频红移，而此时的海拔高度还没造成足够大的引力蓝移。6:49，火箭和地面上的时钟频率恰好一样，因为引力蓝移正好抵消了时间延迟的红移。此后，引力蓝移越来越占主导。7:40 时，轨道到达最高点。此时，频移主要由引力蓝移造成，大约占 1420 兆赫兹中的 1 赫兹，也就是一百亿分之四。因为火箭时钟（在和"侦察兵 D"第四级分离后）和地面时钟保持自身频率稳定性的精度都高达十亿亿分之一，它们可以很精准地测量这样的频率变化。下降过程中，数据继续记录。8:31，引力蓝移和时间延迟再次刚好抵消。8:36，有效载荷掉落得太低，已经无法被可靠追踪。很快，百慕大东部约 900 英里处（1 英里约为 1.61 千米），火箭和它搭载的原子钟坠毁在大西洋里，如预期的一样。对于维索特和他的同事来说，这两小时的飞行给他们带来的数据要处理两年以上。不过数据处理完了以后，预测的频移和观测到的频移是吻合的，准确度达到一百万分之七。

现代原子钟维护的时间是如此精准，以至于引力红移现在都进入我们的生活了。基础物理和日常生活这一不可思议的交汇，发生在 GPS，也就是全球定位系统身上。它最早在军事导航中部署，后来迅速转变为兴盛的商业实体，有无数的应用。这套系统基于多达 32 颗环绕地球卫星组成的阵列，每一颗都携带铯或铷原子钟。只要用了和 GPS 相连的设备，探测到头顶上任意一颗卫星所发出的射电波，用户就能得知他们的绝对经度、纬度和海拔，精确到 15 米范围内，还能以五千万分之一秒的精度确定当地时间。除了 GPS，还有俄罗斯的 GLONASS、中国的北斗、欧洲的伽利略系统，它们分别处于运行和发展的不同阶段。

除了明显的军事用途，GPS 还在许多领域有应用，例如飞机巡航、石油探测、户外探险、桥梁建造、航海和州际货车运输——这只是任举几例而已。另一个关键的应用，是寻找丢失的手机和走丢的宠物！如果本书是你从网络经销商（比如亚马逊）那里买的，在到达你家门口之前，GPS 一直在通过条形码扫描器追踪着它运输的每一步。甚至连好莱坞都和 GPS 打过交道。在 1998 年的电影《明日帝国》里，詹姆斯·邦德对抗的一个邪恶天才就把人为错误输入到 GPS 系统里，让英国轮船驶向有危险的航线。不管好事坏事，GPS 无处不在，如影随形。

不过，GPS 究竟是怎么运行的？在一张纸上画上二维坐标系，它就变成了每个高中理科生都做过的问题：假设两个固定的点代表两颗卫星，如果你的手机离这两个点的距离分别已知，求手机所在的点（图 2.5）。只需以已知距离作为半径，用圆规画出两条圆弧，它们的交点就是所求的点。你的手机也是这样做的，尽管会更复杂一点。首先，你手机上的 GPS 接收器通过信号发射时的时间、手机收到信号的时间、光速，计算出它和每一个与它通信的卫星之间的距离。信号发射时间由卫星上的原子钟确定，已经编码进了信号中。然后，有了来自四个 GPS 卫星的读数，它就能利用高中生计算位置的原理，很简单地计算出时间和空间上的精确位置（GPS 接收器用的不是圆规，而是电脑芯片解方程）。为了达到 15 米的导航精度，整个 GPS 系统的时间必须达到 50 纳秒的精确度，即光走 15 米所需的时间。

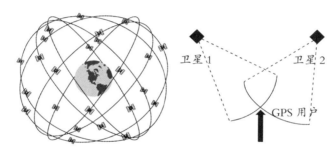

图 2.5　GPS 和相对论

美国的 GPS 系统有多达 32 颗卫星，绕着地球转。它们轨道平面的阵型经过设计，尽可能让用户随时都能连接到 3 或 4 颗卫星。用户知道了轨道平面上任意两颗卫星到他的距离，只需采用右图那样的办法，类似于用给定半径画圆寻找交点，就能确定自己的位置。如果能连接到 3 颗卫星，用户就能在三维空间里确定自己的位置。连接 4 颗卫星，用户就能确定本地时间，也就是第四维。

但是，环绕地球的时钟处在 20 000 千米高的精确轨道上，每日环球两圈，所受的重力只有地面上的四分之一。由于引力红移效应，绕轨时钟走得要稍微快一些，大约每天和地面时钟差 45 微秒（几百万分之一秒）。卫星上的时钟同时还在以每小时 14 000 千米的速度运动，比地面上的时钟快得多。狭义相对论表明，这样快速运动的时钟走得要更慢，由于时间延迟，每天要慢大约 7 微秒。净效果是 GPS 卫星时钟要比地面上的时钟快，每天大约差 38 微秒。和所需的 50 纳秒精度比比吧！如果每天差 38 微秒，卫星时钟速率的相对论误差就会非常大，如果不加补偿的话，每分钟就会累计出超过 7 米的导航误差！

第一颗 GPS 卫星在 1977 年发射的时候，人们就已经意识到，考虑相对论效应是必要的。一开始，是通过电子设备调整卫星时钟的速率，这样它们就被人为地设定成和地面时钟的速率一样了。

但是在 1983 年，一些相对论专家提出相对论效应的使用不正确。当时管理 GPS 项目的美国空军开始担心了。有 6 颗卫星已经在轨，还有更多卫星规划了要发射。确定这些批评是否正确，成了要紧的事。因此，他们要求国家研究委员会下属的空军研究委员会（AFSB）对他们的方法进行独立分析。委员会随后要求克里夫①（尼科当时才 3 岁！）组织一个专家委员会，主持这项研究。克里夫带领的委员会检查了空军用来计算相对论效应的方法，并研究了批评者的分析，最终总结道：反对意见并不正确，空军采用的办法是正确的，而且这种办法已经是原子钟领域的标准流程了。委员会随后去研究了空军还想咨询的另外一系列任务，那些任务的实操性更强。

这项长达一年的研究进行到中途，有过一件尴尬的事情。空军研究委员会的工作人员问克里夫，他是什么时候成为美国公民的。克里夫回答道，他仍然是加拿大公民，持有永久居留的绿卡（很显然，他提交给空军研究委员会的简历上没写到这件事）。这是个麻烦事，因为所有空军研究委员会管理的研究都是保密的。即便克里夫做的是不涉及保密材料的研究，也同样需要保密。工作人员打了一

---

① 本书作者克利福德的昵称。

些紧急电话,想办法找到了一个将军,亡羊补牢地把研究给解密了,这样研究工作才能继续。

在研究的末尾,空军研究委员会要求克里夫在会议上作结题报告。这次会议由当时主管空军系统指挥部的一位四星将军主持。比起爱因斯坦的理论,这位听众更熟悉军务。为了给他解释广义相对论和它对 GPS 的意义,克里夫准备了尽可能简洁而绚丽的展示图(那时候还是没有 PPT 的时代),希望让他的报告生动有趣。不幸的是,还没过 30 秒,将军的眼皮就开始耷拉……耷拉……直到最后睡着了!幸好他的少尉副官仔细记了笔记。克里夫认为她后来向将军报告了他说的内容。不过,不管将军是睡是醒,一个广义相对论专家要向一个军事领袖报告爱因斯坦的理论,因为它对美国国家安全很重要,这个时刻就已经很值得铭记了!

如果没有正确地运用相对论,大约两分钟内,GPS 的导航功能就失效了。所以,当你下次在糟糕的天气里坐飞机降落到机场,而你又碰巧在想"爱因斯坦的理论有什么用"时,想想驾驶舱里的 GPS 定位器吧。是它帮助飞行员让你们平安着陆。

让我们再回到用钟表检验爱因斯坦的等效原理上来。自从维索特使用氢脉泽钟的火箭试验以来,四十多年过后,原子钟已经改善了很多。在 20 世纪 80 年代发明了一种新的技术,让研究人员可以调制出特定波长的交叉激光光束,来捕获并减慢原子云团。精确控制时间的一个主要敌人,就是原子随机运动造成的多普勒效应。它会让原子发光的基础频率产生弥散,因而用该频率做测量时间的标准时,就会稍稍没那么精确。不过,新的"激光冷却"方法却能将原子减慢到很低的速度。要想表征原子运动得多快,就得用气体的表观温度来描述运动速度。绝对零度(0 开尔文或者 −459.67 华氏度① ) 代表绝对静止。现在，人们常常能制出零上百万分之一开尔文（微开尔文）的温度。而在维索特的时钟里，氢原子处于室温中，大约要比这高 300 华氏度。

基于"原子泉""玻色–爱因斯坦凝聚""原子干涉阵"这样的概念，人们发展出了新的方法，可以制造出更精确、稳定的时钟。讨论这些就跑题太远了，不过我们还是禁不住要描述一个实验。它可以证明，爱因斯坦的引力红移已经变得非常"日常"了。

这是 2010 年大卫·瓦恩兰做的一个实验，实验地点位于科罗拉多州博尔德（Boulder）的国家标准技术研究所。实验室内用超冷的束缚铝离子设好了两套钟表，高度相差仅 33 厘米，即约 1 英尺。他们能测出那个高一些的钟表比低处的钟表走得更快。如果你觉得自己的脑子比肢体老得快，现在你该明白原因了。不过别难过，二者一年只差 7 纳秒。

不管是在实验室里、GPS 卫星上还是白矮星上，我们讨论的效应都是时间流逝速率极其微小的差异。那么，本章开篇持久号船员说 1 小时相当于地球上的 7 年，这怎么可能？答案是，时间的扭曲在黑洞的事件视界周围会变得非常极端。在《星际穿越》中，米勒的行星在卡冈图亚的视界周围很近处绕转。所以，在他们呆在米勒的行星上时，他们的时钟将会比地球上的慢得多，相差惊人的 60 000 倍。实际上，你离黑洞视界越近，这个倍数就会变得越大。当库珀回到地球时（剧透预警！），这种时间扭曲的效应引出了一个催人泪下的场景：他拜访了他的女儿墨芙（Murph），她此时已经是一个垂垂老矣的妇人了。

这些数字并不是电影导演克里斯托弗·诺兰和他的编剧兄弟乔

---

① 即 −273.15 摄氏度。

纳森无中生有发明出来的。事实上,关于黑洞卡冈图亚以及绕着它旋转的行星的许多细节,都是由加州理工天体物理学家基普·索恩用爱因斯坦的理论仔细研究出来的。这位科学家拓展了电影一开始依赖的概念,并担当了电影的执行制片人。除了在导演方面有天赋,克里斯托弗·诺兰说自己还是个"科学狂"。所以他想要索恩帮忙,在科幻类型的限制下,把电影做得在科学上尽可能准确。例如,剧本一开始让船员穿过"虫洞",这是科幻里一个常用的工具。但是基于我们目前对科学定律的认知,相对论专家(包括基普·索恩)都认为不可能做到这种事。

不过,难道黑洞附近只有理论上的时间扭曲,除了制作电影分镜,一点用都没有吗?并非如此。2018 年 5 月 19 号,一颗叫作 S2 的平平无奇的恒星,到达了它和名叫 Sgr A* 的超大质量黑洞距离最近处 ①。这颗黑洞位于我们银河系的中心,重达 430 万倍太阳质量。在这次亲密接触中,它到达了离事件视界仅 120 倍地日距离的地方。天文学家使用智利和夏威夷的先进红外望远镜,测量到了 S2 光谱的爱因斯坦引力红移。不过,你要等到第六章,才能读到关于此事的更多细节。那时我们将讨论如何在黑洞附近检验爱因斯坦的理论。

---

① 恒星绕转黑洞的轨道是椭圆形,绕转过程中轨迹各处到黑洞的距离并不相同,所以存在离黑洞最近的位置。

第三章

# 光耀引力

辛勤准备了一年多，演练了无数次之后，唐·布伦斯终于感觉万事俱备了。那天早上，怀俄明州卡斯帕市的天空湛蓝而晴朗，只飘着几缕薄云。风也很宁静。他准备好了自己的 Tele Vue 牌 NP101is 型 ① 望远镜，并连上了 CCD 相机。他早就写好了计算机程序，而且测试并运行过，可以在关键的两分半钟内给望远镜发送指令。唯一还没做的，就是坐下来，等待那件事发生了——那所谓的"美国大日食" ②。

据估计，线下和线上加起来，有两亿一千五百万人目睹了这次日食，布伦斯只是其中一个。但是，身为退休的物理学家和业余天文学家，布伦斯待在怀俄明，不只是为了看日食的时候大喊"哇塞"的。他想要在那里重现 20 世纪最著名的观测，那次让爱因斯坦举世闻名的实验。

那次实验，曾在 1919 年秋天占满了各大头条。"科学革命、宇宙新理论、推翻牛顿"，11 月 7 号，伦敦《泰晤士报》曾这样宣称。三天后，《纽约时报》宣布："天上的光芒都是弯曲的，整个科学界都为日食观测的结果激动"。（注意，只提到了男性 ③，这是那个时代的典型观念。）它预示着一个美丽新世界，在那个世界里，再也没有旧价值观里那种绝对的空间和时间。对于刚从第一次世界大战的摧残中诞生的社会来说，这意味着一切绝对标准都可以打破，不管是道德上的，还是哲学、音乐和美术上的。在一份 1983 年发布的 20 世纪历史调查中，英国历史学家保罗·约翰逊认为，"现当代"不是

---

① 折射型，口径 101 毫米，是 20 世纪评价较好的消费级望远镜。

② 发生于 2017 年 8 月 21 日，是 1918 年以来首次横跨美国全境的日食现象，也是美国建国以来首次仅在本国境内出现的日食。

③ 原文"科学界"用的词是"men of science"，直译为"从事科学的男人们"。

始于 1900 年，也不是始于 1914 年 8 月 [1]，而是始于 1919 年，始于那次占满了各大头条的事件。

这件事让爱因斯坦成了名人。暂且不提他的天才头脑、他理论的成功，还有他几乎一手缔造的新科学体系。单说一件事就够了，那就是用现在的话来说，爱因斯坦是个很有"综艺感"的人。他心不在焉，又有些小机灵；除了科学，他也很愿意表露自己在政治、宗教和哲学上的看法；他还会拉小提琴——所有这些特质，都点燃了大众对他热切的好奇心。媒体也厌倦了发布前线报道和战争死难者名单 [2]，简直太愿意满足读者的这种好奇心了。

造成这一片喧哗的，是对太阳偏折星光的准确测量。偏折量的大小，和爱因斯坦广义相对论预言的一样，却违反了牛顿引力理论的预言。这就是布伦斯计划复现的实验，如果进展顺利，他将达到更高的精度。

探索引力如何影响光线轨迹的历程，是科学史上最美妙的故事。事实上，这件事的根源可以追溯到 18 世纪，不过关于它的故事一直延绵到今天。它上至成功的理论和实验，下至种族主义宣传；从我们的太阳系，到最遥远的星系。

目前公认第一个严肃思考了引力可能影响光线的人，是英国神学家、地球物理学家、天文学家瑞沃伦特·约翰·米契尔 [3]。从牛顿的时代起，人们就相信光线是由许多粒子，即"微粒"构成的。牛顿也曾经含糊地推测过，引力可能会影响光线。1783 年，米契尔解释道，就像普通物质会被引力吸引一样，光线也同样会被引力吸引。

---

[1] 第一次世界大战。

[2] 此时正处于第一次世界大战尾声。见本书前言。

[3] 生于 1724 年，卒于 1793 年。

他提出，从地球或太阳这样的物体表面发出的光，在飞出很远距离后速度会降低①（米契尔当然不知道狭义相对论，不知道任意惯性观察者看到的光速都应该一样）。然后他问自己，如果一个物体和太阳的密度一样（每立方厘米同样的重多少克），这个物体需要多大，才能止住自己发出的光线，并且在光线逃逸之前把它吸回来？他得到的答案是太阳直径的 500 倍。光线永远无法逃离这样的物体。

这是个了不起的想法，他描述的实际上就是我们现在说的黑洞。用现在的话来说，米契尔提出的这种物体比我们的太阳重 1 亿倍。15 年后，法国伟大的数学家皮埃尔·西蒙·拉普拉斯做了类似的计算。尽管米契尔和拉普拉斯用的基础理论不对，他们的大前提却是对的：引力会影响光线。

但是米契尔没有就此止步。他又问道：如果它的表面发不出光线，人们怎么感知这样一个物体？他给出了一个非凡的回答：如果这样一个黑暗天体处在双星系统中，伴着一颗普通恒星做轨道运动，那么当它们互相绕转的时候，就可以测量那颗普通恒星的位置变化，来推测另外一个黑暗天体的存在。这个回答之所以了不起，是因为 1783 年时还无法证明真的存在双星系统。米契尔猜测出了这种可能性，将其写了出来，还对天空中的邻近双星系统做了开天辟地式的统计分析，这促使天文学家去寻找双星存在的证据。1803 年，威廉姆·赫歇尔（Wilhelm Herschel）第一次确定地发现了两颗互相绕转的恒星。

米契尔的朋友兼同事亨利·卡文迪许②也和他一样对引力感兴

---

① 按照牛顿力学的观念，光粒子受引力的影响，所以会在飞行途中持续减速。因此，光的飞行距离达到一定程度后，速度的减小应该会表现得非常显著。
② 生于 1731 年，卒于 1810 年。

趣。那时他已经发现了氢元素，因而十分有名了①。在朋友去世后，卡文迪许继承了米契尔制作的测量引力的仪器。稍加改造后，他用这台仪器测量出了我们如今称为牛顿万有引力常数的值（物理学家管它叫"$G$"）②。这个常量将两个物体间的引力大小与它们的质量和距离关联起来③。

　　而 1784 年前后，卡文迪许也问出了这个问题：如果像米契尔推测的一样，引力会影响光线，那么引力会不会让光线弯曲呢？按照牛顿引力，一个物体围绕另一个物体运动的轨迹叫作"圆锥曲线"，也就是用平面去截一个圆锥，平面在不同倾角下截出的不同边界线。如果是束缚轨道，即绕转物体永远挣脱不了的情况下，轨道就是椭圆或者正圆形的；如果是非束缚轨道，那么就是双曲线（图 3.1）。如果光的微粒和普通物质粒子一样，受到同样的引力场吸引，那么由于它的速度非常大，轨迹应该会形成一条近乎直线的双曲线［图3.1（b）的最下图］④。不过，虽然这种曲线和直线的区别很小，二者之间的偏差却是可以计算的。看起来，卡文迪许做了这个计算。

---

① 卡文迪许在 1783—1784 年期间发现氢气。

② 这个实验常被称为"扭秤实验"，是卡文迪许 1797—1798 年完成的。

③ 知道了确切的万有引力常数值、两个物体之间的距离、两个物体各自的质量，就可以用牛顿万有引力公式计算出二者之间引力的大小。在牛顿理论中，引力大小反比于距离（r）的平方，正比于两个物体质量（假设分别为 M、m）和万有引力常数（G）的乘积，即 $F = G \cdot M \cdot m / r^2$。

④ 不受力情况下，粒子的轨道应该保持直线。粒子速度越大，就会越快穿出引力影响范围，轨道受到引力的影响越小，所以轨迹相对于直线的变形也就越小。

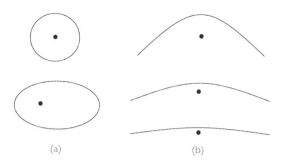

图 3.1　牛顿力学轨道

　　轨道（a）是束缚轨道，形状呈正圆或椭圆（也称作偏心圆）。轨道（b）是非
束缚的双曲线轨道，从上到下速度越来越大。

　　为什么说是"看起来"？因为卡文迪许是有名地不爱发表自己的研究，甚至都不愿意和他的同事讨论（神经科学家奥利弗·赛克斯 [1] 曾经推测，卡文迪许可能有阿斯伯格综合征 [2]）。1920 年前后，为了编纂卡文迪许的物理著作全集（他的化学著作早先已经被编纂出版了），研究者们在他的文件中发现了一堆废纸，上面写着"关于光线经过物体表面时被引力弯曲的计算"，后面跟着一个公式。没有具体计算过程，只有这个问题的正确答案。

　　米契尔和卡文迪许身后大约 15 年，欧洲大陆另一端上演了一个类似的故事，不过结局却不太一样。受到拉普拉斯推想的启发，巴伐利亚天文学家约翰·乔治·冯索德纳（Johann Georg von Soldner）[3] 提出了同样的问题：引力会弯曲光线吗？冯索德纳基本上靠自学成才，成了一个很受尊敬的天文学家。他在天文精确测量方面，也就是天体测量学领域做出了基础性贡献，逐步升为慕尼黑科学院

————————————

① 1933—2015，英国医生、生物学家、神经学家，同时也是一位有名的科普作家。

② 一种社会交往障碍，人际交往和语言交流困难是该病症的一项表现。

③ 生于 1776 年，卒于 1833 年。

的院长。不过 1801 年时，他还在柏林天文台为天文学家约翰·波德（Johann Bode）做助手。冯索德纳计算了光线的偏折（他和卡文迪许算的结果一样），他算出如果光线掠过太阳表面，弯曲的角度是 0.875 角秒。1 角秒相当于大约 4 千米外一根手指宽度所对应的角度（3600 角秒等于 1 度）。

　　冯索德纳的研究在 1804 年发表在一本德国天文学期刊上。它很快被遗忘了，部分原因是这种效应远远超过当时望远镜的精度极限，另一部分原因是在十九世纪的大部分时间里，兴起的是光的波动学说。根据这种学说，光像波一样，在一种无重量的"以太"中扩散，因此想必是不会发生偏折的。爱因斯坦肯定既不知道冯索德纳的论文，也不知道卡文迪许的计算。直到 1921 年，冯索德纳的研究才被再次发现并重新利用，不过这次的目的却完全不同，而且令人生厌[①]。

　　正如一个多世纪以前的卡文迪许和冯索德纳那样，1907 年，爱因斯坦也对引力对光的作用感兴趣。他意识到，如果等效原理会导致光的频率变化，也就是引力红移（第 2 章），那它应该也会对光的轨迹有影响。1911 年，他算出光线掠过太阳后的偏折应该是 0.875 角秒。他建议天文学家在全日食时寻觅这一效应，那时太阳附近的星星将会变得可见，如果它们发出的光受到偏折，那么和它们正常的位置做比较，就能探测到这种效应了（图 3.2）。几支队伍出发了，到克里米亚去观测 1914 年 8 月 21 日的日食。其中包括由埃尔文·芬雷 - 弗里德里奇率领的柏林天文台团队，威廉姆·坎贝尔率领的美国里克天文台团队，以及查尔斯·帕莱因率领的阿根廷国立天文台团队。但是第一次世界大战打断了他们的行程，俄国把许多

---

① 被纳粹科学家用于宣扬雅利安人的种族优越性，见后文。

天文学家遣送回了家，又阻挠剩余的人，临时没收了许多设备；再加上，日食当天观测站的天气也很糟糕，本来就做不了有用的观测。

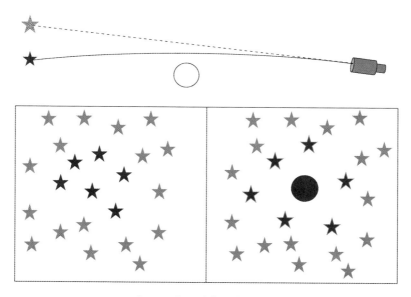

图 3.2　太阳造成的光线偏折

　　上图：由于光线偏折，恒星的视位置看起来离太阳更远了。下左图：夜晚看到的一片星星。下右图：同样一片星空，太阳位于中间，阳光被月球挡住。那些星光路径靠近太阳的星星（6 颗黑色星星）位置发生变化，比那些离太阳远的星星（灰色星星）变化得更多。当然，这里画出的偏折是极其夸大的。

　　爱因斯坦的等效原理会导出光线偏折，其中的机制很好理解。想象一个实验室，四壁都是玻璃做的，里面有个观测者，精通等效原理（图 3.3）。实验室远离一切恒星和星系，以恒定的速度运动着。因此它是一个惯性参考系，在实验室里狭义相对论是成立的。因为这里没有重力，所以内部的观测者自由地漂浮着。下面是实验中发生的一系列事件，画在图 3.3 的上半部分里：（a）一股光线从左侧照进实验室，进入时的位置刚好在实验室的中间处。（b）光线沿直线穿进来，而实验室继续向前移动（在图中表现为向上移动），所以光线的位置仍然在实验室的中间[①]。（c）光线穿出实验室的时候也在中间。也就是说，在内部的观测者看来，光线以一条直线轨迹穿过实验室。

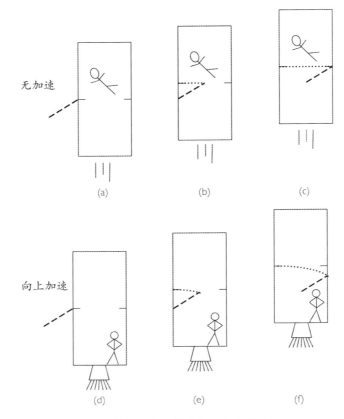

图 3.3　爱因斯坦的等效原理与光线偏折

　　上图：一道光线（虚线）进入了一个在真空中匀速运动的实验室。它笔直地穿过实验室，角度由于光行差而发生改变。

　　下图：光线进入了一个实验室，这个实验室被火箭推动着加速。

––––––––––––––––––––

① 原文未提及的前提条件：若实验室在竖直方向上的速度和光速在竖直方向上的分量一样（只需调整光线夹角和实验室速度到恰当的值），由于实验室和光都是匀速运动，二者在竖直方向就是同时前进的，相对静止。这样一来，光线位置可以一直保持在实验室的中线上。另外，此处的"光线"仍然应该理解为第二章引力红移实验中介绍的"波包"，即一小股短暂的光脉冲。

　　由于实验室在几幅图中运动依次加快，离开实验室的光线将会略低于它进入时的高度，看起来就好像是向下弯折了一样。

　　但是，实验室里观测者看到的光线角度却和外部静止观测者看到的不一样！这是一种著名的现象，叫作"光行差"，由詹姆斯·布拉德利（James Bradley）于1725年发现。由于这种现象，随着地球绕着太阳公转，星星在天空中也来回改变着位置，一年大约变化40角秒。更接地气地来说，这和你下雨的时候打着伞快跑是一样的。你会觉得本来垂直下落的雨滴变成了倾斜的，把你的脚打湿了。在图3.3的上图中，画的是假设实验室以一半光速运动的情况。这样我们在外部观察到的光线轨迹，就会明显和实验室内部观测到的光线轨迹之间有个夹角[①]。

　　我们再来考虑同样一个处在遥远太空中的实验室，实验室上附着火箭，推着它加速（图3.3的下图）。由于火箭有推力，观测者现在可以站在实验室地板上了[②]。让我们假设，当光线从左侧射入时，实验室的速度和上图中一样。接下来发生的一系列事情就不一样了：（d）光线刚进来时，由于光行差存在，它似乎就像之前进入不加速的实验室时一样，将要水平地穿过实验室，但接下来却不是这样。（e）光线走到横向一半时，实验室比之前不加速时前进得更多了，因为它在这期间速度一直在增加；所以这时光线的位置比实验室的中间位置要落后一点。（f）光线射出实验室时，实验室比刚才走到

---

① 外部观察到的光线向右上倾斜，而实验室内部观测到的为水平轨迹。如上一条注解所说，该实验需要保证实验室和光线在竖直方向上的速度一样。由于真空中的光速是个定值，所以如果实验室速度不大，那么光线和水平方向的夹角就需要很小，才能保证光速在竖直方向上的分量和实验室速度一致。为了画图清晰起见，假设实验室速度是光速的一半，这样光线和水平方向的夹角是30度，能在图中明显地标识出来。

② 加速度模拟了重力的效果，这就是第二章开头论述的等效原理。

一半时前进得还要多，光线的位置相对于实验室的中间位置就落后得更多了。对外部的观测者来说，光线走的仍然是一条完美的直线（图中长虚线）。但是对于加速实验室中的观测者来说，光线在横穿实验室时，看起来稍微朝着地板方向弯了一些（图中短虚线）。

然而，根据爱因斯坦的等效原理，图 3.3 的下图中加速的实验室和引力场中一个静止的实验室是等价的。因此，光线应该也会受到引力的弯曲！假想在光束飞过太阳时途径了一连串这样的实验室[①]，再把每个实验室测到的小偏折加在一起，爱因斯坦得到了这样的结论：飞掠太阳的光线的总偏折是 0.875 角秒。因此，不管我们是像卡文迪许和范索德纳那样，用牛顿引力理论加上光的微粒说，还是用等效原理的这种推导方式，我们都能得到同样的光线偏折预言。

不过，1915 年 11 月，爱因斯坦把预测的结果加倍了。那个时候，他已经完成了整个广义相对论的构建。他发现，如果采取广义相对论方程的一阶近似，偏折角应该是 1.75 角秒，不是 0.875 角秒。

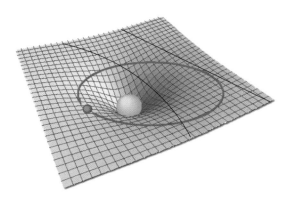

图 3.4　弯曲时空的橡胶膜比喻

一个沉重的球放在橡胶膜中间，橡胶膜在整个房间里抻紧了。小球绕着倾斜的

---

[①] 光线在经过每个实验室时都因为太阳的引力场而发生了小的偏折，和刚才论述的加速度造成的偏折是一样的。

表面滚动，代表一个物体绕着大球做轨道运动。两个代表光线的物体快速经过膜。靠近球的那条光线偏折了，因为橡胶膜表面是倾斜的，或者说弯曲了。

　　加倍的结果才是正确的吗？之前的计算难道错了吗？完全不是。就我们能算的部分来说，之前的计算都是正确的。只是那些计算没有——实际上也不可能——把另一个重要的条件考虑进去，只有广义相对论才应付得了这个条件：空间的曲率。正如我们在第二章里看到的，等效原理告诉我们时间必然是扭曲的，不过我们当时却没提空间的事。很自然地，我们可以假设空间也被扭曲了，因为相对论把时间和空间看作是一体的。不过要想计算空间到底弯曲了多少，我们需要广义相对论的具体公式，而不只是等效原理。

　　确实，广义相对论预言，空间在引力物体周围弯曲，其曲率随着靠近物体而增大，在极远处几乎可以忽略。要描述这些，需要四维时空连续体的复杂数学，很难用三言两语来概括。然而，如果我们剥离掉不重要的细节，还是有可能定性地描绘一下的，这样也许能让你直观感受到弯曲空间的一些效应。

　　让我们来想像一下，在太阳这样的物体周围，弯曲的空间会是什么样子吧。既然太阳可以当作是不随时间变化的，我们可以去掉时间的维度，只考虑空间。同时，太阳还可以近似看作是球形的，就像足球或者棒球一样。从它的中心出发，沿各个径向①的空间方向都是一样的，因此我们可以任选一个方向，只考虑垂直于这个方向的二维平面。如果要问这个弯曲的二维平面看起来是什么样子的，不妨想象地球上的某个房间里放了一层橡胶膜，拽得紧紧的，而一个沉重的保龄球放在膜的中间，代表太阳（图3.4）。由于球有重量，

---

① 即从球心出发，沿着球半径的射线方向。

61

膜凹陷下去，并且被拉伸开了。在膜的边缘，远离球的地方，膜基本是平的，上面的几何遵循欧几里得[①]的常见定律。但在靠近球的地方，它是弯曲的。

这样一来，由于橡皮膜的弯曲和拉伸，如果从凹陷中心沿着膜量到边缘，量出来的距离就比"一箭之地"[②]要长了。在欧几里得几何中，圆周的长度很显然是半径的 $2\pi$ 倍（$\pi$ 是一个常数，近似为 $3.14159265\cdots\cdots$）。但在膜上绕着保龄球画一个圆，圆的半径是沿着橡胶膜量到中心的距离，而圆的周长却短于半径的 $2\pi$ 倍。不过，需要提个醒：这幅橡胶膜的示意图只是一种比喻，而且还是个不完美的比喻。时空并不是橡胶膜；它是四维而不是二维的，而且其中的时间和空间一样重要。

爱因斯坦的等效原理表明，在局部的自由落体参考系下看来，物体应该会沿直线运动，就如同引力不存在一样。但这只是个局域的观点，只在观测者周围很小的范围内适用。爱因斯坦认为，在通常情况下，即引力存在时，物体会沿着尽可能"最直"的路线运动，但它所经过的时空却注定是弯曲的。

这种"最直"的线，类似于国际航班的路线。地球的表面是一个现实中的弯曲二维平面，上面这种"最直"的线称作测地线。赤道是一条测地线，所有经度线也都是测地线。任何穿过地心的平面和地球表面的交线也是测地线。如果你在地面上走，一点都不拐弯，只管笔直向前，那你走出的就应该是这种路线。在欧几里得的视角

---

① 欧几里得几何，即平直空间中的几何规律，例如平行线不相交、三角形内角和为 180 度、圆的周长是半径的 $2\pi$ 倍等。这些规律在非平直空间（称为非欧几何）中未必成立。
② 原文为英文谚语，直译为"像乌鸦飞一样"，意为不考虑弯曲效应，笔直地测量。

上 ①，你的路线不是笔直的，因为你在绕着地球走，最终会回到你的出发点。但这已经是你能走的最直的路了。在地球上，这种测地线也是两个地点之间最短的距离。因此，从洛杉矶到巴黎的航线飞的是哈德逊湾和格陵兰岛的北边 ②，而不是从大西洋中部飞过去。爱因斯坦利用等效原理拓展了这个理念，主张自由运动的粒子在弯曲时空中走的是测地线。

现在让我们来尝试想像一下，这种测地线是如何影响粒子运动路径的。在图 3.4 中，小球绕着大球转动。它沿着倾斜的橡胶膜，尽可能沿着直线路径运动。这就像一辆过山车，右转是因为轨道朝着右边陡然倾斜了，而它本身并没有脱轨（希望没有！）。类似地，如果粒子像光子这样速度很快，它会快速地经过橡胶膜，到达边缘时几乎没受偏转（图 3.4 中近似直线的黑线）。但是如果粒子运动时离球很近，它就会经过膜的凹陷处；由于那里很陡，它受到的偏转会较大。

图 3.4 显示的轨道和路径实际上应该画成三维的，把时间也画出来。不过那样就太苛求我们的艺术水平了。不管怎样，尽管这种橡皮膜的比喻不完美，但我们还是希望能帮助读者形象地想象弯曲时空的一些效应。

空间的弯曲解释了爱因斯坦计算结果的加倍。之前的计算，无论是用加速的实验室还是用牛顿引力，给出的都是光线相对于空间的偏转。如果我们把空间当成平坦的，那结果当然没错。但是，广义相对论预言了，与远离太阳的遥远空间相比，在太阳附近，空间也会变成弯曲的或者说"倾斜的"。这就会使得掠过太阳的射线还

---

① 譬如在太空中俯瞰，将地球看作是平直空间中的球体。

② 洛杉矶位于美国西海岸，该路线靠近北极圈。

要再额外加上 0.875 角秒。因此，总的偏折应该是这两种效应相加，最终是 1.75 角秒。

这种空间弯曲效应，是不同引力理论之间一项重要的区别。任何认可等效原理的引力理论（目前几乎所有理论都认可），都能得出第一部分的 0.875 角秒。光线偏折的第二部分则来自空间曲率。牛顿理论是平直空间理论，因此没有第二部分的效应，得到的结果就是 0.875 角秒。出于凑巧，广义相对论算出的正好是它两倍的结果。有的理论比广义相对论预言的曲率稍微更小一点，从而导致第二部分算出的值更小一点，总的偏折也更小一点。有的理论预言的曲率更大，得出的偏折角也更大。

爱因斯坦预言的偏折角加倍有重要影响，因为这意味着这种效应更容易测量了。不过还要多亏亚瑟·斯坦利·爱丁顿的关键作用，才能在 1919 年这么早的时候就实现成功的观测，离论文发表不过四年。我们在第一章和第二章中已经见过了爱丁顿。在第一次世界大战爆发时，他是当时最前沿的实测天文学家，已经当选为皇家学会会员，而且被指任为剑桥大学的普鲁米安教授①。战争已经切断了英国和德国科学家之间的联系，当时荷兰科学家威莱姆·特希特（Willem de Sitter）想办法把爱因斯坦关于广义相对论的最新论文转寄给爱丁顿，还附上一些他自己的论文。爱丁顿意识到了这一新理论的深刻意义，他马上开始学习掌握这门理论所需的数学知识。1917 年，他为伦敦物理学会准备了一份关于广义相对论的详细报告。这扩大了它的影响。

同时，爱丁顿和皇家天文学家弗兰克·戴森（Frank Dyson）开

---

① 剑桥大学天文专业的荣誉教授职位之一，全称为"普鲁米安天文学和实验哲学教授"，设立于 1704 年，得名自捐资的罗切斯特副主教托马斯·普鲁姆（Thomas Plume）博士。

始策划一次日食远征，去测量预测的光线偏折。爱丁顿在 1906 年到 1913 年期间担任皇家格林威治天文台的天文学家，为研究日冕这样的太阳特性，他在 1912 年就进行过一次日食远征，熟悉远征的技术和其中的麻烦。戴森指出，1919 年 5 月 29 日的日食是一次完美的机会，因为太阳周围的天区中将会有大量亮星。政府下拨了 1000 英镑的款项（大约相当于如今的 7 万美金），计划正式开始实施了。此时，战争的结局仍不确定，爱丁顿有被抽调参军的危险。他是一个虔诚的贵格会[①]教徒、和平主义者，曾恳切地反对战争，已经求得兵役豁免。但是，由于亟需人力，国家兵役部对豁免提出了申诉。最终，1918 年 7 月 11 日，经历了三场听证会以后，再加上戴森在最后关头上诉，证明了爱丁顿对日食远征很重要，爱丁顿的豁免得以维持。这仅比战争中的重要事件——第二次马恩河战役[②]提前了一周。爱丁顿也坚信——也许太过幼稚——如果英国科学家确认了德国物理学家的理论，就能树立一个榜样，证明科学可以将世界引向和平。

1919 年 3 月 8 日，在敌意结束前的 4 个月，两支远征军从英国启航。在马德拉（Madeira）群岛[③]短暂停留后，队伍分头行动。爱丁顿和埃德温·考廷海姆一起，前往普林西比岛，位于今日赤道几内亚的海边。查尔斯·戴维逊和安德鲁·克罗梅林前往索布拉尔市（Sobral），位于巴西北部。实验的原理看似简单。在日全食期间，月亮完全遮挡住太阳，显露出太阳周围的星星。天文学家用望远镜和

———————————

① 又名教友派、公谊会，基督教新教的一个派别，信奉圣灵的直接启示，具有神秘主义特色。反对战争、提倡和平也是该教派的主张之一。

② 发生于 1918 年 7 月 15 日至 8 月 6 日，是第一次世界大战西方战线中德军最后一次发动大规模攻击。包括英国在内的协约国军队损失 13.9 万人。

③ 位于非洲西海岸，当时英国人旅游和度假胜地，现隶属于葡萄牙。

照相底板拍摄被遮蔽的太阳和周围的星星。然后拿这些照片和没有太阳时这片星空的照片做比较。做比较的那些照片在日食前几周甚至几个月前的晚上就拍好了，那时候太阳离这片天区很远，星星处在它们的真实位置上，没有被偏折过。在日食照片中，星星的光线被偏折后，看起来会比它们的真实位置离太阳更远（图 3.2）。

预测的偏折有一个性质很重要：尽管位于太阳边缘的星星会被偏折 1.75 角秒，但离太阳中心 2 倍远的星星偏折却只有一半，十倍远的星星偏折只有十分之一。换句话说，偏折与星星到太阳的角距离成反比变化（图 3.2）。这样一来，因为日食照片和对比图是在不同时间拍摄的，拍摄的环境状况不同（有时候用的望远镜也不同），照片整体的放大倍数可能不一样。因此，需要用那些离太阳最远的星星来改正照片的放大率。那些星星在对比图中未受偏折，在日食图中偏折也可忽略。这样一来，才能测量最靠近太阳那些星星的真正偏折。

当然，实践起来没这么简单。有一项重要的因素会让实验变复杂，那就是天文学家称为"视宁度"的现象。由于地球大气会发生湍动，穿过大气的星光可能会被冷冷热热的运动气流折射、弯曲，产生几个角秒的变化（这也是星星在人眼看来会眨眼的主要原因）。但是由于这种折射本质上是随机的（既可能朝向太阳，也可能远离太阳），如果有很多幅照片，就可以通过平均来消除它。星星的照片越多，这个效应就能被移除得越干净。因此，尽可能地多拍照就非常关键了。当然，为了达到这个目的，天空也越晴朗越好。

因而，我们可以想象爱丁顿当时的心情：就在日食那天，"巨大的暴风雨来临了"。上午逐渐过去，他开始失去希望了。在远征之前，针对可能的收获，戴森开过一个玩笑。没有偏折意味着光线不受引力影响，一半的偏折值会肯定牛顿的理论，而完整的偏折值则会肯定爱因斯坦的理论。爱丁顿在普林西比的同事在分别前问戴森，如果他们发现的偏折值是预测的两倍，那么会发生什么。戴森回答道："那么，我亲爱的考廷汉姆，爱丁顿就会疯掉，你就只能一个人回家了。"如今，爱丁顿真要考虑一无所获的可能性了。但是在最后的时刻，天气开始变好一点了："雨中午停了，大约1：30，当（日食）部分遮挡快要结束时，我们开始瞥到了一眼太阳。"穿过残余的云彩，他们拍了6张照片，其中只有2张显了清晰的像，一共只有大约5颗星星。无论如何，将它们和远征前牛津大学望远镜拍的参考照片相对比，还是能判断出它们符合广义相对论的。对应的掠日光束偏折角为 1.60 ± 0.31 角秒，或者说是爱因斯坦预言值的 0.91 ± 0.18 倍。索布拉尔的那支远征队遇到的天气更好些，他们拍到了8张可用的底片，每张上面至少有7颗可用的恒星。还有另一架望远镜拍了19张底片，但都没法用，因为看起来望远镜的焦距在全日食前发生了变化，有可能是太阳加热的缘故。对那些良好的底片进行分析，得到了掠日偏折角为 1.98 ± 0.12 角秒，即爱因斯坦预言值的 1.13 ± 0.07 倍。

1919 年 11 月 6 号，爱丁顿在伦敦皇家学会和皇家天文学会的一场联合会议上宣布了测量结果。他可能是当时第一位充分利用媒体力量的天文学家，在宣传方面十分娴熟。数学家阿尔弗莱德·诺斯·怀特海德（Alfred North Whitehead）描述了那幅场景："整个气氛……和希腊戏剧一模一样……背景的牛顿的画像提醒着我们，最伟大的科学成就，在超过两个世纪后的今天，受到了第一次修改。"在此之前，爱因斯坦是一个籍籍无名的瑞士 / 德国科学家，只在一小撮欧洲物理学家中间出名，只在圈内受到尊重，而外界的世界不知道他。接下来的几天里，报纸头条满世界飞，一切都改变了。爱因斯坦和他的理论引起了轰动。从那时起，爱因斯坦的光环再也没有淡去。

另一方面，爱因斯坦的名声也确实带来了不利影响，尤其是在德国。在两次世界大战之间，民族主义和反犹太主义崛起，在科学界也有所反映。1920 年，保罗·维兰德①组织了一个公开论坛，批判爱因斯坦和他的理论。其中一个主要拥护者是菲利普·勒纳，他因为阴极射线（现代的说法叫电子束）的研究获得了 1905 年的诺贝尔物理学奖。他公开支持新兴的纳粹运动。两次世界大战之间，他花了很多时间，要清除德国科学界里的"犹太败类"。相对论代表了"犹太科学"的一个缩影，勒纳和其他人极尽努力要抹黑它。1921 年初，勒纳在写一篇反对广义相对论的文章时，得知了乔治·冯索德纳 1804 年的论文。这一发现让他备受鼓舞，因为它表明，冯索德纳的"雅利安人"研究要先于爱因斯坦的"犹太"理论。日食测量的结果倾向于爱因斯坦而不是冯索德纳，但这没有困扰他。勒纳写了一篇冗长的介绍论文，一字不差地引用了冯索德纳的论文头两页，并总结了剩余部分，并将整篇文章以冯索德纳的名义于 1921 年 9 月 27 号发表在《物理学年报》上。

然而，非犹太的德国物理学家大部分都不同意此观点。尽管纳粹接管了德国，许多犹太物理学家（包括爱因斯坦）都被解雇和移民了，但这个反相对论的课题最终不过沦为了科学史的一个小小注脚而已。

不过，对爱丁顿的测量结果，确实有一些合理的质疑。考虑到数据质量很差，它们真的能支持爱因斯坦吗？1980 年，一些科学史

---

① 民间反犹太运动领袖，尤其反对爱因斯坦和相对论，并非科学家。

学家好奇，爱丁顿对于广义相对论的热情是否让他筛选了数据，或者对其微调，从而让结果更满足期待？1923 年到 1956 年之间，对爱丁顿所用的底片进行了无数重新分析，都得到了和他当初得到的一样的结果，误差在 10% 以内。1979 年，恰逢爱因斯坦诞辰一世纪，伦敦附近格林尼治皇家天文台的天文学家使用一种叫作蔡司天文坐标测量仪 [①] 的现代工具，以及配套的数据处理软件，重新分析了两组索布拉尔底片。从索布拉尔第一台望远镜拍的底片上，得到了和戴维斯与克罗梅林几乎一样的结果，只不过误差降低了 40%。对索布拉尔的第二台望远镜得到的测量来说，尽管底片的尺度变了，这次分析还是给出了掠日偏折角 1.55 ± 0.34 角秒，和广义相对论吻合。此处误差较大，这是望远镜焦距出故障的缘故。回顾英国天文学家对数据的处理，我们的同事丹尼尔·肯尼菲克 [②] 认为，在他们身上没有明显的人为偏向。

　　但是，仅基于一队人的测量结果，科学家不愿意接受一个颠覆世界的理论。任何新的自然规律，都必须由许多团队、使用不同的方法和技术进行检验，在许多检验下仍然屹立不倒才行。奇怪的是，在 1919 年日食之前，另一次测量并没有证实爱因斯坦的预测。里克天文台（Lick Observatory）的威廉姆·坎贝尔和希伯·柯蒂斯分析了 1900 年美国佐治亚州奥古斯塔市（Augusta）附近的一场日食，以及 1918 年华盛顿州戈尔登代尔市（Goldendale）附近的另一场日食，希望能一击打倒英国人。不走运的是，图像的质量很差，他们没有得到什么清晰的证据，不能支持爱因斯坦的偏折值。反差的是，

① 一种用来测量照片上天体位置的仪器。
② 美国阿肯色大学教授，加州理工学院物理学博士，曾担任《爱因斯坦文集》的科学编辑，并撰写过关于 1919 年日食实验的书籍。

1919 年 7 月 11 号，坎贝尔在皇家天文学会的会议上报告这次负面结果时，爱丁顿还在从普林西比岛回来的海面上。在这次会议上，戴森报告说，爱丁顿已经将他的初步结果通过电报传了回来，结果是支持爱因斯坦的。

跟随爱丁顿成功的脚步，七支队伍在澳大利亚的 1922 年日食中也尝试进行测量。不过，只有三支队伍成功得到了可用的数据。里克天文台团队的坎贝尔和罗伯特·特朗普勒报告了掠日偏折角为 1.72 ± 0.11 角秒，而加拿大团队和英国 / 澳大利亚团队报告的值在 1.2 到 2.3 角秒之间。随后的日食测量仍然支持广义相对论：1929 年有一次，1936 年有两次，1947 年有一次，1952 年有一次，1973 年有一次。令人惊讶的是，测量精度提高得很少，不同的测量给出的值上下波动，最多和爱因斯坦预测的值差 30%。不过，没有人怀疑爱因斯坦战胜了牛顿。

1973 年的远征正是一个例子。这次远征由德州大学和普林斯顿大学组织，6 月份在毛里塔尼亚 ① 的辛格提绿洲（Chinguetti Oasis）进行观测。观测者有 20 世纪 70 年代技术的优势：柯达牌摄影感光乳液，罩着望远镜的建筑内部温度可控（日食进行到一半时，外面的温度为 97 华氏度 ②），复杂的马达精确控制望远镜的方向，图像也由计算机分析。不幸的是，他们无法控制天气一定比爱丁顿的好。日食的早上刮起大风，扬起沙尘，厚厚的尘土遮蔽了太阳。但是当全日食来到时，风停了下来，尘土落下，天文学家赶在他们自称是生命中最短的六分钟期间，拍了一连串照片。他们希望收集超过 1000 颗恒星的图像，但是尘土使得可见度降到了不到 20%，令人失望地

---

① 西非国家。

② 约合 36 摄氏度。

只收集到了 150 颗。随后，11 月份他们又去了这个地方拍摄对比照片。在皇家格林尼治天文台，他们使用一种特殊的自动设备分析这些照片，叫作 GALAXY 测量仪。测量结果和爱因斯坦的预测符合，处在 10% 的误差范围内。相比于此前的日食测量而言，这也只是不大不小的一次提升。

唐·布伦斯 2017 年想做更好的日食测量，这是有背景原因的。布伦斯 2014 年从光学企业界退休，他此前的职业是研制军用和商用的激光和先进光学仪器，因而对天文设备了如指掌。他决心用 21 世纪的技术，亲自重做一遍这项历史性的测量。他的一项优势是 CCD 相机。相比于摄影乳液或者玻璃底片，它大大提高了对所接收到的星光的响应，也提高了图像的稳定性。他也不需要操心在实验前后对星场拍摄对比照片，因为 2013 年发射的轨道望远镜盖亚（Gaia）提供了所有相关恒星未受偏折的位置，其精度远比他自己能测到的高得多。最后，望远镜和相机完全由计算机控制，使用的软件已经提前写好、测试好、演练好了。事实上，和很多此前的队伍不同，布伦斯说，他完全可以往后一坐，享受日食，因为所有事情都预先编程好了。晴朗的天气锦上添花。不过，他还是得费大力气分析数据中枯燥的细节。最终汇报的掠日偏折角为 1.75 角秒，不确定性为 3%，和广义相对论完美吻合，比爱丁顿当年报告的不确定性要小。

布伦斯的测量主要是出于历史意义和个人兴趣，因为到了 20 世纪 60 年代末，爱因斯坦的日食偏折测验已经被一种新技术取代，这种技术是 20 世纪两大天文发现的结合：射电望远镜和类星体。

射电天文学开启于 1931 年。那年，新泽西州贝尔电话实验室（Bell Telephone Laboratories）的卡尔·央斯基（Karl Jansky）发现，他正在设法改善的无线电射电天线中存在噪声，来自银河系的中心方向（我们将在第六章再讲到这个故事）。第二次世界大战中雷达发展，产生了新的接收器和技术，射电望远镜也快速发展为新的天文工具。那时发现的射电波来源有太阳本身，有蟹状星云这样的星际气体，有氢原子和复杂分子形成的云，也有射电星系。射电波和普通的可见光一样，只不过波长更长。可见光为 400 纳米到 700 纳米的波段（1 纳米是 1 米的十亿分之一），而射电波的波长从十分之一米到几米。广义相对论对射电波偏折的预言和可见光一样：这一效应和波长无关。

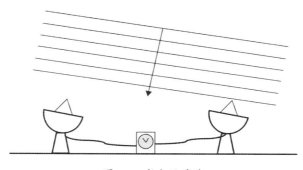

图 3.5　射电干涉阵

　　射电波接近两个射电望远镜。每个波都会先到达其中一个望远镜，再到达另一个。连接两个望远镜的原子钟可以非常精准地比较波到达二者的时间，从而获得信号源方向的准确定位。

　　为了测量射电波的偏折，我们需要以很高的精度测量射电波传来的方向。要想达到这个目的，射电干涉阵是个理想的工具。最简化来说，射电干涉阵至少包含两台射电望远镜，相隔一段距离，这段距离称为基线（图 3.5）。当外部源发出的射电波靠近这对望远镜时，波前[1] 先到达一个望远镜，再到达另一个。具体是哪个，则取

---

① 指波传播最前方形成的曲面，代表某时刻波到达的空间位置。

决于源在天空中的位置。对于特定波长的射电波来说，基线越长，波从特定角度靠近两个望远镜的时间差就越大，因此得到的角度就越精确。射电干涉阵基线的长度不等，从加利福尼亚州欧文斯谷地的 1 千米设备，到新墨西哥州那包含 27 个互联望远镜的 42 千米 "Y" 字形甚大干涉阵，再到连接夏威夷、智利、欧洲、南极天线的地球大小的事件视界望远镜（EHT，我们将在第六章再谈到它）。如果望远镜的间距达到大洲的级别，甚至跨越大洲，这种技术就被称为甚长基线干涉（VLBI）。一些 VLBI 干涉阵的分辨率超过 1 角秒的万分之一，即 100 微角秒。以这么高的分辨率，即便把本书放在月亮上，都能够从地球上辨认出来。

我们还需要一个图像非常锐利的射电波源。大多数的天体不适合作为目标，因为它们在空间上是延展的。比方说，大部分发出射电波的星系（或简称射电星系）的发射区域都很弥散，其角尺寸 [①] 可能达到 1 度之多。类恒星射电源——人们称为 "类星体"——发现之后，不仅鼓舞了广义相对论在天体物理中的应用，更为检验光线的偏折提供了理想的源。因为它们非常遥远，距离为 10 亿到 120 亿光年，所以看起来非常小，因而能够更准确地判定它们的位置。不过，尽管它们很远，它们中有许多仍然是强大的射电源，而且它们的光学辐射也足够稳定，能够进行长期观测。

遗憾的是，仅有一个强大的射电波点源，还不足以成功地完成光线偏折实验。我们至少需要两个这样的源，彼此在天空中离得足

---

① 天文中使用角度来描述天体的尺寸以及天体之间的距离。天体的角尺寸，即从地球上看起来，分别正对着天体两侧边缘时的两道视线的角度差。两个天体的角距离，即分别看两个天体中心时的两道视线的角度差。天空中两个天体距离最大相差 180 度。各角度单位换算关系如下：60 角分为 1 度，60 角秒为 1 角分，1000 毫角秒为 1 角秒，1000 微角秒为 1 毫角秒。

够近，而且从地球上看起来必须在太阳附近。同理，我们在做光学的偏折测量时也需要掩食的太阳背后有"一片"恒星：离太阳远的恒星图像用来建立尺度关系，因为它们的光相对来说没怎么受到偏折；而靠近太阳的恒星图像则发生了移动，因而可以给出偏折量。图 3.6 描绘了这个过程的原理。太阳经过一对类星体面前，一个类星体位于 1 度开外，另一个大约 4 度开外（上图）。一开始，从地球上测出两个类星体的夹角，这是一个正常的、未受干扰的角度（下图）。当太阳靠近下面那颗类星体时，在地球上看起来，类星体的图像相对于另一颗类星体发生了变化，二者的角距离变小了。随后，当太阳经过下面那颗类星体以后，它的图像会向左移动，远离另一颗类星体，导致二者的角距离增加，不过增加得没有那么显著。随着太阳从这对类星体附近移走，它们的夹角也回到了正常值。

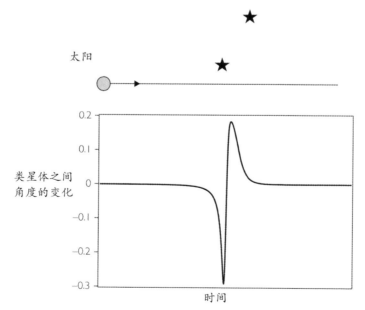

图 3.6 使用类星体检验光的偏折。上图：从地球上看起来太阳在天空中移动，经过两颗类星体的位置。当太阳位于左边很远的时候，两颗类星体之间的夹角是正

常的，未受干扰。当太阳接近下面一颗类星体的位置时，类星体的图像朝另一颗方向偏移，造成二者之间的夹角缩小。随后，随着太阳继续远离下面那颗类星体，类星体的图像会朝左侧偏移，远离另一颗类星体，造成二者夹角增大。随着太阳移向右侧，远离这对类星体，夹角又回到了正常值。下图：两颗类星体之间夹角随时间的变化。

早期的测量使用（在地球上看起来）每年经过太阳一次的几组类星体，例如 3C273、3C279、3C48（前缀 "3C" 代表第三剑桥射电源表）。随着地球在轨道上运转，类星体相对于太阳的位置发生着变化，类星体对之间的角距离也发生着变化。1969—1975 年之间使用射电干涉阵进行了很多测量，得到了偏折的精确值，达到了 1% 的精度。

近些年来，对地球感兴趣的科学家建造了自己的 VLBI。他们的思路是，测量各处天空中几百个射电星系和类星体的位置，从而非常精确地监测地球自转速率，以及地球自转轴的倾角。造成地球自转变化的因素可能有海平面的改变、气候模式的变化、地球的地幔和核心的相互作用、月球的引力牵引……测试相对论是这项工作的副产物。但是由于此类测量自身的准确性极其高，整个天球[①]上的光线偏折都能被探测到。掠过太阳表面的光线的偏折角是 1.75 角秒，而相对于太阳方向 90 度到达地球的光线偏折角是 0.004 角秒，即 4 毫角秒。即便光线从 175 度方向来，几乎和太阳反向，偏折角也会有接近 1 毫角秒。而现代 VLBI 的准确度为 10 到 100 微角秒，完全能够探测到这些不起眼的偏折。最近，人们对超过 500 颗类星体和致密射电源的数百万次 VLBI 观测进行了分析，以 0.01% 的精度，

---

① 地面上视觉看起来遍布全天星辰的虚拟球壳，天文学家在它上面建立坐标系，确定天体位置。

也就是万分之一的误差水平证实了广义相对论。这些源大部分都与太阳相隔超过 30 度。不再需要直视太阳，就能探测爱因斯坦的光线偏折效应了！

在创作本书的时候，射电天文学家似乎在检验光线偏折方面占了上风，但是他们没笑多久。光学天文学家也许会笑到最后。他们的想法是把爱丁顿放到太空里——当然只是假设上——从而摆脱地球大气的效应。这首先由依巴谷（Hipparcos）卫星[①]实现了，那是一颗 1989 年由欧洲航天局（ESA）发射的卫星。依巴谷在光学波段对超过 200 万颗恒星的位置进行了精确测量，能够检验天球上因为光线偏折效应而发生的扭曲，测量结果以千分之一的精度和广义相对论吻合，但精度没有达到 VLBI 的水平。但是它的后继者，ESA 在 2013 年发射的盖亚（Gaia）卫星，正以更高的精度对大约十亿颗恒星进行测量。这种测量有可能将广义相对论的光线偏折测量到百万分之一的水平。

古代的天文学家认为恒星位于"天球"上，位置是恒定且不变的。这个恒星的王国必然是完美的，因为它是神的领域。多亏了爱因斯坦，我们现在知道了，它更像是一个肥皂泡；随着太阳在空中漫步，遥远恒星传来的光线经过太阳周围一片弯曲的时空，天球也随之弯曲、扩张。即便在天黑以后，太阳落到我们身后，夜空仍然是弯曲的。这个效应只有 1 毫角秒的几分之一，人眼无法感知到，但现在的天文学家很容易测量到它。

---

① 此处为缩写音译，全称为"高精度视差采集卫星"。

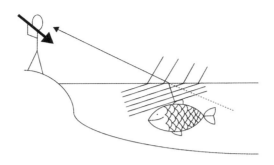

图 3.7　光的折射

　　由于从水进入空气时光速会发生改变，刺鱼的渔夫必须考虑到鱼反射的光线所发生的弯折，即折射（显然本图未按比例尺绘制！）。

　　但这不仅仅是引力对光线唯一的作用。引力还会让光线慢下来。谁如果在小溪或者湖泊里尝试刺过游鱼的话，就会知道，在光线偏折和光线速度改变之间存在着密切的关系。光在水里的速度约为空气中的 75%，因为光的前进被水那更致密的原子给阻碍了。这正如一个人要想穿过拥挤的房间，要比穿过空房间花的时间更多。这意味着当鱼身上反射的光线穿过水和空气之间的界面时，光会传播得更快。这使得波前向垂直方向倾斜（图 3.7）。对于岸上的观察者来说，鱼看起来的位置由波前的垂线决定，因此鱼看起来的位置要比实际的位置更靠上。这就是为什么你的鱼叉插不中鱼，除非你刺的时候弥补了这种名叫折射的效应。

　　因此，如果太阳周围弯曲的时空让光线偏折了，那么光线的速度一定也有对应的变化。

　　但是，等等，这不对啊！根据等效原理，在任何自由落体参考系下测量到的光速都是一样的。我们怎么能说光线在太阳周围变慢了呢？

　　这个问题在于，在非常小的自由落体参考系中能观测到的局部效应,不同于覆盖一大片空间、很长一段时间的大尺度全局效应。后者是不能用一个单一的自由下落参考系描述的。光线偏折效应的全局本质意味着,我们不能通过观察单一恒星或类星体来探测到它;我们总是要对比某一颗恒星和类星体的光,以及那些离太阳更远的恒星或类星体发出的光。

与速度类似,太阳附近一个自由下落小飞船中的观测者将会发现,如果光线穿过她的飞船,那么用飞船的宽度除以光穿过时的时间,得到的光速正好和远离太阳的自由下落观测者测到的光速一样。但是因为我们在第二章中讨论过的引力红移存在,两个观测者的钟表走字速率并不一样;由于时空弯曲,他们用来测量距离的尺子也不一样,正如我们在二维的图 3.4 中所示。因此,如果光线穿过一系列这样并排着的参考系,我们把总的时间加起来,会发现光线穿过离太阳近的参考系所花的时间,要比穿过离太阳远的参考系花的时间要长一些。图 3.4 中的橡胶膜也表明存在延迟,因为光线沿着橡胶表面走时,必须先"沉下去",因此相比于离球很远处经过的光线来说,所花的时间要更长。

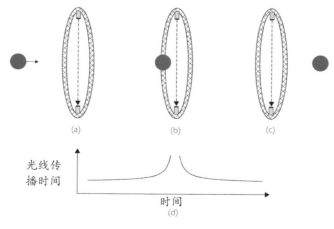

图 3.8　光额外增加的传播时间

巨大硬环上的一个发射器向对侧的接收器发出光信号。（a）太阳在左边，离得远远的，光的传播时间就是环的直径除以光速。（b）太阳正要穿过环的中心，所以信号会产生额外的延迟，因为太阳周围的时空发生了弯曲。（c）太阳远远地位于右边，因此光的传播时间又回归正常。（d）光的传播时间随时间的变化。

更抽象一点，不如考虑一下图3.8。想象我们建了一个巨大的圆形硬环，直径比太阳系大得多。环的一侧放了一个发光器，另一侧放了一个接收器。这个环非常大，以至于太阳的引力对它没有任何影响。太阳相对于环发生着运动，从环的中心穿过（很显然这是个思维实验！）。在图（a）中，太阳一开始位于左侧，离环的中心很远。太阳引力的效应对光线传播的影响可以忽略。因此，光线穿过圆环的时间，就是环的直径除以光速。在图（b）中，太阳靠近圆环的中心，光线途径太阳附近。根据我们上面的论证，光线穿过圆环所花的时间要增加一些[①]。在图（c）中，太阳已经穿过圆环，到了另外一侧。此时光线穿过圆环的时间又回到了正常值。（d）图示意性地画出了随着时间变化，光线传播时间的变化（中间的中断是因为光线射到了太阳上，到达不了另一边）。

我们说"光线在太阳附近变慢"，纯粹是一个语义学上的问题。因为圆环上接收光信号的观测者不能同时到太阳附近去做测量，所以她实际上无法下这样的结论。如果她真的到太阳附近的自由下落实验室里去做测量了，她反而会发现光速和远离太阳的实验室里测出来的一样。这可能会把她给绕晕了。所有的观测者都可以理直气壮地说，自己观察到了光线传播时间的增加，增加的值取决于光线离太阳有多近。但要说光速变慢了，只能在数学形式上表示出来：

---

① 原注：专心的读者可能会问，是不是光线的偏折让光走过的路径变长了，所以时间也变长了？确实会，但是这种效应和我们正在描述的效应比起来可以忽略。

当描述光线运动的公式处于某种特定的数学形式时，也就是广义相对论所说的在特定的坐标系下时，光线看起来才是速度可变的。但是在不同的数学形式下（另一个坐标系里），这种陈述可能就不对了[①]。无论如何，不管用什么表示方式，观测到的量，比如净传播时间，都不会改变。可见，在相对论中描述那些不是观测得来的量时，使用名词或者短语时若不注意，就有可能会造成迷惑或矛盾。在第二章讨论引力红移"到底"改变了什么时，我们已经见过了这种问题：到底是钟的速率，还是信号的频率?

讨论过后，你可能禁不住想认为，爱因斯坦推导出了这种延迟效应，并提议去测量它。但是他没有。这一效应在1964年由射电天文学家欧文·I.夏皮罗推导得到。

夏皮罗在1955年从哈佛大学获得了物理学博士学位，随后在MIT的林肯实验室（Lincoln Laboratory）研究"雷达测距"。雷达测距的原理是让金星、水星这样的行星反射雷达信号，从而测量来回的传播时间。这种新技术改善了对天文单位——地球的平均轨道半径——的测量，并将显著提升对行星轨道的测量。

夏皮罗对广义相对论只是略有了解。他可能从未想过，广义相对论和雷达测距有关系，直到他参加了1961年的一场讲座。这场讲座是关于测量光速的。演讲者完全是顺便一提：根据广义相对论，光速不是常数。这一论断让夏皮罗迷惑不解，因为他一直以为，按照广义相对论，光速应该是常数。当然，他知道广义相对论预言光线会被引力体偏折。他遵循着和我们说过的水中鱼问题一样的逻辑，自问光的速度是否也会被影响。

公平地讲，爱因斯坦也考虑过光速变化的可能性。根据等效原

---

① 因为光速需要计算才能得到（因此需要特定的公式），实际观测到的量只有距离和时间。

理，他一想明白引力对光有作用（引力红移），就尝试着要建立一套引力理论。在这套理论里，光速在引力体周围会发生改变。正是用这套理论的公式，他在 1911 年计算了光的偏折（那个半值）。正如我们之前所讲的，我们此处讨论的光速是在某个特定的坐标系下。

然而，出于某些原因，爱因斯坦没有像夏皮罗那样采取进一步行动。夏皮罗查询了爱丁顿写的经典广义相对论教材，按照广义相对论的公式，光的"等效"速度确实会变化，正如爱因斯坦的早期模型那样（在广义相对论的完整形式中，这个效应加倍了，和光的偏折角一样）。夏皮罗随后将这些公式应用于往返遥远天体的雷达信号，并发现，相比于牛顿理论和恒定光速所预期的值，雷达信号确实花了略多的时间完成来回，正如我们定性的论述一样。如果信号经过太阳附近，这一额外的延迟还会变长。

在太阳系中，当目标行星位于地球相对于太阳的另一侧时，这一效应是最强的。因为这样一来，信号在途中会非常接近太阳，如图 3.8（b）所示。这种天体构型叫作"上合"（两个行星都位于太阳的同一侧叫作"下合"）。比方说，夏皮罗发现，在上合时，地球上发往火星的信号会掠过太阳表面，来回延迟为一秒钟的一百万分之二百五十（也就是 250 微秒）。别忘了，这个信号总的来回时间大约是 42 分钟！因此，这意味着我们要在将近三刻钟的总时间里探测到 250 微秒的延迟。这似乎是件没有希望的事。但要知道，光线在 250 微秒里会走过 75 千米。因此，这一延迟代表着目标源的距离看起来会发生变化，变化值为延迟的一半，也就是大约 38 千米。而夏皮罗看到了雷达测距的潜力：地球到行星之间的距离有可能精确到几千米。那么，这种效应也许是可以被观测到的。问题在于，当时还没有射电望远镜能把足够强的雷达信号发射到上合的行星上去，更别说探测到返回时那极其微弱的信号了。因此，夏皮罗的计算手稿在他的桌子上躺了两年。

在 1964 年秋天，两件事让夏皮罗回忆起了从前的上合计算，并认真对待起来了。第一件事是马萨诸塞州韦斯特福德市（Westford）的海斯塔克（Haystack）雷达天线完工了。第二件事是 10 月 30 号，他的儿子出生了。这种事在创造性活动中常常发生：个人生活中发生的事件，将精神活动的认知能力推上了一个台阶。那之后不久，他在一场派对上给同事讲时间延迟的概念。突然，他意识到，海斯塔克天线或许能够测到上合时的水星，从而检验时间延迟的预言（对于海斯塔克来说，火星上合时离得太远了，记录不到可测量的信号）。夏皮罗随后决定，先把他预先计算的上合写给《物理评论快报》。论文于 11 月中旬提交，并以"广义相对论的第四种检验"的题目于 1964 年 12 月底发表了出来。（前三种检验分别是引力红移、光线偏折和水星近日点的进动，都是由爱因斯坦提出来的。）很快，这个效应就被称为夏皮罗时间延迟。

测量时间延迟背后的原理，和测量光线偏折背后的原理差不多。就像我们无法探测单个恒星的偏折一样，我们也无法通过单次雷达回波来探测时间延迟。其中的原因当然是我们无法"关掉"太阳的引力场，以测出恒星的"真正"位置在哪，或者看看"平直时空"里一个来回要花多少时间。为了得到偏折角，我们必须在恒星或类星体的光经过太阳附近时，将它们的位置和其他离太阳远的恒星和类星体进行比较。同样地，要探测时间延迟，我们也必须拿信号经过太阳附近时的来回时间和远离太阳时的来回时间进行比较。

当发往行星的信号远离太阳时，夏皮罗时间延迟相对来说较小，所测出的来回的时间更接近"真正"的距离。这对应着图 3.4 中的情形，信号穿过一部分几乎平直的空间。然而，随着行星运动到上合的位置，信号越来越靠近太阳，夏皮罗时间延迟对来回运动时间的贡献越来越大。

然而，尽管雷达信号会靠近太阳，行星自身却永远不会。它们的轨道离太阳很远，比如火星是 2.3 亿千米，水星是 5800 万千米。因此，行星总是在时空曲率很低的区域运行，并保持着相对来说较低的速度。因此，它轨道上的相对论效应是很小的。在时间延迟测量所需的精度下，行星的轨道完全可以用标准的牛顿引力理论描述。因此，尽管行星会在实验过程中运动，它的运动却可以被精准地预测。在这种情况下，可以分四步来测量时间延迟：（1）当信号离太阳很远时，测量行星的距离一段时间，得到描述其轨道的各种参数；（2）使用牛顿理论的轨道方程，包括其他行星的扰动，预测出行星和地球接下来的轨道，尤其是上合发生的时间；（3）使用预测出的轨道，计算没有夏皮罗时间延迟的信号来回时间；（4）将预测的来回时间和上合期间真正观测到的时间进行比较，看它和广义相对论的预言有多吻合。

夏皮罗向《物理评论快报》提交论文不到一个月，他在林肯实验室的同事就开始更新实验室的海斯塔克雷达，将其功率提高了 5 倍，其他电子元件也升级了。这使得他们在水星和金星上合时能得到像样的回波，并以 10 微秒的精度测量来回运动的时间。1966 年底，升级后的系统准备好了，正好赶上 11 月 9 号的金星上合。遗憾的是，金星大约一年半才上合一次，所以在观测完成之后，他们将雷达对准了水星。由于水星绕太阳公转的速度比金星快将近 3 倍，它上合得更加频繁，每年上合 3 次，因而有更多机会去测量时间延迟。1967 年 4 月 18 号、5 月 11 号、8 月 24 号，他们分别进行了水星上合的测量。总共使用了超过 400 次雷达"观测"。美国海军天文台（Naval Observatory）对水星和金星进行过光学观测，这些数据和更多射电测量（在非上合阶段对某个行星的测量）结合起来，完成了测量原理的第一步，也就是建立两个行星的确切轨道。剩下的雷达测量都是上合期间得到的，它们随后被用来比较理论预测的时间延迟和观测到的时间延迟（由于噪声很大，金星的数据并没有用上）。使用水星数据得到的结果和广义相对论在 20% 的误差范围内吻合。自 1915 年以来，广义相对论第一次实现了新的检验。

但是故事并没有到此结束。在 1965 年夏天，夏皮罗和他的同事正忙于海斯塔克雷达时，一艘美国飞行器撞上了火星，这是第一个邂逅这颗"红色星球"的人造物。这架飞船叫作水手（Mariner）4 号。在飞到行星的路上，它拍了 21 张照片，并用雷达波勘察了火星的大气。受水手 4 号成功的激励，NASA 在 1965 年 12 月又授权了两次前往火星的任务，1969 年①的水手 6 号和 7 号（水手 5 号是金星任务），1971 年的水手 8 号和 9 号。规划者开始认真考虑发射火星着陆器了。这些任务既会将行星探测推至顶峰，也会对广义相对论有重要影响。

水手项目的指挥部在加利福尼亚州帕萨迪纳市的喷气动力实验室（JPL），这里的人们也在考虑相对论时间延迟，他们在想，能不能利用水手 6 号和 7 号来测量时间延迟。实际上，两位 JPL 的科学家杜安·米勒曼和保罗·赖克利已经计算出了广义相对论对雷达传播的时间延迟效应，独立于夏皮罗，不过他们只在 JPL 的内部报告上发表过结果。从原理上来说，延迟测量没有理由实现不了。除了大小不同，行星和飞船之间没有本质区别。飞船的轨道可以通过追

①发射时间，下同。

踪得到，它上合的交点位置可以预测出来，就像给行星测距一样。而上合期间的距离可以通过雷达信号测量出来，并与广义相对论的预测进行比较。

水手 6 号和 7 号分别于 1969 年 2 月 24 号和 3 月 27 号发射，7 月底到达火星。两艘飞船都漂亮地完成了首要任务，观测火星表面和大气，随后离开火星，绕着太阳做轨道运动。1969 年 12 月到 1970 年之间，每艘飞船的距离都受到了几百次测量，在上合时达到了最集中的程度，几乎每天都测一次——水手 6 号是 1970 年 4 月 29 号上合，水手 7 号是 5 月 10 号上合。两艘飞船都没有真正地飞到太阳背后。因为它们在飞过火星之后轨道是倾斜的，它们都从稍微靠北的地方经过太阳。从地球上看去，水手 6 号距离太阳大约 1 度，水手 7 号大约 1.5 度。对水手 6 号来说，上合时雷达信号离太阳最近，到了 3.5 倍太阳半径。这相当于在 45 分钟的来回总时间内有 200 微秒的夏皮罗延迟。对水手 7 号来说，雷达信号最近时也有 5.9 倍太阳半径，时间延迟稍小一点，为 180 微秒。他们将所有观测值填进电脑，随后发现测量的延迟和广义相对论的预测在 3% 的误差内相符。相比于金星和水星测距的 20% 误差，这是一个巨大的飞跃。

当然，自从 1967 年以来，林肯实验室那些做雷达测距的人也不是无所事事。他们使用海斯塔克天线和波多黎各 [①] 的阿雷西博（Arecibo）射电望远镜，继续对水星和金星进行雷达观测。实际上，在 1970 年 1 月底和 2 月初，JPL 的测距人员正忙于获得水手飞船靠近上合时的距离时，金星也经过了它自己的上合点。它差不多每周都要遭受两次海斯塔克和阿雷西博雷达信号的轰击。这次金星上合

---

[①] 美国在加勒比海地区的一个自治邦。

中得到的数据，再加上 1967 年到 1970 年之间得到的海量的水星上合数据，再一次证明了时间延迟满足广义相对论，精度水平为 5%。

不过，很快人们就意识到，这两种思路，不管是追踪行星还是飞船，都有自己的优势与不足。行星的一个优势是，它们质量很大，因此完全不受太阳风和太阳辐射压持续冲击的影响。相对地，飞船较轻，有很大的天线和太阳能板，所以在穿过险恶的行星际空间时，更容易被推来推去。这影响很大，因为在上合时需要准确地预测轨道，才能测出夏皮罗延迟。

飞船的一个优点是，它接收地球的雷达信号，将其输送给异频雷达收发机（我们在第二章见过这种设备）。收发机将会增强信号的功率，将其立即发送回地球，从而可以测得非常准确的往返时间。相对地，行星反射雷达波束的能力很差，表面还遍布峡谷和山脉，导致"真正"的往返时间变得很不确定。

要想结合飞船转发信号的优势和行星运动不受干扰的优势，就要把飞船和行星固定在一起，比如说让飞船绕着行星运转。不过最好是让飞船着陆在行星上。

首艘被固定的飞船是水手 9 号，绕轨器于 1971 年 11 月到达火星，正好拍到了遮蔽了大半个行星表面长达几周的猛烈沙尘暴。1972 年 9 月 8 号的下一次火星上合时，测量给出的时间延迟支持爱因斯坦的理论，达到 2% 的精度，比前面的测量提升不多，但是已经足以证明固定行星和飞船这一想法的威力。

随后是维京号（Viking）。维京系列火星着陆器是行星探测的辉煌成就，它们对火星表面进行了近摄观测，对大气层进行了分析，并在火星土壤中搜寻了生命的迹象。但是对广义相对论来说，它们甚至还要更加出彩，因为它们是时间延迟实验中完美的固定宇航器。

在漫游了 10 个月之后，首艘维京号飞船在 1976 年 6 月中旬抵达火星。它花了几个周研究可能的落点，随后着陆器 1 号与绕轨器分离，于 7 月 20 号降落到名叫克里斯（Chryse）的平原。18 天之后，第二艘维京号抵达火星，9 月 3 号，着陆器 2 号落到了火星表面一片名叫乌托邦平原（Utopia Planitia）的区域。

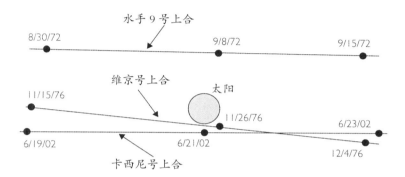

图 3.9　从地球上看来，水星 9 号、维京号和卡西尼号在上合过程中的路径

尽管卡西尼号位于太阳另一侧，大约 8.5 倍天文单位远，追踪信号还是掠过了太阳表面 0.6 倍太阳半径的地方。虽然维京号着陆器的信号在上合时更接近太阳，但在卡西尼号的时代，雷达追踪和原子钟技术得到了提升，再加上卡西尼号前往土星的轨道更加宁静，因此卡西尼号对夏皮罗延迟的检验更胜一筹。

现在，MIT 的夏皮罗团队和 JPL 的队伍一起合作了。当全世界都在关注着陆器和绕轨器发回的漂亮照片和科学数据时，他们着手为 11 月 26 号的上合做着准备。两个着陆器和两个绕轨器都发送着距离数据，他们有极好的固定飞行器构型，可以避免随机轨道扰动的误差。

距离测量从着陆器抵达火星表面开始，贯穿了整个 11 月份的上合，直到 1977 年 9 月才结束。那时，两个团队认为，他们已经有足够的数据来测量夏皮罗延迟了。最终的结果是，测量到的时间延迟完全吻合广义相对论的预言，精确度达到了 0.1%，也就是千分之一！

在检验夏皮罗时延的下一次飞跃之前，还要再过 25 年：卡西尼-惠更斯（Cassini-Huygens）[1] 任务。那是多么大的一次飞跃啊。这次任务由 NASA 和 ESA 联合发射，于 1997 年 10 月 15 号开始，至 2017 年 9 月 15 号结束。对公众来说，这次任务因为其了不起的壮举而闻名：在前往土星途中，飞经了木星，探测到了木星大气中的新特征；发现了 7 颗土星的新卫星；近距离飞掠许多土星卫星，包括泰坦、福柏和恩克拉多斯[2]；环绕土星飞行的首艘飞船；惠更斯号探测器成功着陆泰坦星；卡西尼号最终壮烈地牺牲自己，潜入土星的大气层，传回有用的数据，直至生命最后一刻。

相对来说不太出名的是，卡西尼对夏皮罗延迟和广义相对论进行了检验，它使得探测精度达到了十万分之一，比维京号强 100 倍。实现这么高精度测量的因素有几个。2002 年 6 月 21 号，卡西尼号在前往土星途中处于"巡航"模式，离太阳大约 8.4 倍天文单位，经过了上合点。飞船、太阳、地球的连线非常完美，追踪信号经过的位置离太阳表面只略大于半个太阳半径，产生了超过 260 微秒的夏皮罗延迟。在上合点的前后 15 天内，人们定时采集了追踪数据。卡西尼号离太阳非常远，太阳风和辐射压的冲击效应可以忽略，所以不需要再"固定"在一颗行星上了。人们用两个频段的雷达信号追踪飞船，一个是 X 波段（7175 兆赫），一个是 Ka 波段（34 316 兆赫）。这样一来，就能计算出信号穿过太阳电离的日冕层时发生的微小延迟了。这一效应取决于信号的频率，而夏皮罗延迟与频率无关。

---

[1] 以法国天文学家乔瓦尼·多梅尼科·卡西尼（Giovanni Domenico Cassini）和荷兰天文学家克里斯蒂安·惠更斯（Christiaan Huygens）命名。

[2] 分别是土卫六、土卫九、土卫二，均以神话人物命名。

异频雷达收发机、原子钟、计算能力在这 25 年间的发展，更是锦上添花。

这一机遇的"幸福完美风暴"，给出了人们从未奢望过的爱因斯坦延迟效应检验。2002 年之后，无数太空任务内包含了行星绕轨器，包括火星和金星快车号（Mars/Venus Express）、火星侦察轨道器（Mars Reconnaissance Orbiter）、水星信使号（Mercury MESSENGER），但没有一个胜过卡西尼的结果。

引力对光的效应此时已经被检验和肯定得如此详尽，以至于可以假设广义相对论是对的了。至少在用这个效应以及光的偏折和延迟来探索其他现象时，可以认为广义相对论是对的。

有一个经典的范例将爱因斯坦理论作为工具来研究其他东西，那就是"引力透镜"。1979 年，天文学家丹尼斯·沃尔什、罗伯特·卡斯维尔和雷伊·威曼使用亚利桑那大学和基特峰国家天文台的望远镜，发现了一个系统，他们起初称之为"双类星体"。这个系统在天文星表中编号为 Q0957+561，是一对类星体，在天空中相距约 6 角秒。这一发现本身并不特殊，只有一点奇怪，那就是这两个类星体异常地相似：在测量精度内，它们远离地球的速度完全相同，光谱也几乎一模一样。唯一的表观区别是，其中一个比另一个稍微暗一点。发现了这个系统的天文学家立马提出了一个解释。他们认为，实际上只有一个类星体，这个类星体正好处在我们和另一个大质量天体的连线上，这个大质量物体正在偏折类星体的光线，从而产生了多个像（图 3.10）。随后，在两个类星体的像中间探测到了一个暗弱的星系，还探测到了周围存在星系团，这证实了这个解释。从那时起，引力透镜就成了天文学家和宇宙学家的重要工具。

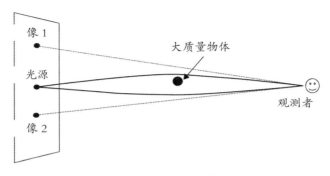

图 3.10　引力透镜

一个源发出的两条光线经过一个大质量物体。每条光线都被物体周围的弯曲时空偏折了。相比于远离物体的光线，靠物体更近的光线受的偏折更大。观测者看到两条光线，从像 1 和像 2 的方向射来。

大质量物体会因为引力透镜而产生像，这个想法并不新颖。讽刺的是，爱因斯坦可能是第一个考虑引力透镜现象的，但是他没有发表。实际上，直到 1997 年，人们才发现他做过这一计算。科学史学家尤尔根·雷恩（Jürgen Renn）和同事在研究爱因斯坦手稿的一堂课程上，偶然发现了一本 1912 年前后的笔记。在这本笔记里，爱因斯坦解出了引力透镜的基本方程，包括单个大质量物体的透镜产生两个像的可能性。他还得到了两个像各自放大倍率的计算公式。当然，他算的所有值都差了两倍，因为他计算光线偏折时，用的是他基于等效原理的 1911 年公式。在笔记中，他评论道，这一效应太过微小，而且两颗恒星正好前后排列、产生完美的天文透镜的可能性也太低，不值得关注，所以他没有发表这些计算。

在 1919 年星光偏折得到日食确认之后，物理学家奥利弗·洛奇很快给出了产生透镜的概率。1924 年，俄莱斯特·奇沃尔松指出，如果光源正好完美地位于透镜恒星身后，所成的像就会是一个完美的环形，今日叫作爱因斯坦环。1936 年，爱因斯坦基于他早些时候的笔记，发表了一篇关于引力透镜的简短评述。这次他算的倍数是对的。很显然，他发表这篇评述，是为了不让一个名叫鲁迪·曼德尔的退休工程师对他絮叨这件事。他向《科学》的编辑写道："曼德尔把它从我这儿压榨了出来……不过它让那可怜的家伙很开心。"

但在 1937 年，天文学家弗里茨·茨维基指出，星系甚至星系团也可以充当引力透镜，因此光源、透镜和地球之间就不再需要那么精确的排列了。星系的巨大质量可以让时空产生很大的曲率，能够偏折光线，但是因为星系中大部分空间都是空的（星系团甚至更空），光线可以轻易地穿过它们，正如光线穿过玻璃透镜一样。

引力透镜的发现，让广义相对论在天文中有了新的作用。比方说，类星体像的数量、它们相对的亮度和位置、它们形状的任何畸变，都取决于介于中间的星系或者星系团的物质分布。这特别重要，因为如今人们广泛相信，星系和星系团埋藏在"暗物质"的晕中，而这些暗晕的质量可能是可见星系和星系团的 10 到 100 倍。尽管这类物质显然不产生光线，它的质量却能弯曲时空，让穿过它的光线发生偏折。因此，要想绘制宇宙中暗物质的分布，引力透镜就扮演了重要角色。

2003 年，人们使用引力透镜，发现了一个太阳系以外的行星系统。这为其他方式——例如探测恒星相对于行星轨道运动产生的摇摆——探测到的"系外行星"名单上增添了新的品类。在这一发现中，遥远的光源受到的引力透镜作用是由一颗恒星和它木星大小的行星共同产生的。测量出总体的效应，就能通过解卷积来确定两个天体的质量比，以及恒星和其行星的近似距离。逐渐地，人们又发现了更多这类系统。事实证明，引力透镜是寻找系外行星的有效工具。

　　1919 年，爱因斯坦收到了爱丁顿宣布日食结果的电报。他表现得出奇地平静，让他的学生伊尔莎·罗森塔尔-施奈德十分惊异。她问他，如果观测不支持他的预测，他会作何感想。他回答道："那么我会为上帝感到遗憾。理论是正确的。"当然，爱因斯坦是在开玩笑。他完全明白，理论是屹立还是倾颓，全都取决于它的基石是否与实验一致。但是在他看来，广义相对论如此美妙，如此优雅，如此自洽，它应当是正确的。日食结果不过是让他已经极其高涨的自信显得正当了一些而已。唐·布伦斯、VLBI 射电天文学家、卡西尼号飞船，都以各自的方式证明了，迄今为止，爱因斯坦的自信恰如其分。

第四章

# 引力跳扭摆舞吗?

引力探测 B 这个相对论陀螺仪实验，可能是物理史上曾进行过的最困难、最昂贵和最耗时的物理实验。从提出概念到完成实验花费了将近半个世纪，耗资 7.5 亿美元，而真正的数据采集只用了 16 个月。这个实验是三个裸男的头脑产物，那是 1959 年的最后一周，他们正在晒着加利福尼亚正午的日光浴。他们三个人都是帕洛阿尔托市（Palo Alto）斯坦福大学的教授。其中一位是杰出的理论物理学家莱纳德 · I. 席夫。他因为在量子理论和核物理学方面开创性的工作而闻名。然而，在 1950 年末，他已经对引力理论感兴趣了。第二个教授是威廉姆 · M. 费尔班克，他是低温物理和超导领域的权威。他刚离开位于北卡罗莱纳州的杜克大学，于 1959 年 9 月来到斯坦福。第三个人是罗伯特 · H. 坎农，他也刚被斯坦福聘用，是从麻省理工学院来的航天与宇航专家。

不过，在我们了解这些裸体教授如何制定这项实验之前，让我们先问个问题：陀螺仪和相对论有什么关系？当我们想到陀螺仪的时候，我们会想象出一个旋转飞轮一类的东西。如果飞轮旋转得够快，不管我们如何旋转它所在的平台或者实验室，只要连接它和平台的云台能基本无摩擦地自由转向，它的自转轴就会一直指向同一个方向。换句话来说，相对于惯性空间或者遥远的星星来说，陀螺仪的轴一直指向一个特定的方向。快速旋转的自行车轮很难倾倒，正是这种陀螺仪效应在日常中的一个例子。当然，这也是使用陀螺仪导航船只、飞机、导弹和飞船的基本原理（不过，目前 GPS 已经挤占了许多此类的导航）。和一个平台固定相连时，这种陀螺仪现象能让单人交通工具如思维车[①]和平衡车保持不翻倒。然而，根据广义相对论，一个陀螺仪如果穿过地球这样大质量物体周围的弯曲空间，

---

① 一种电动平衡车。

就不一定保持指向固定的方向了；相反，它的转轴将会发生轻微的变化，称为"进动"。两种不同的相对论效应都会造成这种进动。

第一种效应叫作"测地线效应"，是弯曲时空造成的。我们的日常经验告诉我们，随着陀螺仪在空间中运动，它的转轴应该保持同一个方向，这个方向和它之前的方向平行。然而，在弯曲的时空中，局部的平行不代表全局的平行。所以走完一条闭环路线后，陀螺仪回到原处时，转轴指向的是和一开始不同的方向。

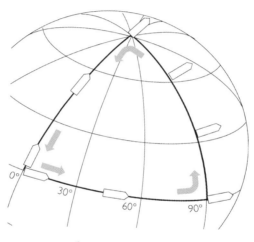

图 4.1　球面国的进动

一个箭头（白色）从 0 经度挪到 90 度经度，一直平行于自身。然后它挪向北方，不过箭头仍然指东，并且一直保持这个方向直到北极点。路线随后拐了一个直角弯，使得箭头向后指。箭头一直向后指（指北），直到回到出发点。结果，进动使箭头从指东变成了指北。

要明白这是怎么发生的，一个简单的方法是想象一个二维世界，有点像 19 世纪埃德温·A. 艾勃特《平面国》书中所写，但是此处限定的是球形表面。由于这个"球面国"的居民都是二维的，他们不能制造出真正的陀螺仪；作为替代品，他们拿了一个小箭头，在他们的球面上拖拽，让它一直指向它之前的方向，既不向右偏，也不向左偏（球面国里没有上下）。箭头的尖端就扮演了我们陀螺仪转轴的类似角色。要弄明白会发生什么，球面国居民探讨了下面这样一条闭合的路径（图 4.1）：从赤道上 0 经度处向东移动，沿赤道移到经度 90 处，然后向正北移到北极，转一个 90 度的弯，然后向正南移动，回到起始点。假设球面国居民一开始让箭头平行于赤道，指向东方。当他们到达第一个拐点时，箭头还是指向东方。向北走时，箭头会垂直于他们的路径。在北极点，他们转了一个 90 度的左弯，但是现在箭头的方向是朝后指了，在他们往南走时指向北方。当他们再次回到赤道时，箭头尽管全程都一直保持平行于上一瞬间的方向，此时却指向北方，并不是一开始的东方。箭头方向的这种变化，就是我们在陀螺仪身上所说的进动。球面国二维表面的曲率造成了这种进动，我们不费太大力气就能理解这种现象。这个例子和运动陀螺仪的测地线效应之间的差别在于，对后者来说重要的是时间加空间的曲率，而不是只有空间的曲率。

测地线效应在广义相对论发现早期就已经被知晓。最早计算这个效应的是威廉·德西特，一个荷兰理论学家。他起到了重要作用，让爱丁顿和英国物理学界注意到了广义相对论。在爱因斯坦 1915 年 11 月关于广义相对论的论文发表后不到一年，德西特在《皇家天文学会月报》上发表了一篇论文，表明相对论效应会造成地月系统垂直于轨道平面的轴发生进动，速率为每年大约 0.02 角秒。德西特当时想的不是陀螺仪；相反，他想的是地球和太阳总体的相对论引力场将会如何扰乱地月轨道。然而，爱丁顿和其他人很快指出，地月系统其实就是一种陀螺仪。天体垂直于轨道平面的轴，就扮演着陀螺仪自转轴的角色，所以德西特效应相当于地月陀螺仪的进动。但是如果真有这种现象的话,那么地球也在绕着自己的自转轴旋转,也是一个陀螺仪,所以地球应该和地月系统一样发生进动。当时,测量这么微小的效应还是不可能的。直到近些年,一种叫作"月球激光测距"(见第五章讨论)的技术才能给出地月轨道的精确信息,从而测量出德西特效应,达到约 0.5% 的精度。

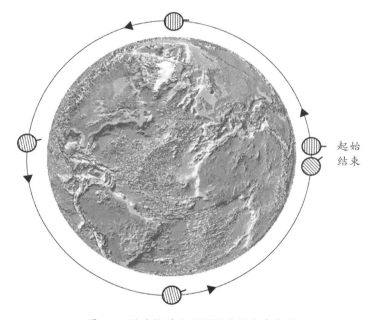

起始
结束

图 4.2 近地轨道上陀螺仪的测地线进动

转过一圈之后,陀螺仪转轴的方向和起初的方向相比,已经朝着和轨道相同的方向(逆时针)旋转了。一年中(5000 圈)的总效应是 6 角秒。

与其考虑地月系统,不如想想另一个更接地气的场景:一个实验室大小的陀螺仪在绕着地球运转,它的轴处在轨道平面内,譬如说指向垂直方向(见图 4.2 中标有"起始"的陀螺仪)。但是广义相对论预言,随着陀螺仪在地球周围弯曲时空中的轨道上运动,陀螺仪会在轨道平面上发生进动,速率稍稍超过每圈千分之一角秒。进动的方向和陀螺仪绕轨道运动的方向一样，从轨道上方看去是逆时针（图 4.2）。由于近地轨道的循环周期大约是 1.5 小时，一年的净进动值将会是大约 6 角秒。这就是测地线效应。

在陀螺仪身上，另一种重要的相对论效应叫作惯性系拖拽，它是广义相对论诸多预言中最有趣、最不寻常的（图 4.3）。这一效应的起源，是产生陀螺仪所在的引力场的物体的转动。根据广义相对论，一个旋转的物体会"拖拽"着它周围的时空一起旋转。理解这种拖拽效应最简单的办法，是用流体来做比喻。

想象一个又大又深的游泳池，中央有一个很大的排水管。水从这条管道里流下去，在水面上产生一个漩涡，就像我们经常在浴缸中见到的那样。为了保持泳池水位高度不变，让我们假设从管道中流下去的水又从水池一侧的入口处不断地流了进来。现在想象那三个斯坦福教授漂在水池里。席夫教授躺在漩涡和泳池边缘之间的一个橡胶气垫上，他的脚离排水管最近。费尔班克教授躺在类似的橡胶气垫上，不过他是横亘在漩涡上，处在深深泳池下排水管的正上方。坎农教授正在踩水。为了简单起见，让我们假设每个教授都在腰上拴了根链子，锚定在泳池底部。这是为了防止他们绕着漩涡打转，那样就把我们想要了解的效应给弄复杂了。在这种安排下，这些教授的行为很像旋转物体拖拽的时空中的三个陀螺仪。正如我们在本书中用的所有相对论效应的类比一样，读者必须要谨慎，不能把类比外推得太厉害。时空中的陀螺仪并不和水中的气垫完全一样，但是如果这种类比能帮我们定性地记住这些效应，那它就是有帮助的。

图 4.3　左：漩涡泳池中的游泳者和气垫。右：惯性系拖拽。

左：三个教授都被连在池子的底部，所以不会绕着池子打转。漩涡边缘的气垫顺时针旋转，因为靠近漩涡中心的水流动更快。而漩涡中心的气垫则逆时针旋转。一个踩水的游泳者不旋转。

右：静止的陀螺仪靠近旋转的地球时会进动，因为地球自转拖拽了时空。如果陀螺仪转轴垂直于地球转轴，那么赤道处陀螺仪的进动方向就会和地球自转方向相反，而极点处的进动方向和地球自转方向相同。对于其他位置和陀螺仪转轴的其他指向，进动方向会介于这两者之间。

先来考虑席夫教授。由于靠近漩涡的水比远处的水流得更快，他脚部的气垫被拖动的速度比头部更快。所以，如果漩涡旋转从上空看起来是逆时针方向的话，席夫的气垫就会朝顺时针方向旋转（或者说进动）。在拖拽时空中，位于赤道面上的陀螺仪转轴指向外侧时，正是表现出这样的行为（图 4.3）。费尔班克教授的行为相反，他的气垫正横跨在漩涡上。气垫的头尾也都被水流拖动着，但是因为它们分别位于漩涡的对侧，气垫被拖动的方向和漩涡的流向是一样的，换句话来说，都是逆时针方向。如果陀螺仪的转轴垂直于地球自转轴，位于拖拽时空中时，陀螺仪就会表现出这样的行为。最后我们来说说坎农教授，他一直在踩水，没干什么别的。不管他在水池的什么地方，他的身体一直保持垂直。如果陀螺仪转轴和引力场中心物体的转轴平行，陀螺仪也会这样；拖拽时空对它没有影响。

当然，同在惯性系拖曳下，气垫进动和陀螺仪进动还有一项重大不同：尺寸。若陀螺仪处在地球赤道平面上，理论预言陀螺仪一年仅有一角秒进动。不像测地线进动，惯性系拖拽不依赖于陀螺仪在时空中发生运动（气垫不在池中游荡，但它们仍然会进动）。所以，地面上陀螺仪的进动和在轨陀螺仪的进动几乎没有区别。对近地轨道来说，进动为一年 0.1 到 0.05 角秒，取决于轨道相对于地球赤道平面的倾斜程度，以及陀螺仪转轴相对于地球自转轴的原始方向。

这个效应吸引人且重要的一点在于，它能给我们提供时空是否是惯性系的信息，而我们在本书中讨论的其他效应——包括测地线进动——都需要和引力场、弯曲时空、非线性引力之类的概念① 打交道。如果你自问："我在旋转吗？"而又想得到一个比你有没有转晕更准确的答案，你通常可以去参考陀螺仪，因为陀螺仪的转轴被认为是相对于惯性系无旋转的。如果你建了一个实验室，它的墙壁和三个互相垂直的陀螺仪转轴对齐，那么你就可以说你的实验室是处在惯性系中的（如果实验室在自由落体，那甚至更好）。然而，如果你的实验室碰巧正处在一个旋转天体的外围，由于刚刚描述过的拖拽效应，陀螺仪会相对于遥远的恒星发生旋转。因此，即便你的实验室相对于陀螺仪不转动，它也有可能相对于遥远恒星在转动。相对论专家仔细地分辨着局部不转动——和陀螺仪相比——与相对遥远恒星转动之间的区别。如此一来，相对论否决了绝对转动或者绝对不转，正如狭义相对论否决了绝对的静止。

要更清楚地理解这点，不妨把它和牛顿理论做比较。确实，牛顿理论提出，惯性系都是等价的，不管它们运动的状态如何。但是，讨论到转动的时候，它仍然准许一种绝对的概念。一个简单的例子

---

① 这些都意味着实验必须在非惯性系下进行。

就能说明这个问题，这个例子叫作"牛顿的水桶"（图4.4）。在一只桶里倒满水，把它放在转盘上，转动转盘。水桶刚开始转的时候，水不会表现出什么现象。但最终，水和桶壁之间的摩擦让水和桶一起转了起来。因此，水的表面下陷了，水攀上了桶壁；水的中间形成了一个凹槽。很自然地，我们认为这种行为是离心力将水推离转轴的结果。当转盘停止的时候，水最终会减速，并回到一开始表面平坦的状态。

尽管这个简单的现象看起来平平无奇，它却引出了一些最引人入胜而又令人烦恼的哲学问题。一个问题是，水是怎么知道自己是在旋转，知道自己的表面应该凹陷而不是平坦的？如果我们完全反对绝对空间的概念，赞同牛顿与爱因斯坦理论形式中的相对性，我们就无法回答说，水知道自己在相对于一个绝对不转的空间旋转。否则，空间是相对于什么绝对不转的？我们最好的回答不过是：不知怎地，水知道自己在相对于遥远恒星和星系旋转。尽管这听起来挺合理，它还是会带来两个问题。假设我们在另一个完全空虚的宇宙中进行这个水桶实验，如果没有任何东西参照，随着转盘转动，水还会知道自己该怎么运动吗？它的表面会是凹陷的还是平坦的？这是第一个问题。关于这个问题没有物理上令人满意的回答。当然，在某种程度上，这个问题是无关紧要的，因为我们并不生活在一个虚空的宇宙中。

第二个问题稍微更有意义一些：假设我们让桶不动，而让整个宇宙绕着它旋转，和之前的实验里桶的旋转速度一样，只是方向相反。水会和之前一样凹陷吗？如果起作用的是桶相对于宇宙中遥远物质的旋转，那么这两个实验应该都会导致水面凹陷。换句话说，应该无所谓是宇宙不转而桶在转，还是宇宙转动而桶不转。只有彼此间的相对旋转才是有意义的。

不幸的是，牛顿的引力理论预言，旋转的宇宙不会对桶有影响。因此，你必须使用绝对空间的概念来理解旋转。但在广义相对论中，惯性系的拖拽提供了这种绝对性之外的解读。早在1923年，爱丁顿就在他漂亮的广义相对论教科书中暗示了这种看法。然而，直到20世纪60年代中期，理论学家才能真正说明白拖拽效应是如何使得旋转变得相对的。这一解释包括一个简单的计算模型，它是这样的：想象一个气球那样的球壳状物质，正在绕着某个轴自转（在这个讨论中，我们可以忽略离心力造成的气球变扁）。在球壳的中心，有一个陀螺仪，其转轴垂直于气球的自转轴。根据牛顿引力，气球的内部是完全没有引力场的。陀螺仪丝毫不受力。在一级近似下，广义相对论中也是这样。但是，除此之外还有惯性系拖拽效应，它会在自转球壳的内部造成力的效果，正如它在球壳外部也会造成力的作用。这种力的效果会使得陀螺仪朝球壳旋转的同向进动。不过，可能你已经根据我们之前的讨论想到了，对于行星尺度的球壳——假如半径和质量都和典型行星一样——这种进动的速率是非常低的，比球壳的旋转速度要低得多。

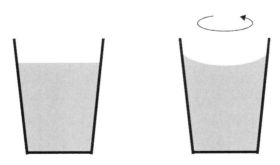

图 4.4　牛顿的水桶

左：水桶不旋转，水面是平的。　右：水桶旋转，水面凹陷。如果桶不旋转而宇宙旋转，水面会是凹陷的吗？

但是，现在想象一下增加球壳的质量和半径（同时保持其旋转速率），一直增加到整个可观测宇宙的总质量和总半径极限。一个显著的结果是，随着你增加这些值，中心的陀螺仪进动速率也会增加。越接近极限，进动速率就越接近球壳旋转的速率。换句话说，在一个旋转宇宙的中心，陀螺仪的转轴也以宇宙旋转的速度而旋转；它的转轴方向和宇宙中遥远天体的方向相关。因此，一个和陀螺仪相连的实验室尽管会被我们定义为无旋转，但其实它在相对于遥远的星系旋转。现在想象一下我们把一个水桶放在球壳里取代陀螺仪，然后让它保持固定（或者说无旋转），只令它周围的球壳旋转。随着你增加旋转球壳的尺度，残余的惯性系拖拽力会使得水攀上桶壁。因此，这种情况下一个观察者所看到的景象，就和另一个观察者在水桶旋转而宇宙不旋转的情况下看到的一样。惯性系拖拽的存在，保证了旋转必须通过与遥远物质的相对运动来定义，而不是相对于某种绝对的空间。这就是为什么探测这种效应非常重要。

除了解决这一概念问题，相对论参考系拖拽效应还在太阳系之外的天体物理中有重要的启示。天文学家发现，一些类星体有惊人的能量外流，两条狭窄的物质喷流朝着类星体致密核区的两侧喷出，速度接近光速。这种现象的主流模型里有一个热气体构成的大盘，它围绕着一个自转的超大质量黑洞向内旋进（我们将在第六章再来回顾这些野兽，我们银河系里也有一头）。气体中的带电粒子产生的磁场，加上黑洞周围强烈的时空拖拽，造成了强大的电磁场，能把粒子沿着黑洞的转轴方向加速射出。粒子的速度可以达到接近光速，而它们与弯曲的磁感线发生作用时，会发射出射电波和其他形式的电磁辐射。这种射电喷流从中心类星体向外一直扩展，远到几百万光年处都能看到。自转黑洞体现了极端的惯性系拖拽效应，所以确定这种效应是否真实存在十分重要。

什么都好，什么都好。但还是那个问题——地球附近的陀螺仪效应太微小了。为什么会有人真的想去测量它？从这里开始，那三个斯坦福教授要进入我们的故事了。

20 世纪 50 年代，早在斯坦福大学成为一所男女合校、重视体育的机构之前，橡树（Encina）体育馆[①] 和围墙中的露天泳池只供男性使用（女性体育馆在校园的另一边）。这样一来，在里面裸泳就成了一种习俗。席夫有个几乎不变的习惯，那就是每天中午去橡树泳池游 400 米，然后一边晒日光浴，一边吃自己带的袋装午餐。他在当上物理学院院长之前，就已经尽量规划会议和约见的时间，不和他中午游泳冲突。费尔班克知道席夫的每日习惯。1959 年底的一天，他在校园里碰到坎农，他们聊起陀螺仪。费尔班克建议他们去游泳池看席夫。

这些人都已经在心里考虑过一段时间陀螺仪问题了。席夫自从打开专业物理学杂志《今日物理》的 1959 年 12 月刊，看到第 29 页的广告时，他就一直在思考陀螺仪的事。在那页上有一张艺术概念图：星系空间中悬浮着一个完美的球体，围绕着一条电线组成的线圈，标题是"低温陀螺仪"。广告表示，帕萨迪纳的喷气动力实验室研制出一种非常新型的陀螺仪，通过磁场（由线圈产生）在表面制造出超导层，设计使用温度为绝对零度以上 4 度。席夫最近对广义相对论的检验非常感兴趣，所以他问自己，这样一个设备能不能探测到有趣的相对论效应。在 12 月的头两周，他把计算完成了，找出了著名的测地线效应和惯性系拖曳效应。后者将是第一次发现，至少是第一次利用陀螺仪发现。1918 年时，两个德国理论学家约瑟

---

① 斯坦福大学校内建筑，已于 2004 年拆除。

夫·伦泽和汉斯·蒂林已经证明，像太阳这样的中心天体在转动时，将会对行星轨道产生参考系拖拽效应。不幸的是，这在当时完全无法测量。不过，很显然没人在陀螺仪身上寻找过中心天体的这种旋转效应。

费尔班克的领域是低温物理、液氦的性质以及超导现象——低温时许多材料会失去电阻。他也在思考超导陀螺仪的潜力，因为自己正在斯坦福筹建新实验室，里面有能力制造出这种陀螺仪。他和席夫已经在讨论如何探测这些相对论效应了。费尔班克建议在赤道上的实验室里使用陀螺仪测量进动，但是这看起来不太靠谱。原因在于重力。当时最好的陀螺仪的主体是一个自转的球层，就和喷气动力实验室的广告里面的一样。但是，这个球层必须要受支撑以对抗重力，通常是通过电磁场或者气流来做到这点。不幸的是，要抵消重力所需的力非常大，会对旋转的球引入一种人造力矩，导致它的转轴产生进动。尽管这种进动对精准导航和其他商业用途来说已经足够小，但还是比他们要找的相对论效应大上千倍。如果把陀螺仪发射到空间轨道上，这个问题会被有效地解决，因为太空中引力在很高的精度上几乎为零，从而就不需要支撑力了。但是要记住，此时仅仅是苏联发射首颗轨道卫星——斯普特尼克号之后两年，席夫和费尔班克还无法想象真的可以做到这点。

此时，坎农来了。坎农懂陀螺仪。他曾经协助研制了用于在北极冰盖下导航核潜艇所用的陀螺仪。他也懂航天，而且在斯普特尼克号（Sputnik）[1] 刚刚开启的太空竞赛方面很积极。从麻省理工学院（MIT）来斯坦福大学之前，坎农就已经考虑过在轨陀螺仪给航天器性能带来的改善了。

---

[1] 第一颗进入行星轨道的人造卫星，于 1957 年 10 月 4 日由苏联发射升空。

最终，在斯坦福的泳池里，三个人聚到了一起（都赤身裸体）。当席夫和费尔班克告诉坎农他们策划的实验时，坎农的第一反应是震惊。要实现这件事，他们需要一台比当时已有的任何设备都强 100 万倍的陀螺仪。他的下一句话是：别想着在地球上做实验了，把它发射到太空里吧！在轨实验室并不是异想天开，实际上，NASA 正在计划建一个在轨天文实验室。除此之外，坎农还正好认识 NASA 里面帮忙联络的人。有了这些条件之后，一场持续 50 年的冒险开始了。只有坎农活着见证了故事的结尾。

科学史上总有这种奇怪的曲折。几乎和席夫、费尔班克、坎农同时，还有别人也在思考陀螺仪和相对论。美国五角大楼的乔治·E. 皮尤（George E. Pugh）也在做同样的计算，完全独立于斯坦福团队。皮尤为五角大楼一个叫武器系统评估小组的部门工作，对他来说，把玩陀螺仪再正常不过了，因为陀螺仪在飞行器和导弹导航中有军事应用。在 1959 年 11 月 12 号的一份漂亮的备忘录中，皮尤强调了两种相对论效应的性质，并描述了使用在轨卫星探测它们所需的条件——尽管他把参考系拖拽效应算错了两倍。皮尤的一些想法，例如抵消卫星受到大气层的拖拽，最终成为斯坦福实验中的重要部分。然而，五角大楼看起来似乎未把相对论陀螺仪效应囊括进军事导航系统。皮尤的机密工作无法在公开的科学文献中发表，所以陀螺仪实验的想法一开始被归功于席夫。到皮尤的研究解密之后，他才被赋予了同等的赞誉。

在 1961 年 1 月，费尔班克和席夫向 NASA 提交了在轨陀螺仪实验的计划书，正式开启了实验。费尔班克还招聘了一个年轻的低温物理学家加入斯坦福项目，叫作“C.W. 弗朗西斯·埃弗雷特”。埃弗雷特 1934 年生于英国，1959 年拿到伦敦帝国理工学院的博士学位，随后在宾夕法尼亚大学从事博士后工作，研究液氦。1963 年末，NASA 开始资助斯坦福的原创研究和拓展工作，以找出那些能使得这么困难的测量变得可能的新技术。在 1971 年，NASA 选择旗下位于阿拉巴马州亨茨维尔市（Huntsville）的马绍尔空间飞行中心作为项目指挥中心，既指挥斯坦福实验，也指挥哈佛大学罗伯特·维索特正在发展的火箭红移实验。NASA 总部指定维索特的实验为引力探测 A，计划 1976 年发射，随后进行陀螺仪实验，代号引力探测 B 或者 GP-B。尽管维索特的引力实验如期进行（见第二章），GP-B 却命途多舛。我们并不知道有没有人认真规划过其它引力探测 C、D 之类的实验。

斯坦福保守的研究和扩展工作持续到大约 1981 年，那时埃弗雷特担任项目的首席科学家。很快，项目就进行到了任务设计阶段。当时计划要进行一次初步飞行，测试用于 GP-B 的关键技术，搭载在航天飞机上；几年之后，再通过航天飞机发射完整的飞行器。不幸的是，1986 年的挑战者号灾难 ① 导致技术测试不得不取消。必须要重新设计整个飞行器，使用德尔塔号火箭发射。

此次实验的目标，是同时测量测地线效应和参考系拖拽效应，精度超过每年 1 毫角秒。由于计划的轨道（高度大约为 642 千米的极地轨道）上的参考系拖拽效应较小，仅有每年 40 毫角秒，这样的精度意味着能测至这一效应的 1% 到 2%。这个建造在轨陀螺仪实验室以测量细微效应的任务，已经将斯坦福的科学家推到了实验物理和精准组装技术的最前沿，有时甚至超出到前沿之前，带给他们看似不可能完成的难题。奇迹般地，他们克服了一个又一个困难。

---

①1986 年 1 月 28 日，挑战者号航天飞机于美国佛罗里达州发射后迅速解体，机上 7 名航天员罹难。

　　要想简单表述一下这个实验，需要先描绘一番其中的必要部件。陀螺仪们（为了备份起见，有 4 个陀螺仪）是熔融二氧化硅制成的球形转子，直径大约 4 厘米，放置在一个舱室内（图 4.5）。转子密度必须均匀，形状必须是完美的球形，误差不能超过一百万分之一。拿地球来比较，这就好比要求地球上最高的山和最深的谷相差不能超过 1 米！之所以这么要求，是因为地球、月球和飞行器自身产生的引力，会和质量不均的转子发生相互作用，造成假进动现象。太阳和月球对地球赤道的隆起也会产生类似的效应，造成地球的自转轴以 26 000 年为周期进动，使得北极星看起来绕着真正的北天极转动。要想克服这个问题，制造出完美的球形，并且测量它是否达到了上述的精度，需要发明新的组装方法和检测手段。

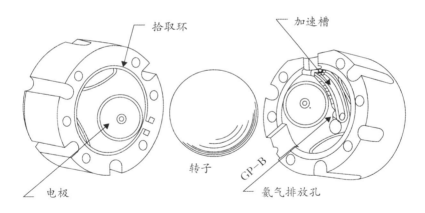

图 4.5　GP-B 的转子和它的密闭舱室

　　在太空中，转子悬浮在球形舱室中。绕着舱室壁安置了六个电极，可以感知到转子是否离得太近，并给飞行器发信号，让它朝合适的方向微调。"拾取环"是一圈超导线圈，埋在壁中，用来测量由于转子自转进动引起的磁场方向变化。旁边杜瓦罐中装有液氦，"加速槽"使得流出的氦气掠过转子，将它加速到大约一分钟转 4000 圈，随后气体被排到太空中。图片版权：NASA 和斯坦福大学。

　　进太空做实验的主要目的，是避免支撑陀螺仪抵抗引力，因为

109

这种支撑力可能会造成假进动。不幸的是,当陀螺仪在飞船内部做自由落体运动时,飞船自身被地球大气、太阳风、调整飞船指向所需的周期性控制力推动着。要怎么避免旋转的陀螺仪和它们所处的飞船舱室内壁发生碰撞?答案是一种技术,叫作"无拖拽控制"。放置转子的球形舱室内壁植入了六个圆形电极,所以,如果转子离某个电极太近,电极就会发信号给推进器,稍稍移动一下飞行器,来保持内部间隔为预设值。这是一个精妙而又关键的技术,因为每个转子和球形舱室内壁的平均距离仅有约 $\frac{1}{30}$ 米。当我们在第九章讨论空间引力波探测器时,我们会再谈到无拖拽控制。

如果转子是完美的球形,你如何得知它自转的方向?你不能在两极插上小棍儿,因为杂散的引力作用于有质量的小棍,会造成巨大的进动,抹除相对论效应。解决办法是,在每个转子上覆盖一层薄薄的、完全均匀的元素铌。当球在低温——接近绝对零度中旋转,铌元素会变得超导,它的电阻消失,产生磁场,其南北极正好和转子的自转轴方向一致。转子所处的舱室内壁植入了一个小小的超导线圈,叫作"拾取环"。如果转子的转轴方向改变,变化的磁场会导致环中产生电流,被非常精准的设备测量到。这种设备叫作超导量子干涉设备,即 SQUID,也在接近绝对零度的温度下工作。要在接近绝对零度下使用液氦,并让这些设备适应太空环境,也需要新的技术。飞行器自身包括一个非常圆的"保温瓶",或称杜瓦罐①,内含2400 升液氦,将舱室保持在绝对零度之上 1.8 度。

如果这些小球是完美的球形,它们是如何转起来的?这个问题的解决方案是,在每个转子的舱室内壁中植入一个"加速槽",使得

---

① 工业界用于储存液氮、液氦等低温液态气体的真空绝热容器,由苏格兰物理学家兼化学家詹姆斯·杜瓦(James Dewar)发明。

氢气流经球体，利用摩擦力让它转起来。这些氢气自然蒸发自冷却器材用的液氦（没有保温瓶能让液氦温度低得一点都不蒸发）。太空飞行一开始，四个转子被加速到大约 1 分钟 4000 千转，随后氢气通过所处舱室内的排放孔，散逸到外层空间的真空中。

正如我们之前描述的，陀螺仪相对于遥远的恒星发生进动。所以，飞行器上还装备了一台非常精准的望远镜，能够以每年仅误差毫角秒的精度水平确定相对方向。飞行器的方向受控，望远镜一直指向一颗选定的恒星，叫作飞马座 IM。这颗恒星距离地球大约 300 光年，位于天赤道以北大约 17 度。它不仅在光学波段很亮，在天空中相对来说也比较孤立，而且在射电波段也很亮。这是很重要的，因为既然处在银河系的环境中，它自身就在运动，而这种运动需要用 VLBI 才能测量到所需的精度（见第三章）。

虽然说起来容易，但是每解决这些问题中的一个，就要花好几年的时间研究、组装。将所有的部件装到一起，组成一个能运转的飞行器就更是个大挑战了。1986 年航天飞机实验取消，飞行器被迫重新设计，这导致了 GP-B 项目延迟并超出预算。哈勃空间望远镜也遭遇过类似的延迟和预算问题，再加上它 1990 年发射以后主镜发现了重大问题，让 NASA 对预算非常焦头烂额，也让天文学家和空间科学家都很担心他们自己项目的经费。其中一个结果，就是 GP-B 项目受到了越来越多的批评，要求取消的呼吁也越来越高涨。实际上，NASA 和行政管理和预算局（美国政府的财政监管部门）不只一次差点将下个财年的 GP-B 预算设成零，相当于终止项目，只不过弗朗西斯·埃弗雷特和其他 GP-B 的支持者机智地游说议员们，重新恢复了拨款。

1992 年，丹尼尔·戈尔丁（Daniel Goldin）被总统乔治·H.W. 布

什任命为 NASA 局长，他决心要了结 GP-B 的争端。他要求美国科学院对这个项目进行一次详尽的回顾，答应会按照他们的建议行事，不管是支持还是反对 ①。除了要调查仍需克服的技术困难、估计任务接下来的花费，专家小组还争论了这项任务的科学回报是否值得。这场争论可不小。

在 20 世纪 60 年代早期初次构想 GP-B 时，广义相对论的检验寥寥无几，大部分还都精度有限。但是到后来，实验引力学已经在太阳系和双脉冲星上取得了巨大进展，正如我们已经描述过的。一些专家小组成员争辩道，许多实验已经极大地限制了理论的可能性，支持了广义相对论；而 GP-B 在这方面不会有什么提高，无法提供什么新信息。反方意见是，所有其他的先行实验所检验的现象都和陀螺仪进动完全不同，因此 GP-B 还是有可能探测到新东西的。另一个问题是，如果 GP-B 给出了和广义相对论不符的结果，人们很可能不相信它；考虑到这个实验花费如此巨大，重复实验的可能性非常小。最后，虽然委员会无法达成一致意见，但大多数人还是建议继续进行 GP-B。戈尔丁让 NASA 继续进行该项目。NASA 随后雇佣帕洛瓦尔托的洛克希德·马丁航天公司，与斯坦福和马绍尔空间飞行中心合作，制造、组装并测试飞行器。

卫星最终于 2004 年 4 月 20 号发射，完全和计划的一样，射入了高于地面 642 千米的近圆形极轨道。从子系统到科学仪器，这台飞行器的几乎每个方面都表现得极好，有些甚至比预期的还好。任务计划用三个月的时间做测试、校准和微调，随后进行 12 个月的科学数据采集，最后一个月再做额外的校准。在科学阶段初期，数据

---

① 原注：披露一则信息——克里夫（本书作者之一）是科学院专家咨询小组的成员，随后在 1998 到 2011 年间被 NASA 任命为外聘的引力探测 B 科学咨询委员会成员。

清楚地显示出所有四个陀螺仪都有较大的测地进动，这最初给了人们一切顺利的希望。可这希望马上逝去了，严重的错误源浮出水面。每个转子的转轴似乎都产生了奇怪的进动，既没有可见的规律，互相之间也没有共同点。到 2005 年秋天，16 个月的任务周期结束时，人们非常担心实验没有探测到微小的参考系拖拽进动，不能完成该任务的主要目标。

　　飞行任务之后，在数据处理阶段发生的事情足以写一部侦探小说了。关键的线索来自于任务结尾时进行的校准测试。一开始，4 个转子旋转时，转轴被设成和望远镜的轴平行，指向参考星。飞船也绕着这个轴缓慢地自转，大约每 78 秒转一圈。在科学阶段之后的测试中，他们有意让飞船指向远离参考星，相距达到 7 度。这种操作非常剧烈，你永远不会在任务开始时进行这项操作，因为一旦有什么出错，一切就都完了。数据采集完、安全地存储好之后，可以冒一冒险了。这么做的时候，在操作期间，转子发生了预期以外的巨大进动，并且展现出特定的规律。弄清楚这一规律之后，GP-B 团队搞懂了：每个转子的铌表面上固定着随机的电势能排布，球形舱室的内表面也有类似的排布，二者相互作用，造成了额外的进动。人们早就已经知道这种排布会出现在铌薄膜上了，但是之前对转子进行飞行前测验时，这些排布非常弱，不足以造成问题。出于某些未知的原因，飞船里的转子产生了更强的排布。这一发现让研究人员为"排布效应"建立了一套数学模型，从而可以从每个转子的数据中扣除这种奇怪的进动。做完这件事之后，所有 4 个转子展现出了相同的进动现象，清楚地展示出较大的测地线效应和较小的参考系拖拽效应。GP-B 的最初目标是测量参考系拖拽效应至百分之一的精度，但是任务过程中发现的这些问题熄灭了大家最初的乐观，人们都认为这是不可能的了。埃弗雷特和他的团队使用了复杂的模型来去除奇怪的进动,因而不得不付出测量的不确定性增加的代价。在最终结果中,实验不确定性大约是参考系拖拽效应的 20%。不过,结果还是和广义相对论一致的。

数据分析耗费了 5 年。2011 年 5 月 4 号,当那长久期盼的结果终于在 NASA 的新闻发布会上公布时,许多人的心情可以用伟大的布鲁斯歌手艾塔·詹姆斯的一首歌[1]的开头几句描述:"终——于,我的爱人出现了……"由三个裸体教授开启的半世纪冒险,到此结束了。

引力探测 B 的故事所体现的各种要素,可供科技政策进行个案研究。它给科学,尤其是"大科学"如何进行,提出了许多棘手的问题。我们如何平衡科学收获与项目的花费?做关键决策的最佳方法是什么,特别是在是否取消项目问决策上?我们如何权衡不同科学门类的价值,比方说基础物理和天文发现?该给哪些更高的优先级,让它们从互相竞争的提案和群体中胜出?

对于 GP-B 来说,这一问题在 1986 年变得尤为重要。那时,得克萨斯大学一位名叫伊尼亚齐奥·丘富里尼的年轻博士后研究员提出了一种方法,能以 GP-B 所要求的精度测量参考系拖拽效应,而耗资只是其零头。他指出,广义相对论预言,由于参考系拖拽效应,一个物体绕着另一个自转的物体(例如地球)转动时,倾斜的轨道平面也会发生进动,方向和自转的方向一样。这种现象的一个效应是,轨道与地球赤道平面的交点会发生转动(图 4.6)。这是伦泽和蒂林在 1918 年指出过的效应之一。但是在 1976 年,地球物理学家已经发射过名叫 LAGEOS 的绕地卫星。丘富里尼意识到,以追踪这

---

[1] 这首歌是 1960 年录制的《终于》。

种卫星的精确度，有可能探测到这种参考系拖拽效应。

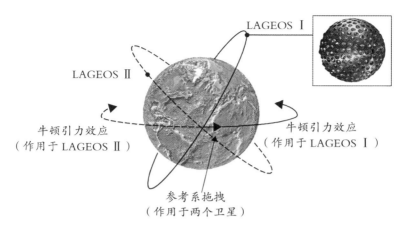

图 4.6 参考系拖拽和 LAGEOS

地球的自转使得倾斜的 LAGEOS 轨道转动，每年大约转 30 毫角秒，方向和地球的自转一样（短箭头）。地球扁度和质量的不均匀分布造成的牛顿引力变化，也会造成轨道平面转动。这种转动是大约每年 126 度，但是转动方向依赖于轨道倾角。对于 LAGEOS Ⅰ（实线箭头）和Ⅱ（虚线箭头）来说，这种效应的方向相反。小图：LAGEOS Ⅰ卫星，能看出角反射镜植入在表面上。版权：NASA

LAGEOS 是"激光地球动力卫星"的首字母缩写。它是你能想象到的最简单的卫星了。它是用实心黄铜做成的沉重大球，由铝覆盖，重约 400 千克；表面镶嵌有 426 块熔融二氧化硅玻璃做成的镜面，称为回射器。每块镜面的形状都是正方体的一个内角（图 4.6）。任何一条射到"正方角"镜面上的光线都会被一个面反射出去，再经过另一个面反射，最后正好按照它来时的方向反射回去。研究人员从地球上发射脉冲激光光束，再测量脉冲往返的时间，就能以亚毫米精度测量出激光器和卫星之间的距离。这项技术叫作"激光测距"，它是 20 世纪 60 年代末发展出来精确测量月球距离的（见第五章）。卫星轨道高度为 5990 千米（或距地球中心 12 200 千米），几乎是完美的圆形。由于卫星是如此地沉重，外形又如此简单（比如，它没有大型的太阳能帆板），残余大气[①]对它几乎没有影响。它甚至还安装着一块铭牌，由天文学家卡尔·萨根（Carl Sagan）设计，上面有给未来人类的关于当前地球的信息，以待它 840 万年后重入大气层、坠落到地面（如果那时还有人类的话）。由于它的轨道是如此无瑕，地球物理学家可以用给它激光测距，来反过来测量地球的形状，从而研究板块漂移和其他地壳动力学运动。

但是丘富里尼立即意识到了一项困难。地球不是完美的球体，而是两极稍扁，赤道稍鼓，这是由于地球自转造成的。这种不完美尽管只有两千分之一，但也会改变地球的牛顿引力场，使得LAGEOS 的轨道平面朝着与相对论参考系拖拽效应相同的方向转动。丘富里尼计算出相对论效应大约是每年 30 毫角秒。然而，地球隆起的效应很大，每年 126 度，大约是前者的 1500 万倍。在如此巨大的效应之下，不可能测量这种微小的效应。就算地球的扁度已经被测量得很准了，那也不够。

不过，丘富里尼有办法应付这个麻烦。如果发射第二个LAGEOS 卫星，在同样的高度、以相同的圆轨道运动，但是相对于赤道的轨道倾角不一样——和原来的 LAGEOS 相加正好是 180 度，那么计算表明，这一轨道的牛顿引力转动会和既有的 LAGEOS 完全一样，只不过方向相反。两条轨道的相对论转动数值一样，方向也一样；该效应不依赖于轨道倾角。因此，可以测量两条轨道各自的转动速率，然后直接把二者加起来。牛顿引力的部分会完全抵消，剩下的就是相对论效应的 2 倍。把另一颗卫星发射到正好合适的轨

---

① 即正常大气层高度之外散逸的大气成分，这些稀薄的物质会对航天器产生阻力，使得航天器轨道缓慢下降。

道虽然很有挑战性，不过是可行的。讽刺的是，丘富里尼的提案是 1976 年另一个想法的变体，提出那个想法的不是别人，正是弗朗西斯·埃弗雷特和他的同事理查德·凡帕滕，他们的提案是让两个卫星朝相反方向绕极轨道运动，离地约 600 千米。在这种构型下，牛顿引力效应要小得多得多，因此更容易互相抵消并展示出参考系拖拽进动。这个提案未获得关注，而埃弗雷特和凡帕滕的注意力回到了引力探测 B 上。尽管他们的提案仅仅比 LAGEOS Ⅰ 号发射早了 6 个礼拜，但他们显然并不知道地球物理学家们在做什么。科学充满了由于不同领域划分而错失的良机。此时比丘富里尼偶然发现可以用 LAGEOS 来测量参考系拖拽还要早 10 年。

在丘富里尼提出提案时，地球物理学界正在计划发射第二枚 LAGEOS 卫星，以推进他们对地球的研究。丘富里尼和许多相对论学家辛苦地游说了很久，想让 LAGEOS Ⅱ 以特殊的 70.16 度倾角发射（LAGEOS Ⅰ 的倾角是 109.84 度）以测量参考系拖拽。但是最终，其他考虑占了上风。LAGEOS Ⅱ 在 1992 年发射，倾角为 52.64 度，这主要是为了最大限度地覆盖世界上的激光测距站点，因为这对地球物理学家研究地球动力学很重要。

这很令人失望，但是丘富里尼（此时待在意大利）和他的同事仍然尝试利用它。由于抵消效应并不是理想的，测量参考系拖拽转动的误差比他们原来预期的要大。在 1997 年到 2000 年间，他们报告以 20% 到 30% 的精度测到了 30 毫角秒的效应，尽管有些批评者认为他们的误差估计过于乐观了。

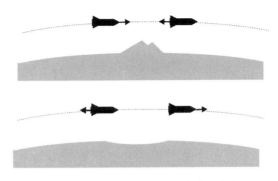

图 4.7　使用 GRACE 测量地球引力的变化

　　上：两颗卫星经过山时，山的引力拉得它们互相靠近。下：它们经大型盆地时，质量的缺失使得它们稍稍分离。

　　转折点随着一项名为 GRACE 的太空项目来到了。这一项目由 NASA 与德国航天局联合举办，官方名称叫作引力回溯及气候实验卫星。它发射于 2002 年，结束于 2017 年下半年。GRACE 由一对卫星组成（被称为汤姆和杰瑞[①]），以相互靠近的编队飞行（相距 200 千米），环绕极轨道，距地面 500 千米。每个卫星都携带着卫星对卫星的雷达链路，用以精确测量它们之间的距离；还携带着 GPS 接收器，用以单独追踪某个卫星的位置。当卫星对飞过质量特别大的区域，例如一座山，这块质量的引力就会使得两颗卫星互相靠拢。如果它们飞过质量小的区域，例如峡谷或者盆地，两颗卫星就会彼此远离（图 4.7）。两颗卫星反复经过地球不同部分，就能够绘制出地球引力场的细节，其准确度前所未有。除此之外，在这项任务进行的超过十五年内，GRACE 还能测量地球引力场的变化。例如，它可以测量亚马逊河和恒河水量的季节性变化造成的引力场变化，还能测量格陵兰岛和南极洲冰盖融化造成的引力变化。这些测量对用水

---

① 美国动画《猫和老鼠》中的两个主人公。

管理和气候变化有显著的启示。它还能监测北美和欧洲大陆的抬升，因为随着上一个冰河期里产生的压制它们的冰块减少，它们正在持续"回弹"。

有了 GRACE 提供的地球引力场精确度的巨大提升，丘富里尼和他的同事这时可以更精准地移除牛顿引力效应，并复原微小的参考系拖拽效应了。2010 和 2011 年，GP-B 正处于数据分析的最终阶段，丘富里尼和同事报告了 LAGEOS 的结果。它和广义相对论在 10% 的精度内吻合，这比最终的 GP-B 结果强了 2 倍。

与此同时，丘富里尼已经成功地说服意大利航天局发射第三颗激光测距卫星，叫作 LARES（激光相对论卫星）。它的倾角将是 69.5 度，和 LAGEOS Ⅰ 所需求的角度很接近。然而，航天局通知丘富里尼，为了降低耗费，他们无法提供足够强大的发射器，不能把卫星发射到之前两颗 LAGEOS 卫星同样的高度上。这不利于完美消除牛顿引力效应，因为它随着轨道半径三次方的倒数变化。不过，有恰当倾角这个优势，就已经足够说服 LARES 团队接受发射了。LARES 发射于 2012 年 2 月 13 号。2016 年，结合所有 3 颗卫星的数据以及 GRACE 提供的改进的地球数据，LARES 团队以 5% 的精度水平汇报了对参考系拖拽的检验。

所有这些进动实验的主要难点都在于：地球附近的引力太弱了！要是能测量陀螺仪在黑洞或者中子星周围的进动，那才是最好的。相对论进动效应的强度将会变得非常大，一个人甚至"裸眼"就能看见进动。当然，这完全是无法实现的。目前观测到的最近的黑洞麒麟座 V616 远在 3000 光年之外 [①]。最近的中子星卡尔维拉

---

① 截至 2023 年初，已知最近的黑洞为盖亚 BH1，距地球约 1600 光年。

（Calvera）[①]，则位于 250 至 1000 光年之外。所以，把陀螺仪实验（也许该叫作"GP-X"）送去那里显然是没有希望了。但是，自转的中子星本身，就像熔融的二氧化硅球体一样，能充当陀螺仪的角色。许多中子星还表现为"脉冲星"，它们发射出我们能探测到的射电波，其中一些还绕着其他恒星级天体做轨道运动。实际上，这些天上的灯塔已经将检验广义相对论引入了一个全新的王国，我们将会在下一章里见到。

---

① 位于小熊座中，其名称来自于 1960 年电影《豪勇七蛟龙》中的反派。

第五章

# 检验相对论的天界灯塔

乔伊·泰勒和拉塞尔·赫尔斯不太可能会忘记 1974 年的夏天。它开始倒是风平浪静。泰勒是马萨诸塞大学阿默斯特分校的一名年轻教授，他安排他的研究生赫尔斯去波多黎各的阿雷西博射电望远镜待一个夏天，找找脉冲星。他们已经搞出一种复杂的观测技术，让射电望远镜既能够扫描天空的大片区域，同时还对脉冲星信号特别敏感。那时人们大约发现了 100 颗脉冲星，所以他们的主要目标是往列表里再加些新的，以期通过数量的累加，了解更多关于这类天体的信息。不过，除了观测最后阶段的回报，这个夏天的大部分时间都过得很规律。重复地跑着观测，编译着数据，就像许多类似的天文研究课题一样十分无聊。但是在 7 月 2 号，好运降临了。

那天，几乎是出于偶然，赫尔斯发现了一件事。这件事将把赫尔斯和泰勒送上天文学的头条，震动整个天体物理和相对论学界，最终使得广义相对论最重要的预言之一得以证实。

至少在相对论专家们看来，这一发现的地位堪比脉冲星的发现本身。后者的发现同样偶然。1967 年末，剑桥大学的射电天文学家安东尼·休伊什和他的研究生乔瑟琳·贝尔正试图利用闪烁现象研究类星体。这种射电信号快速变化，或者说"闪耀"的现象，是由行星际空间中太阳风的电子云造成的。通常来说，这些变化本质上是随机的，在晚上望远镜指向远离太阳时会减弱。但是在 1967 年 11 月 28 号半夜，贝尔记录了一系列特别强、惊人的规律的脉冲信号。在观测了一个月以后，她和休伊什认定发射源来自于太阳系以外，发出的信号是一系列快速脉冲，周期为 1.3372795 秒。

从时间测量的标准来说，这些脉冲和当时有的原子钟一样优秀。谁都想象不到，自然产生的天体物理源会遵循如此规律的周期。有一段时间，他们甚至考虑过这个信号是地外文明的灯塔。他们甚至将他们的源称为 LGM，意思是小绿人[1]。剑桥的天文学家很快又发现了三个这样的源，周期从四分之一秒到一又四分之一秒。其他天文台也随之有了他们自己的发现。小绿人理论很快被丢弃了，因为如果信号真的来自外星文明，那随着外星人的行星绕着他们的母星公转，信号应该产生多普勒频移。但他们在其中唯一观测到的多普勒频移是我们的地球绕着太阳转造成的。这些信号的源被重新命名为"脉冲星"，因为它们脉冲出射电辐射。

这一发现对天文学界有极大的影响。发现首颗脉冲星的论文于 1968 年 2 月 24 号发表于英国的科学期刊《自然》上。这一年接下来的 10 个月中，又有超过 100 篇论文发表了，要么是汇报对脉冲星的观测，要么是提出解释脉冲现象的理论。1974 年，休伊什因为这一发现获得了诺贝尔物理学奖。他和马丁·赖尔共同获奖，后者是英国射电天文项目的先驱。在一些圈子里，仍然流传着关于瑞典科学院不给贝尔颁奖的争议。贝尔 - 伯纳尔女爵士[2]（"女爵士"是与骑士对应的女性头衔）现在已经是一位有名的天文学家、学界领袖和科研女性的支持者。她一直表示赞同诺贝尔奖委员会的决定。

发现后不过几年，关于脉冲星的大体本质就形成了共识。脉冲星无非就是宇宙灯塔：它们是旋转的射电波（有时是可见光、X 射线和伽马射线）信标，每转一圈，发出的信号就和我们的视线相交；而实际在进行这种旋转的天体是中子星。它非常致密，通常比太阳更重，但是压缩进了大约直径 20 千米的球内，是类似质量的白矮星的 $\frac{1}{500}$，是相同质量的普通恒星的十万分之一。因此，它的密度达到了大约每立方厘米 5 亿吨，可以和原子核内部的密度相提并论。

---

[1] 英文为"Little Green Men"。

[2] 贝尔 1968 年结婚后随夫冠姓"伯纳尔"。1999 年受颁大英帝国勋章后获得荣誉头衔。

中子星是如此地致密，以至于一茶匙的中子星物质在地球表面将和
1000 座埃及的吉萨金字塔 ① 一样重。正如它们的名字所示，中子星
主要由中子构成，还掺杂着质子以及相同数量的电子。由于中子星
非常致密，它表现得就像一个极端的飞轮。因为摩擦力无法抵御它
巨大的转动惯性，它的转速保持恒定。实际上，确实有一些残余的
制动力会使它慢下来，但是拿最初的贝尔-休伊什脉冲星做例子，我
们可以看到这种效应有多小：人们观测到，它 1.3373 秒的周期每年
仅增加 43 纳秒 ②。到 1974 年，在已知的差不多 100 颗脉冲星中，每
一颗都遵循了这种总体的规律：发射短周期（1 秒的几分之一到几
秒）的射电脉冲，周期极其稳定，只有非常非常缓慢的增加。我们
马上就会看到，这种规律差点儿就造成了赫尔斯和泰勒的失败。

　　为什么是中子星？它是理论学家的凭空捏造吗？还是有什么自
然的理由，让人相信这种东西存在？实际上，中子星一开始的确
是一种想象。20 世纪 30 年代中期，天文学家沃尔特·巴德和弗里
茨·茨维基将其假设为物质一种受压缩的可能状态，比白矮星的状
态还要更极端一步。这一了不起的预言仅仅在发现中子几年之后就
做出了！他们表示，这种高度压缩的星星可能通过超新星的方式形
成。那是恒星在死亡的阵痛中爆发的灾难性爆炸，在全宇宙的各种
星系中都有发生，包括我们的星系。将死恒星的外层向外爆炸，造
成亮度超过整个星系的闪光，射出热气体的火球。而恒星的内部向
内压缩，直至挤压到原子核的密度时才停止，在超新星的灰烬中留
下一颗中子星。中子星应该转得很快，原因如下：所有有准确数据
记录的恒星都在旋转，太阳就是离得最近的一个例子。因此，正如

① 一大片位在埃及开罗郊区的吉萨高原内的古埃及陵墓群。
② 1 纳秒为 1 秒的 $10^{-9}$。

花样滑冰运动员利用角动量守恒，收起胳膊以转得更快，坍缩的、旋转的超新星核心也会加速。

过去1000年内，有5颗位于我们自己星系的超新星有过历史记录。有一颗于1054年发生在金牛座里。它被中国天文学家记录为"天关客星"。它是如此明亮，以至于在白天也能看到。这颗超新星的遗迹是热气体形成的扩散壳层，被称为蟹状星云。如果追溯现在观测到的气体扩散速度，反推大约950年，会发现它起源于空间中的某个点。首颗脉冲星发现几个月后，美国国家射电天文台的射电天文学家将望远镜对准了蟹状星云的中心区，并探测到了射电脉冲。这一发现被阿雷西博天文台证实了，测出脉冲周期为0.033秒，在那时已知的脉冲星中是最短的。除此之外，相比于其他脉冲星，蟹状星云脉冲星转速减慢得很明显，周期大约每年增加10微秒[1]。换种方式来说，周期要减慢和整个周期相近的那么长时间，大约需要1000年。如果脉冲星由1054年超新星形成，这个时长正好和它的寿命差不多。最后，如果脉冲星是自转的中子星，它自转减慢损耗的转动能量正好足够维持星云中的气体以现在观测到的强度发光。

所有这些观测彼此间都非常吻合，从而漂亮地证明了脉冲星的旋转中子星模型。最近一次靠近我们的超新星爆发，于1987年发生在大麦哲伦云中，那是银河系的一个小型卫星星系。

然而，脉冲星研究的其他领域就不是这么棱角分明了。其中一个领域是"灯塔信标"的真正机制，即射电脉冲到底是怎么产生的。在通常的模型中，脉冲星有一个重要特征和地球一样：它的磁场南北极和自转轴的南北极不指向同一方向。举个例子，对地球来说，地磁场的北极靠近加拿大极北部的埃尔斯米尔岛，而不是像自转轴

---

[1] 1微秒为1秒的$10^{-6}$。

的北极那样位于北冰洋中心。然而，它们之间有一个关键的区别。正常脉冲星的磁场比地球要强万亿倍。如此强大的磁场产生的力量将从中子星的表面剥去电子和离子，并将它们加速到接近光速。这使得粒子源源不断地发出射电波以及电磁光谱其他波段的辐射。由于磁场在两极最强，最终的辐射就从南北磁极的方向作为光束射出。由于这些磁极和自转轴的方向不同，两条光束将会扫过天空。如果其中一条扫中了我们，我们就会记录到一次脉冲，并将发射源称为脉冲星。这一机制的准确细节还没有研究清楚。部分原因是，我们完全无法用如此强大的磁场、这么骇人的庞大质量在实验室里做实验。不过，最近研究者们使用大规模计算机模拟，已经在理解光束如何产生方面取得了进展。

无论如何，在 1974 年夏天，关于脉冲星的大致特征已有共识。它们是快速自转的中子星，周期非常稳定，仅随时间有非常缓慢的增加。还有一件事情也很清楚，那就是我们观测到的脉冲星越多、观测得越细致，我们弄清其中细节的可能性就越大。

正是这点激励并引导了赫尔斯和泰勒的脉冲星研究。阿雷西博天文台 1000 英尺直径射电望远镜的接收机受到驱动，随着地球自转，在一个小时内，这台仪器可以观测天空上一块条带的区域，宽 $\frac{1}{6}$ 度、长 3 度。每天观测结束后，记录下的数据被输入电脑，自动搜寻周期明确的脉冲信号。找到了候选脉冲后，还必须要将其与地球上造成假射电脉冲信号的来源进行区分，比如雷达广播或者汽车点火装置。区分的办法是控制望远镜再回到当时望远镜收到脉冲时指向的这部分天区，看看脉冲周期是不是和起初收到的几乎完全一样。如果是的话，那他们就有了一个很好的脉冲星候选体，可以做进一步研究了——比方说像研究其他脉冲星的特征那样，将其脉冲周期测量至微秒精度。如果不是的话，那就扔掉它，再转战下一片条带状的天区。

项目的日常操作由赫尔斯完成，而泰勒暑期定时从阿默斯特过来，看看事情进行得怎么样了。7月2号，赫尔斯记录到一个非常微弱的脉冲信号，此时只有他孤身一人。如果信号再弱4%，它就会低于计算机流程中设定的自动截断，不会被记录了。除了很弱之外，这个信号还有一点也很有意思。它的周期惊人地短，仅有0.059秒。在那时，只有蟹状星云脉冲星的周期比它短。这使得它很值得再被观测一下，不过直到8月25号赫尔斯才有功夫对付它。

8月25号观测的目标是尝试确定脉冲星的周期。如果这确实是颗脉冲星，它的周期至少应该在六位小数上都一样，或者在几天中吻合到微秒。因为即便它减慢得像蟹状星云脉冲星那么快，也只会在第七位小数上产生变化。这就是麻烦开始的地方。在2小时观测运行的开始和结尾，分析数据的计算机给出了两个不同的脉冲周期，相差大约30微秒。2天后，赫尔斯又试了一次，得到的结果甚至更差了。结果，他不得不一直去翻找最初实验室笔记上记录的那一页，又掉并重新输入周期的新数值。他的反应很自然：烦躁。因为信号非常弱，脉冲很不干净，不像别的脉冲星那么锐利，所以计算机肯定是在找脉冲的固定值方面出问题了。说不定这个源根本不值得这么麻烦。如果赫尔斯是这种态度，丢掉了这个候选体，那他和泰勒就是十年不遇的天文界大傻瓜。不过最后，多疑的赫尔斯决定再看得更仔细些。

在接下来的几天内，赫尔斯写了一个专门的计算机程序，用来处理标准程序对付不了的各种问题。但是即便用了新程序，9月1号和2号采集的数据仍然显示，2小时观测中发生了约5微秒的稳定减少。这比之前小很多，但是仍然比预期的大。而且，它在降低，而不像预期那样增加。继续将其归因为仪器或者计算机的问题当然很方便，但是不令人满意。

但是很快，赫尔斯注意到了一些事情。脉冲周期的变化中隐藏着规律！9 月 2 号的周期减小的脉冲序列几乎就是 9 月 1 号脉冲序列的翻版，只不过它发生得早了 45 分钟。赫尔斯现在确信这种周期变化是真的，而不是假象了。但它是什么？难道他发现了一类新的天体——极度压缩或者有双极的脉冲星，周期有长有短吗？或者这种诡异的行为有什么更自然的解释？

周期几乎在不断重复的这一事实，给了赫尔斯解释的启发。发射源确实是一颗状况良好的脉冲星，只不过它并非孤身一星！赫尔斯假设，这颗脉冲星绕着一颗伴侣天体旋转，而观测到的脉冲周期变化仅仅是多普勒频移的结果而已（图 5.1）。当脉冲星接近我们时，观测到的脉冲周期就减小（脉冲被稍稍压缩到了一起）；当它远离我们时，脉冲周期就增加（脉冲被稍稍拉伸开了）。实际上，光学天文学家们非常熟悉普通恒星中的这种现象。我们星系中有一半恒星都位于双星系统中（即两颗恒星绕着彼此做轨道运动）。由于通过望远镜分辨出两颗恒星的可能性很少，它们都是通过恒星大气中原子谱线高高低低的多普勒频移被证认出来的。在大多数的普通恒星双星系统中，两颗恒星光谱的多普勒频移都被观测到了；不过，偶尔也有一颗恒星太暗了看不到，所以天文学家只能探测到其中一颗恒星的运动。在近些年观测到的许多系外行星，都仅仅是通过观测母星光谱的多普勒频移而发现的。此处出现的正是这种情况，只不过脉冲周期扮演了普通恒星中谱线的角色。赫尔斯这个假设却有一个实际的问题：在阿雷西博的图书馆里，他找不到任何一本关于光学双恒星系统的好书，因为射电天文学家通常不关心这类事情。

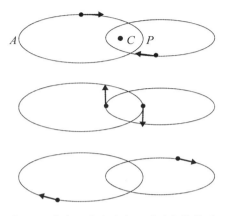

图 5.1　脉冲双星系统中双星的绕转轨道

　　每个天体的轨道都是椭圆，它们的速度方向在图中以箭头标识。系统的质量中心 C 是每个椭圆的焦点，而近心点用字母 P 标志，远心点用 A 标志。

　　现在，由于阿雷西博望远镜的盘面建造在波多黎各群山中自然形成的碗形峡谷中，它只能在源处于正头顶，或者天顶角不超过一小时的位置时进行观测（所以一次观测运行才是两小时）。所以，赫尔斯无法成小时地连续追踪这个源；他只能每天在 2 小时周期内观测它。但是，9 月 1 号和 2 号之间的周期序列频移，并不意味着这个系统的轨道周期正好和 24 小时一样。所以如果他的假设是对的，那么他每天观测到的都是轨道的不同部分。在 9 月 12 号星期四，他开始了一系列观测，希望能解开谜团（图 5.2）。

　　9 月 12 号，脉冲周期在整个观测运行期间几乎一直保持恒定。在 9 月 14 号，周期从之前的值开始，在 2 小时内降低了 20 微秒。第二天，9 月 15 号，周期开始时更短一些，并降低了 60 微秒。在观测运行结束时，它降低的速率达到了大约每分钟 1 微秒。视线方向上脉冲星的速度一定在变化，一开始慢，随后快。看来双星假设越来越受支持了，但赫尔斯还想要板上钉钉，得到证据中确凿无疑的那一环。到此时为止，脉冲星的周期一直在降低。但是如果脉冲星在进行轨道运动，它的运动一定会重复，因此应该最终能够看到脉冲周期增加的轨道阶段，再次回到它的起始值，然后再重复这个循环。

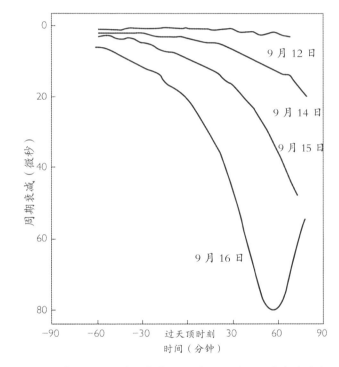

图 5.2　脉冲双星的脉冲周期在 1974 年 9 月的 5 天中发生的变化 从拉塞尔·赫尔斯笔记中一页摘来。

　　他没等多久。就在第二天，9 月 16 号，周期快速下降了 70 微秒。在一轮观测还剩 25 分钟的时候，它突然停止了下降。在 20 分钟内，它爬升了 25 微秒。这正是赫尔斯所需要的，他打电话给在阿默斯特的泰勒，报告了这个消息。泰勒马上飞到阿雷西博，他们一起尝试完全解决这个谜题。然而，真正激动人心的时刻还在后面。

　　他们找到了脉冲规律重复的最短周期，首先求出了轨道周期。答案是 7.75 小时，所以赫尔斯看到的 45 分钟每日变化，其实是三圈完整轨道与一个地球日之间的差异。

　　很显然，下一步是追踪整条轨道上的脉冲周期变化，以确定脉冲星速度随时间变化的函数。这在普通双星系统研究中是标准流程，能从其中得到丰富的信息。暂时使用牛顿引力理论的话，我们知道绕着双星系统质心（两颗天体中间的某个位置，取决于它们的相对质量）的脉冲星轨道是一个椭圆形，质心位于一个焦点处（图 5.1）。伴星的轨道也是绕着这一点的椭圆，但是由于看不到伴星，我们暂时不需要考虑它的轨道。脉冲星轨道形成的平面可能处于天空中的任意方向上。它有可能平铺在天空的平面上，换句话说垂直于我们的视线。或者我们可能看到的是它轨迹的侧面。或者，它的倾角也可能是位于这两种极端之间。我们可以排除第一种情况，因为如果是这种情况的话，脉冲星就不会靠近或远离我们，我们就不会探测到它周期的多普勒频移。我们也可以排除第二种情况，因为在这种情况下，在某些时刻伴星会从脉冲星前方经过（掩食），导致我们暂时看不到脉冲星的信号。在 8 小时的轨道中，并没有看到这样的信号缺失。所以，轨道一定相对于天空平面有个夹角。

　　我们能从脉冲周期中了解到的还不止这些。要记得，多普勒频移只告诉我们垂直于我们视线方向的速度信息；垂直于我们视线方向的速度成分未受影响。为表述简单起见，假设轨道是正圆形。那么观测到的多普勒频移序列就会是这样的：一开始，脉冲星垂直于视线方向运动，我们看不到频移；四分之一个周期之后，它远离我们，我们看到的是脉冲周期的负频移；再过四分之一个周期，它又垂直于视线方向运动，我们又看不到频移了；四分之一个周期后，它以相同的速度朝向我们运动，所以脉冲周期产生一个相同大小的正频移；在七又四分之三个小时之后，脉冲星完成了完整的一圈轨道，其脉冲模式也开始进入下一次循环。在这个例子中，多普勒频移是非常对称的，完全不像真正观测到的模式那样。

观测到的模式告诉我们，轨道实际上是非常扁，或者说离心率非常高的。在椭圆轨道中，脉冲星并不是像在固定的圆轨道上运动那样，距离伴星的距离恒定；相反，它在一个叫作"近星点"（类比于行星的近日点）的位置离伴星最近，再转半圈后，在叫作远星点的位置离伴星最远。在近星点，脉冲星的轨道速度达到极大值，随后再次降低，这一切发生在很短的时间内；在远星点，轨道速度下降到某个极小值，然后再缓慢地上升。

观测到的多普勒频移随时间变化的方式，暗示着很高的离心率（图 5.3）。在很短的时间内（8 小时中的仅 2 小时内）多普勒频移就从零升到了很大的值，又降了下来。在其余的 6 个小时内，它从零朝反方向缓慢增加到一个较小的值，随后又降低。实际上，9 月 16号关键的观测证据正是目睹了脉冲星经过近星点，而 9 月 12 号的观测则目睹了脉冲星缓慢地经过远星点。对这些曲线的仔细研究表明，两个天体在远星点时的距离，要比它们在近星点时的距离远 4 倍。研究还表明，近星点的方向几乎和视线方向完全垂直，因为近星点（速度变化最大的点）和最大的多普勒频移（脉冲星横向运动最小的点）的时间相吻合。

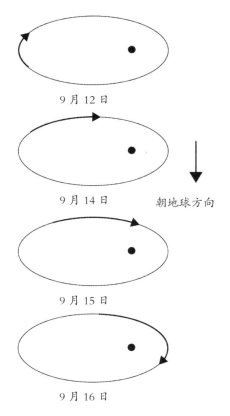

图 5.3 脉冲星在轨道中的位置

9月12号，脉冲星运动过远心点，它的速度很低，速度变化也很慢，所以观测到的周期几乎没有什么变化（图5.2）。脉冲星远离我们运动，所以周期比"静止"时的周期更长一点。9月14号脉冲星差不多横向运动，所以几乎没有多普勒频移，周期比之前短一点。9月15号，脉冲星开始朝向我们运动，在靠近近心点时速度增加；脉冲周期在观测运行的结尾明显下降。9月16号，脉冲星开始近似横向运动，然后快速穿过近心点，所以它朝向我们的速度达到了最大值，然后又降了下来；脉冲周期快速到达最小值，然后回升。在每天两小时的观测时间中，看到这部分轨道的比例在变化，因为整个绕转轨道周期是7.75小时，所以看到这部分轨道的时间每天都会提前45分钟。

这时，事情开始变得有意思起来。当脉冲星接近我们时，从它脉冲周期下降中得到的真正速度为大约每秒 300 千米，即光速的千分之一！退行的速度约为 75 千米每秒。这些都是很高的速度！地球绕太阳公转轨道的速度只不过 30 千米每秒。结合速度信息和轨道周期，可以估计出脉冲星和伴星的平均距离只有太阳半径那么大。

1974 年 9 月底，这项发现的新闻一散布出去，它就引起了轰动，特别是在广义相对论专家中。原因是，它的速度如此之大，两个天体的距离又如此之近，在这样的系统中，广义相对论效应将变得可测量。

实际上，甚至在赫尔斯和泰勒关于发现脉冲双星的论文付梓之前（虽然那时已经来不及中止出版），泰勒和他的同事就已经探测到了广义相对论最具有标志性的效应之一，即轨道的"近星点"进动。

根据牛顿的引力理论，行星围绕恒星转动的轨道总体来说是椭圆，椭圆的长轴永远指向同一方向。对于双星系统来说，其中的每个天体都按椭圆轨道运动，系统的质心是其焦点（图 5.1），但是每个椭圆长轴的方向也是固定的。两天体之间任何牛顿引力之外的变化，比如说附近第三个物体的摄动，都会让椭圆整体发生转动，即"进动"，正如图 5.4 中所画的那样。结果是，近星点（二者最近距离的位置）不会一直在同一个位置，而是随时间缓慢地向前移动。

对于环绕太阳的水星来说，天文学家在 19 世纪中期就已经知道，它离太阳的最近距离——叫作"近日点"——每世纪会前移 575 角秒。当然，可以很合理地假设这一效应是太阳系中其他行星（木星、金星、地球等）干扰的结果。当时法国巴黎天文台的台长、天文学家奥本·让·约瑟夫·勒维耶就开始计算这些效应了。1859 年，他提出其中存在着一个问题：各种行星干扰的效果加起来，比观测到的近日点进动还要少每世纪 43 角秒（此处的差值是现代测量值）。

勒维耶那时声名鹊起,因为他预言天王星轨道的一些奇怪现象是由一颗更遥远的行星造成的。这个预言几个月后被德国天文学家证实。利用他的计算作为指引,天文学家发现了海王星。因此,勒维耶和他同时代的人很自然地将水星轨道的异常归因为水星和太阳之间还存在着一颗行星。他们甚至将这颗行星用古罗马火神的名字命名为伏尔甘(Vulcan)。在接下来的 60 年间,除了若干自称的目睹者,一直没有可信的证据表明这颗行星存在。

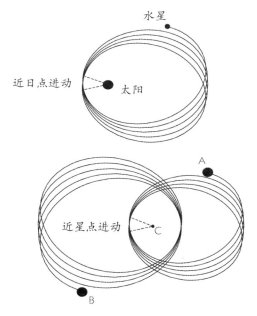

图 5.4　上图:水星绕日轨道近日点的进动。太阳质量很大,所以基本不动。图中的进动速率大大夸张了。下图:两颗星 A 和 B 的近星点进动,它们的质量相近,围绕它们的质心 C 转动。

爱因斯坦很清楚水星近日点异常进动的问题。实际上,他使用这个现象来检验并最终否定了他某个早期版本的理论,那是他和数学家马塞尔·格罗斯曼在 1913 年一起研究出的"草稿"理论。1915年 11 月,当一切现象都逐渐能用他的新理论解释时,他的计算表明，他的理论给出了缺失的近日点进动的正确数值。导火索被点燃了。他之后写道，这一发现使得他"心脏都在悸动"。

1915 年，爱因斯坦给出的这种吻合还很粗略，因为对水星轨道的观测还不十分准确。但是自从 20 世纪 70 年代开始，有了高精度的雷达来追踪行星和飞船，水星的近日点进动已经成了另一个广义相对论的高精度证明。最近一次检验是由水星信使号完成的。2011 年，信使号成为首架绕水星飞行的飞船。雷达测量了这架飞船的轨道，直至它 2015 年结束任务，受控坠毁在水星表面。这项任务得到的数据测出，水星近日点的进动和广义相对论吻合到了十万分之几的精度。随着欧洲-日本联合的贝皮可伦坡号任务进行，测量精度有可能提高到百万分之几。那项任务将放置两颗飞船环绕水星轨道，已在 2018 年秋发射。

如果爱因斯坦的理论确实在赫尔斯和泰勒发现的系统中扮演了重要角色，那么测量双星类似于水星的进动就有了很高的优先级。在两个半月的观测项目中，泰勒和他的同事尝试弄清楚这件事。观测结束于 1974 年 12 月 3 号。第七届得克萨斯相对论天体物理研讨会随后举办，该研讨会始于 1963 年的达拉斯。在轮换了两次、换了三座城市（包括奥斯汀和纽约）之后，它又回到了达拉斯举行。数据分析完成得很及时，泰勒正好赶得上在 12 月 20 号向听众们揭晓：脉冲星在双星中近星点进动的速率是每年 4 度。这种进动比水星的进动大 36 000 倍，但这并不让人意外。因为它们的轨道速度很快，双星系统的间距又很近，广义相对论效应本身就要比水星身上的效应大差不多 100 倍。而且双星系统每年转的圈数要多 250 倍，所以近星点的累积效应就叠加得更快了。四年之后，泰勒将会再次回到得克萨斯研讨会的舞台，宣布一个甚至更加惊人的消息。

　　目睹爱因斯坦的理论预言在太阳系以外的地方上演，这当然让人觉得很了不起。然而，泰勒的测量并没有真正检验到相对论。问题在于，广义相对论对于双星系统中近星点进动的预言依赖于两个天体的总质量。总质量越大，效应就越强。它还取决于其他变量，比如轨道周期和轨道的椭率，这些都从观测中能得到。不幸的是，我们无法比较精确地测量两个天体的质量。我们唯一知道的是，要产生观测到的轨道速度，它们的质量应该和太阳相仿。但是不确定的地方太多了，尤其是不知道轨道相对于天空平面倾斜多少，这使得我们无法得到比单纯靠多普勒频移更准确的质量测量。那么，如果我们不能用近星点进动测量来检验广义相对论，它有什么用呢？

　　它其实有用得不得了，因为我们可以扭转局面，用广义相对论给这个系统称重！如果我们假设广义相对论是正确的，那么它预言的近星点进动仅依赖于一个未测出的值，那就是两个天体的质量。因此，总质量一定是那个能使观测到的和理论预测的近星点进动相符合的值。从 1974 年秋季的观测可以得出，预测的总质量约为 2.6 倍太阳质量。最终，近星点进动被测量得十分准确，达到了每年 4.226585 度，从而系统的总质量被确定到了 2.8284 倍太阳质量。这是广义相对论的凯歌。这项理论第一次被用于主动地进行天体物理测量——在这个例子里，是用来高精度地确定遥远系统的质量。

　　广义相对论学家的直觉得到了确认，这个系统确实是爱因斯坦理论的新实验室。不过，好戏还在后面。

　　在观测这颗脉冲星的头几个月里，人们意识到，除了它处在双星系统里之外，这颗脉冲星本身也非常不寻常。既然观测到它脉动周期的奇怪变化来自于轨道运动造成的多普勒频移，那么研究人员就可以从数据中去除这种变化，从而只研究天体本身的真实脉动，就像它在太空中静止一样。它的真实脉动周期为 0.05903 秒。但即便假设它的确像其他脉冲星那样逐渐变慢，它的变化速率肯定也是难以置信地低。足足花了整整一年，人们才探测到它脉冲周期发生变化。当终于获得了足够好的数据，能够测量这样的变化之后，人们发现它的变化速率仅仅是每年四分之一纳秒。这比蟹状星云脉冲星的周期变化速率低 5 万倍。很明显，不管这颗自转的中子星受到的是什么摩擦力，这种摩擦一定都非常、非常小。这和它的射电信号极其微弱相吻合[1]，怪不得赫尔斯当初差点错过了它。这颗脉冲星如此稳定且恒久，它成了宇宙中最好的时钟！在随后的几年，又有许多快速旋转且非常稳定的脉冲星被探测到了；我们将在第九章再谈到它们。

这种惊人的稳定让观测者改变了他们测量的方式。他们不再测量脉冲周期（两个相邻脉冲之间的时间差）以及多普勒频移和各种相对论效应引入的周期变化，而是测量单独脉冲的到达时间。这颗脉冲星是如此稳定，以至于泰勒和他的同事一用望远镜就能记录到射电脉冲。即便他们中途打断很长时间，比方说回到母校，做那些教书之类的"凡尘俗事"，或者望远镜被用来进行其他观测，只要他们回到望远镜，就能立刻再获得脉冲的序列，一个脉冲都不会少。要搞懂为什么这给精度带来了极大提高，不妨考虑一个简单的例子。假设你一开始可以用 $\frac{1}{100}$ 秒精度来测量脉冲的到达时间。如果脉冲周期是 1 秒，这意味着你能把周期测到百分之一的精度。但是，如果你把脉冲 1 号的到达时间测至百分之一精度，再等待 50 秒，然后以同样的精度测量脉冲 51 号的到达时间，那么你实际上把整个间隔

---

[1] 因为中子星转动能量损失得很少，动能转化成辐射并发出来得很少，脉冲就微弱了。

内 50 次脉冲的总时间测到了百分之一的精度，也就是说每个脉冲测到了五千分之一的精度。你怎么知道你测的是脉冲 51，不是脉冲 39 或者 78？因为一旦你测第一个脉冲周期的精度达到百分之一，你就知道经过 50 秒以后，脉冲到达时间的误差累计不会超过一整个脉冲周期[1]，所以到达的脉冲编号不会是别的，只会是 51。

最终，这种时间测量技术让他们能够准确获取脉冲星和轨道的信息，精度让人瞠目结舌：真实脉冲周期为 0.059030003217813 秒；真实脉冲周期增加的速度为每年 0.272 纳秒；近星点进动的速率为每年 4.226585 度；轨道周期为 27906.9795865 秒。由于上述数字中脉冲周期的最后三位每年都在变化，当科学家引用测到的脉冲周期的时候，他们必须指出这个值具体在哪天是对的。在上面给出的数字中，这一天是 2003 年 12 月 11 号。

这种精确度，代表的不仅仅是一串令人赞叹的小数。它还带来了其他两点有关相对论的好处。其中第一个是应用相对论的另一个例子，或者说相对论成了天体物理学家的伙伴。除了正常的脉冲星轨道位置变化引起的脉冲到达时间变化，还有两种现象会影响它，二者本质上都和相对论有关。第一种现象是狭义相对论的时间延迟：由于脉冲星以高速围绕伴星运动，如果有观测者蠢到去坐在它的表面上（当然，他会被碾压至原子核级别的密度），他观测到的脉冲周期会比我们观测到的更短。换句话说，在我们看来，脉冲星钟表由于具有速度，会走得更慢。由于它的轨道速度在绕轨期间不断变化，从近星点处最大变到远星点最小，这种减缓的效应也会在变化，但是每过一圈就会重复一次。第二种相对论效应是引力红移，它是等效原理的结果，我们已经在第二章里见过了。脉冲星在它伴星的引

---

[1] 累积误差最多达到脉冲周期的 50%。

力场中运动，而我们这些观测者则离得非常遥远。因此，脉冲星的周期会被红移或者说拉长，正如太阳发射出谱线的周期（即频率的倒数）会被拉长一样。这种周期变长的速率也是在变化中的，因为脉冲星和伴星之间的距离从近星点到远星点一直在变化。而且它也应该每过一圈重复一次。

这两种现象综合的效应是，除了轨道位置造成的变化之外，观测到的脉冲到达时间还会周期性地升升降降。但是，尽管轨道运动造成的脉冲周期变化已经是第五位小数了，那些相对论效应造成的变化还要更小。它们改变的脉冲周期要从第八位小数开始数起。测量这么小的周期变化非常困难，因为这么高灵敏度的数据中，不可避免存在噪声与干扰。不过，在持续观测了 4 年、一直改进观测方法之后，这种效应被发现了。脉冲周期变化的最大值为 184 纳秒。同样地，就像近星点进动一样，这里的观测并没有检验任何理论。因为要预测这一效应，同样需要另一个未测到的量，也就是系统中两个天体的相对质量。近星点进动能告诉我们系统的总质量，但无法告诉我们每个天体的质量。如此一来，我们可以再做一把"应用相对论学家"，用测到的这个新效应的值来确定相对质量。结果是脉冲星为 1.438 太阳质量，伴星为 1.390 太阳质量，精度为 0.07％。在这里，理解并应用相对论效应，为首次精确测量中子星质量起到了重要作用。

这两个天体算出来的质量也很有意思，因为它们和天文学家所设想的脉冲星伴星一致。不管是光学、射电还是 X 射线波段，脉冲星伴星从来没有被直接观测到。我们必须用一些探测手段去猜测伴星是什么。它肯定不是像太阳这样的普通恒星，因为脉冲星轨道和伴星的距离只有一个太阳半径那么大。如果伴星和太阳差不多，脉冲星就得穿过伴星充满热气体的外层大气。这样的话，射电脉冲就得穿出这些气体，这会造成严重的干扰。因此，伴星必须小得多，但是质量还要是太阳的 1.4 倍。这种天体叫作"致密"天体，而天体物理学家知道它们只有三类：白矮星、中子星和黑洞。

目前人们倾向于伴星候选体是一颗中子星，这基于计算机模拟。这个系统早期可能从两颗大质量恒星的双星系统演变而来，随后发生一系列超新星爆炸事件，最终留下两颗中子星余烬。在这些计算机模型中，两颗星的质量几乎相同，和观测相一致。超新星前身星的核心质量大约是 1.4 倍太阳质量。在两颗恒星的外层被吹走之后，剩下的两个中子星也都大致是这个质量。这个质量被称为钱德拉塞卡极限，命名自天体物理学家苏布拉马尼扬·钱德拉塞卡。他在 1930 年算出，这个值是白矮星质量的上限（这一发现让"钱德拉"[1] 获得了 1983 年诺贝尔物理学奖中的一份）。由于超新星前身星的核心在许多方面都和白矮星很相似，此处这个质量突然出现并不意外。

根据这些模型，赫尔斯探测到的这颗脉冲星形成于第一次超新星爆发。它遗留下一颗拥有强大磁场的旋转中子星，但没怎么影响到伴星。但是，这样一颗脉冲星注定要转得越来越慢，造成它的磁场减弱，无法再发出可探测的脉冲束。这颗脉冲星正是遵循了这样的命运。与此同时，大质量的伴星也不可避免地演化向超新星爆发。但是一开始，它的气态大气会先膨胀，这在大质量恒星演化中经常发生。脉冲星掠过这种膨胀的大气，迅速增加到很高的转速，正如沙滩球在掠过水面时会转得更快一样。最终，它变成了一颗磁场很弱但转动很快的脉冲星，脉冲束也很弱，正像赫尔斯探测到的一样。

---

[1] 钱德拉塞卡的昵称。他与美国天体物理学家威廉·富勒（Willian Fowler）共享了 1983 年诺贝尔物理学奖。

伴星最终爆炸，留下第二颗脉冲星，它不会影响到第一颗脉冲星。这颗脉冲伴星最终也会转得越来越慢，射电束变得很弱，以至于探测不到。因此，最终这个系统就会变成一颗"循环"之后变成快速自转脉冲星的年老中子星（赫尔斯探测到的那颗），以及一颗年轻但是"死亡"的脉冲星（赫尔斯没探测到的那颗）。

但是，脉冲双星最大的回报还在后头呢。

广义相对论预言道，双星系统会发出引力辐射。我们在第七章中会花大篇幅讨论引力波的历史和本质。在此处，我们主要需要知道的是，在 1974 年，引力辐射是一个活跃的领域，相对论学家们做梦都想探测到这种现象。尽管马里兰大学的约瑟夫·韦伯早在 1968 年就宣称探测到了引力波，但其他人后来进行的实验都无法证实他的结果。人们总体的感觉是，引力波那时还没被发现。因此，当脉冲双星被发现的时候，这个相对论效应的新实验室仿佛是天赐一般。脉冲双星可以用来搜寻引力波。

但这并不那么简单。由于脉冲双星远在 29 000 光年之外，它发出的引力辐射在到达地球时已经非常微弱，频率也非常低（大约每天振动 6 次）。在今天和可见的未来，都不会有任何探测器能探测到这种辐射。另一方面，广义相对论预言，引力波携带着来自系统的能量，因此系统一定会损失能量。这种损失如何表现出来？最重要的方式是通过两个天体的轨道运动。因为，毕竟是轨道运动造成了引力波的辐射。轨道能量的损失会造成两个天体的速度增加，轨道间距降低。这看起来相互矛盾[1]，但你如果意识到轨道总能量包含两个部分，就能理解了：一部分是和天体运动相关的动能，另一部分是和它们之间引力相关的引力势能。所以，尽管两个天体速度增加

---

[1] 因为速度增加会导致动能增加，所以这里说和能量的损失"看起来相互矛盾"。

会造成它们的动能上升，但它们之间的距离减小会造成它们的势能减少，而且减少的是增加的两倍，所以总的效应还是能量减少。举例来说，类似的现象在地球卫星因为大气上层剩余气体摩擦而损失能量时也会发生；越往地面掉，它的速度就会越大，但是它的总能量是减小的，损失的能量通过热能释放出来。在脉冲双星的情形中，天体加速再加上二者距离的降低，会造成转完一圈轨道所需的时间缩短，即轨道周期减小。

有些办法能探测引力辐射，但有些不直接。许多相对论学家在1974 年秋天，也就是脉冲双星发现之后不久，指出了一种新的办法。正如我们将在第七章见到的，引力辐射效应是非常弱的，无一例外。27 000 秒的轨道周期因引力辐射而减小的理论速率仅仅是每年几十微秒。尽管探测引力辐射的可能性让人兴奋，但如此微小的效应还是令人气馁。有些人认为，要连续观测 10 到 15 年，才能探测到它。

让我们往后快进 4 年，快进到 1978 年 12 月：第九届得克萨斯相对论天体物理研讨会，这次在德国慕尼黑召开（慕尼黑位于巴伐利亚州，这个州有时被看作是德国版的得克萨斯[①]）。乔伊·泰勒被安排做一场关于脉冲双星的报告。有传言称他要宣布大新闻，只有几个圈内人知道是什么。克里夫[②]知道，因为他被安排在泰勒之后，要展示对泰勒结果的理论解释。那天晚些时候还安排了一场新闻发布会。在一场简明的、15 分钟的报告中（另一场更长、更多细节的演讲安排在第二天），泰勒报告了最重要的事实：他们仅仅花了四年时间进行数据采集和分析，就成功探测到了脉冲双星系统的轨道周

---

① 这两个地区都农业发达，民风淳朴，有浓重的地方口音和田园民族文化。

② 本书作者之一。

期缩短。在观测误差范围内，其缩短程度和广义相对论预言的一样。它漂亮地证实了该理论的一条重要预言，恰如其分地开启了 1979 年——爱因斯坦诞辰百年。

事实上，有了脉冲星时钟那不可思议的稳定性，再加上泰勒和他的团队已经研究出了一些优雅又高深的技术，可以用阿雷西博望远镜来采集和分析数据，测量的准确度已经大大提高，远远超前于原来设想的十年计划，早早地就探测到了这一效应。这些改进同时还能够让他们测量引力红移和时间延迟效应，从而分别测量脉冲星和伴星的质量。这是非常重要的，因为广义相对论预言的能量损失取决于它们的质量以及系统的其他已知参数。所以在用理论预测之前，必须知道它们的质量。两颗星的质量都是 1.4 倍太阳质量，广义相对论预言轨道周期的缩小速度为每年 75 微秒。最新的数据分析表明，观测数据和预测相符，精度优于 0.2%。因为发现了该系统，且证实了引力辐射，1993 年的诺贝尔物理学奖颁给了赫尔斯和泰勒。

这些结果引得全世界最大的射电望远镜都在集中寻找更多脉冲双星，已知脉冲星的数量发生井喷。目前已经发现了超过 2600 颗脉冲星。曾经那唯一的脉冲双星系统，如今已经加入了大约 290 颗双星系统脉冲星的大家庭。其中大多数双星对广义相对论来说都很没意思，因为它们相距很远，相对论效应要么不重要，要么探测不到。有几个脉冲星有自己的行星，但大概也不是很宜居。大约只有一百个双星系统的轨道周期短于一天，它们可能是相对论的潜在素材。一些脉冲星的伴星是白矮星，而另外一些和最初的赫尔斯-泰勒脉冲双星很像。然而，有两个系统鹤立鸡群。

第一个系统发现于 2003 年，由玛塔·布尔盖和合作者使用澳大利亚的 64 米口径帕克斯射电望远镜发现。这个系统充满了惊喜。脉冲星的轨道周期只有赫尔斯-泰勒双星的三分之一,所以两颗星更加紧凑,在相对论方面让人更感兴趣。测到的近星点进动非常显著,每年 17 度,表明总质量约为 2.6 倍太阳质量。这个系统发现了几个月之后,后随观测探测到了伴星的微弱脉冲!这是第一次(目前为止也是唯一一次)探测到双脉冲星[①]。实际上,这两颗脉冲星和赫尔斯-泰勒系统中的情况一样:脉冲星 A 明显是一颗年老的脉冲星,加速到了自转周期仅为 23 毫秒;而脉冲星 B 是一颗几乎死亡的年轻脉冲星,拥有 2.8 秒的更长自转周期,脉冲信号非常微弱。

由于两颗脉冲星的脉冲变化都可以追踪,它们的轨道就能比赫尔斯-泰勒系统测得更准。在观测中,除了近星点进动,还能直接确定两个天体的质量:主脉冲星为 1.338 倍太阳质量,伴脉冲星为 1.249 倍太阳质量。反过来,这又能表明轨道平面几乎完全侧对着视线方向。因此,主脉冲星发出的信号每过一圈就会从伴脉冲星旁边经过,从而导致传播过程中发生夏皮罗时间延迟。这种延迟被测到了,其数值完全和根据测量伴星质量给出的延迟一致。同样的效应在伴星的脉冲经过主星时大概也发生了,但是伴星的信号太微弱、太不整齐,没法用来测量如此微小的效应。主星脉动周期的时间延迟效应和引力红移也被测到了,和广义相对论的预言一致。轨道周期的减少也被测到了,也和理论预言的引力辐射能量损失造成的轨道周期减少一致。今日看来,这些测量的精确度甚至比测量赫尔斯-泰勒脉冲星还要高。

---

① 注意"脉冲双星"与"双脉冲星"两个概念不同。前者指两颗天体组成的系统中一颗为脉冲星,另一颗可能为中子星、白矮星,甚至普通恒星等,后者则特指两颗天体都为脉冲星的系统。

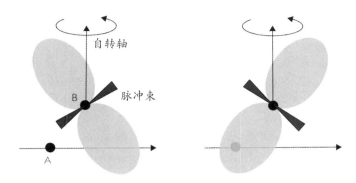

图 5.5　脉冲星 B 绕着自转轴旋转，周期 2.8 秒

它的磁轴（产生了脉冲束）和甜甜圈形状的磁层（灰色区域）都和自转轴方向不一致。左：脉冲星 A 从脉冲星 B 身后经过，但是朝向书页外方向发射的信号没有穿过磁层。右：脉冲星 B 自转半圈之后，磁层现在挡住了脉冲星 A 的信号，产生"掩食"。

　　还有一个惊喜。当脉冲星 B 经过视线方向时，主脉冲星 A 的射电脉冲会被它掩食掉一部分。在掩食期间，信号亮暗闪烁的时标大约是 3 秒钟，和脉冲星 B 的自转周期一样。这不是因为信号撞到了脉冲星的实体上，而是因为它穿过了伴星那充满电荷的"磁层"。这个区域充满了强磁场和带电粒子，包围着中子星的磁赤道，比中子星本身的直径要大很多。它的形状更像甜甜圈或贝果，只不过中心的洞里有一个中子星（图 5.5）。B 发出来的脉冲光束沿着磁极射出，方向垂直于甜甜圈的平面。它本质上和地球的磁层一样，只不过地球的磁层被太阳风强烈地扰动着。磁层中束缚着带电粒子的致密云团，它们会吸收并散射射电波，就像中子星本身一样高效。所以，在轨道运动过程中，当脉冲星 A 从脉冲星 B 身后穿过，它的信号是否被脉冲星 B 的磁层所吸收，取决于那时脉冲星的倾角。这个模型漂亮地解释了掩食的模式，除了一点：在这个系统转的许多圈中，掩食模式的具体形状随时间变化，这和模型预测的不一致。

广义相对论给出了解答。正如我们在第四章中见过的，当一个物体从另一个物体周围的弯曲时空中经过，它的自转会随时间缓慢地改变方向。这种效应叫作"测地线进动"，它是引力探测B实验证实的两个效应之一。如果脉冲星的转动方向随时间缓慢变化，那么如图5.5所示，随着时间变化，脉冲星A的信号穿过的磁层就有可能厚、有可能薄。将这个效应纳入模型中之后，得到的结果和掩食数据（包括那些长期变化）完全一致。而和数据吻合所需的自转测地线进动，也和广义相对论的预测一致。悲伤的是，广义相对论也"杀死"了双脉冲星。因为到了2008年，自转已经进动了太多，以至于脉冲星B的波束不再扫过地球了，这个系统变成了"单亲"脉冲双星。脉冲星B可能在2035年重新出现，它摇摆的自转将在那时让它的波束重新指向地球。

第二个特别的脉冲星，于2014年由斯科特·兰塞姆（Scott Ransom）和合作者使用西弗吉尼亚的绿岸射电望远镜发现。不过，这颗脉冲星不是在双星系统中，而是在三星系统中，两颗伴星都是白矮星。这种现象不像表面上那么罕见。尽管数字还不太确定，但银河系中多至五分之一的恒星都在三星系统中。我们最近的邻居金牛座阿尔法星和北极星实际上都处在三星系统中，其中两颗星离得很近，而第三颗星绕着它们旋转。这个新系统和这种情况很像，它也包括一对靠近的双星，以及第三颗离得远的星。脉冲星的自转周期是2.73毫秒，质量为1.44倍太阳质量。它每过1.6天，就绕着一颗相当于太阳质量五分之一的白矮星转一圈。这对双星外面围绕着一颗0.4倍太阳质量的白矮星，轨道周期为327天。两条轨道都接近完美的圆形，所在的平面也一样（图5.6）。

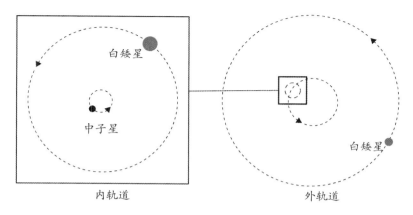

图 5.6　三星系统中的脉冲星

　　左：中子星轨道周期 1.6 天，和一个低质量白矮星互相绕转。右：这对双星系统处在和另一个白矮星 327 天周期的绕转轨道上。

　　这个系统的各个方面对检验广义相对论来说都很没用，和赫尔斯-泰勒双星以及双脉冲星差不多。星体运动得太慢，轨道相隔又太大，所以轨道上的相对论效应并不令人感兴趣。而且轨道也太圆了，连确定近星点的位置都很难，更不要说测量它的进动了。靠内的那个白矮星的质量太小了，没法让脉冲星信号产生测得到的红移。轨道相对于天空平面的倾角约为 40 度，所以射电信号哪个白矮星也接近不了，夏皮罗时间延迟可以忽略。最后，引力辐射也过于微弱，探测不到轨道周期的减小。

　　那么，这个发现对广义相对论来说有什么妙的？要回答这个问题，需要回到广义相对论最基础的思想——等效原理身上。在第二章里，我们讨论了爱因斯坦关于引力和加速度等效的远见，这最终将他引向了弯曲时空的构想。这个想法基于一个事实，那就是物体下落时的加速度是一样的，不管它们的内部结构或者组成材料怎样。这种思想通常被叫作"弱等效原理"，在古代就已经被发现了。在公元 400 年，约翰·费罗普勒斯就曾写道："……让两个重物从同样高度下落，其中一个比另一个重若干倍……下落的时间差也还是很小的。"远在伽利略之前，就有人阐述过这个原理，并在 16 世纪初被乔万尼·巴蒂斯塔·贝内戴蒂和西蒙·斯蒂文检验过。如果伽利略确实在 1589 年到 1592 年居留在比萨期间从比萨斜塔上扔过东西，他应该也只是给他的学生演示一个当时为人熟知的概念。甚至艾萨克·牛顿也用摆来检验过这种等效性。正如我们在第二章中提过的，厄特沃什完成了高精度检验弱等效原理的挑战。由于这个原理对爱因斯坦的理论基石来说非常关键，以越来越高的精度检验它的尝试一直持续到今天。目前最高水准的方式有两个。一个是由西雅图市华盛顿大学的埃里克·阿德尔伯格率领的小组进行的一系列实验，叫作"厄特–沃什"实验。它以十万亿分之几的精度证明了不同的材料以相同的加速度下落。另一个是太空实验，叫作"显微镜（MICROSCOPE）"，2016 年由法国航天局发射。它将误差降低到百万亿分之几。

从这些结果里可以得到一个有趣又重要的结论。回忆一下，原子核的质量是由单独的质子和中子构成的，但不完全是由它们构成的。质子和中子被强力结合到一起，束缚在原子核中。爱因斯坦已经告诉我们，根据狭义相对论，能量和质量只是同一种东西的不同表现形式。因此，原子核的质量里既有单独的质子和中子的质量，还有和结合能相关的"质量"。那么，既然不同元素单位质量的原子核内能不一样，而实验告诉我们不同原子核以相同的加速度下落，那么核力的能量一定也和核子一样，以相同的加速度"下落"。对于其中带电的质子和电子，也可以在电磁能身上得到同样的结论。所以，看起来不光是构成物质的各种基本粒子——比如说质子、中子、电子——会以相同的加速度下落；它们之间相互作用产生的各种形式的能量，如核力、电磁力和弱力相关的能量也会这样下落。

但是基本粒子的标准模型告诉我们，还有第四种相互作用：引力。和它相关的能量会怎样变化？引力能也会像物质或其他能量形式那样，以相同的加速度下落吗？我们刚刚讲过的实验并没有提供答案，因为在这些实验中使用的都是实验室级别的物体，内部的引力能都完全可以忽略。要得到足够的引力，你必须要很大的质量。所以，检验等效原理要涵盖引力能的话，必须要用到行星或者恒星这样的物体。

第一个仔细考虑这事的人是肯尼斯·诺德维特。他生于芝加哥，在麻省理工学院拿到本科学位，在斯坦福大学拿到博士学位，博士后期间回到波士顿，在哈佛大学和麻省理工学院做研究。不过到了1965年，他逐渐厌倦了这种生活方式以及大城市的勾心斗角，不管是在哪条海岸线上 ①。他下定决心要去美洲大陆的心脏地带。他收到了蒙大拿州立大学的副教授聘书，那座学校那时还很小，位于宁静而美丽的博兹曼市（Bozeman）。他欣然应允，慷慨西行，开始了他的学术生涯。

尽管他的博士论文是凝聚态物理，大约在1967年，他还是将他的注意力转向了引力。他好奇的是，像地球这样一个自身质量产生的引力很大的物体，是否会和一个铅球一样，在外部引力场中以相同加速度下落。为了解答这个问题，诺德维特发明了一种方法，在任意弯曲时空引力理论下——至少在这类理论的大多数中——都能有效地处理行星大小物体的运动。他得出来的方程可以一次性涵盖广义相对论、布兰斯-迪克理论（那时是爱因斯坦理论的最佳替代

① 斯坦福所在的旧金山湾区位于美国西海岸，哈佛和麻省理工所在的波士顿位于美国东海岸。两条海岸沿线是美国大城市密布的传统发达地区。

者)以及许多其他理论。为了得到其中某个理论,比方说广义相对论的预测,只需要将其中某些因子的数值固定即可。计算非常复杂,最终的描述大质量物体加速的公式中包含了非常非常多项。不过,当一切尘埃落定时,浮现出了两个瞩目的结果。

首先,只考虑广义相对论时,公式中能消去非常多的项。最终的结果是,大质量物体的加速度和小质量物体是完全一样的,不管它们内部有多少引力能。因此,在广义相对论中,自引力束缚物体[①]和实验室尺度的物体的加速度是一样的。广义相对论的这个漂亮的预言意味着,不管物体尺寸大小,它们的加速度都一样。这有时被称为强等效原理。之后的研究表明,这一等效原理对中子星甚至黑洞也适用。

诺德维特计算的结果还有另一个吸引人的地方。在许多其他引力理论,包括布兰斯和迪克的理论中,并没有发生完整的抵消,所以加速度中还遗留着一个小小的差异项。这一项依赖于物体受自身引力束缚有多强。因此,尽管这些理论下,实验室尺度的物体也会以同样的加速度下落,能够满足弱等效原理,但是一旦放到自引力束缚很强的物体上,下落情况就不一样了。换句话说,在这些理论中,引力能与其他形式的能量(比如核力的能量、电磁能,等等)和质量下落的速率稍有不同。因此,布兰斯–迪克这样的理论和弱等效原理兼容,但是和强等效原理不兼容。现在我们将这一现象称为诺德维特效应。

诺德维特随后提议在月球运动中寻找这种效应。想想地球和月球在太阳引力场中的加速(图5.7)。月球单位质量的引力能大约是

---

[①] 像地球、月球以及中子星这样的大尺度物体之所以成型,主要是靠自身的引力束缚。相比之下,铅球这样实验室尺度的物体主要靠分子间作用力维持形态。

地球的 $\frac{1}{25}$ ，所以，既然地球比月球受自引力的束缚更紧密，原则上来说它们下落 [①] 的加速度应该不一样。为表述方便起见，假设月球下落的加速度比地球大一点（是大是小取决于引力理论）。月球绕着地球转，但是它被吸向太阳的加速度要比地球的稍微大一点；因此，每在轨道上转一圈，月球就离太阳更近一点。一开始是近圆轨道的话，后来就会变成椭圆。每过一圈，椭圆就会被拉得朝太阳越扁。直到月球被灾难性地拉离地球的掌控，飞奔入太阳的怀抱。诺德维特效应是一场月球灾变吗？实际上不是，因为我们忘记了一个重要的事实：太阳是绕着地球转的（当然，要从地球参考系来看）。因此，虽然月球在转第一圈时轨道被拉向太阳，但在它转下一圈时，也就是 27 天之后，太阳已经在自己的轨道上运动了大约 27 度（太阳绕地球运动的速度为 365 天转 360 度 [②] ，也就是一天大约 1 度）。所以再下一圈时，拉长的方向就会指向新的方位，以此类推。因此，月球的轨道不会拉成某种灾难性的长度，诺德维特效应会让它维持固定的尺寸，只是长轴一直指向太阳。如果理论预测月球下落的加速度比地球稍微小一点，那么它的长轴就会指向和太阳相反的方向。如果像广义相对论那样，两个天体下落的加速度一样，就没有这种理论预测的轨道拉长了。

---

① 纯引力作用下的轨道运动可以看作是自由落体的一种形式，运动轨迹是曲线，因此称为"下落"。后文三星系统中亦如此。

② 此处讲的是太阳的周年视运动，即造成太阳在不同月份处于不同星座中的视觉效应，而不是一天中的东升西落。

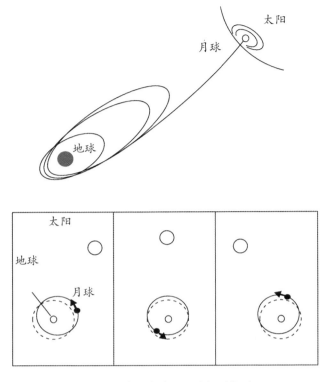

图 5.7　月球大灾难，还是轨道扰动？

　　如果月球比地球朝太阳掉落的加速度更快，它的轨道就会越来越被拉长，直到最后掉进太阳里。但是由于地球和太阳之间的倾角随着地球的公转而变化，这种拉长并不会累积起来，而只会导致指向太阳的轨道偏移（实线）。这广义相对论中，这种拉长根本就不存在（虚线）。

　　关键的问题是，这种效应有多大。诺德维特把各种数字代进去之后，发现布兰斯–迪克理论下的拉长值为 1.3 米，即约 4 英尺。在广义相对论中，这种效应当然是零。尽管这个效应看起来渺小得可笑，但其实它很快就能被很好地测到了。

　　1969 年 7 月 21 日，阿波罗 11 号宇航员尼尔·阿姆斯特朗（Neil Armstrong）在月球上踏出了他的第一步。他有一系列任务要完成，其中一项是从着陆器走出几百米，把一台设备放在月球表面，叫作

"反光器"。这是 LAGEOS 卫星上用的反光镜的早期版本。它是一个平面，上面嵌着立方角反射镜，能够把地球上射来的激光短脉冲反射回它来时的方向。测量脉冲来回的时间，就能测出地球和月球的距离。它的预期精度为 100 厘米量级，完全足够用来寻找诺德维特效应。在阿波罗 11 号放置反光器之后不到一个半周，加利福尼亚的里克天文台就成功地得到了反射的激光脉冲，把来回时间测到了相当于几米的精度。随后，又有四个反射器被安到了月球上。两台是美国设备，由阿波罗 14 号和 15 号安装；两台是法国制造的反射器，由苏联无人任务露娜 17 号和 21 号安装。到 1975 年，激光测距数据的分析表明，在 30 厘米的精度上完全没有诺德维特效应。这对诺德维特和其他认同广义相对论的人来说是个喜讯。正如诺德维特的口头禅："科学地来讲，零和别的数字一样重要。"

今天，全世界超过 40 个天文台都在进行月球激光测距，测距精度达到毫米级别。这催生了许多重要的科学成果，包括地月轨道、月球自转、地球板块漂移，甚至证明了牛顿引力常数随时间是不变的（在测量精度高至每年十万亿分之几的情况下都成立）。新近的分析仍然表明，没有证据支持诺德维特效应。结论可以这样总结：在十万亿分之几的准确度上，地球和月球朝太阳下落的加速度都一样。这和弱等效原理验证试验，比如厄特-沃什和"显微镜"的测量极限差不多。

三星系统中的脉冲星把检验诺德维特效应引进了极端引力下新世界的大门。这个系统是地球-月球-太阳系统的变体，靠内的中子星/白矮星双星相当于地球和月球，而另外一个白矮星相当于太阳。它们的质量比例不一样，在太阳系中太阳质量占主导，而三星系统中脉冲星质量占主导。但是问题是一样的：中子星和与它相伴的白矮星朝着更远的白矮星下落的加速度一样吗？

最关键的不同在于：地球和月球的引力束缚能仅占其总质量的百万分之一，而中子星的引力能占其总质量的 15%。换句话说，如果你有办法钻进中子星里，数数所有的中子、质子、电子以及你能找到的各种粒子，然后用数量乘以每个粒子的质量，再加起来，你得到的差不多是 1.6 倍太阳质量。但中子星真正的质量是 1.4 倍太阳质量。二者相差 0.2 倍太阳质量，这个质量乘上光速的平方，就是引力束缚能。这个能量是负的[①]。这种现象可以类比于另一个现象：氦原子核的质量比四个氢原子核（质子）相加要轻一点。所以，当太阳中的四个质子融合形成氦原子核，前后的质量差就会产生我们赖以为生的能量[②]（在这个例子中，束缚能来自强核力）。一个普通白矮星的束缚能是它质量的万分之几，比地球和月球的大很多，但比中子星的还是小多了。

三星系统中的脉冲星被发现后不久，研究团队就开始寻找诺德维特效应。如果，比方说中子星下落的加速度比它的伴星更快，那么它的轨道就会更靠近远的那颗白矮星一点，而靠内的白矮星的轨道则会更靠近相反的方向。而且，这种错位还会随时间旋转，一直跟着遥远白矮星走（图 5.7）。2018 年 7 月，负责数据分析的安妮·阿奇博尔德（Anne Archibald）[③]宣布，他们在脉冲信号中没有发

[①] 原注：如果你不适应负能量，就把它想象成某种记账吧。比方说你有一笔钱，但是同时你还欠着别人东西（例如一笔汽车贷款），那么欠债就可以记成负数，意味着你的总资产会降低。但是如果你赚了钱（例如拼命加班之后）并还上了贷款，清算了账目，那你就自由地拥有那辆车了。同样地，如果你把能量注入中子星，这股能量足够"偿还"负的束缚能，你就可以解开对质子和中子的束缚。对所有的束缚系统，不管是原子核还是中子星，物理学家都把束缚能设定为负的，因为它可以简化质量－能量的记账方式。

[②] 这个过程即氢核聚变，产生阳光。

[③] 加拿大天文学家，科学程序包 SciPy 的开发者之一，现在在英国纽卡斯尔大学任职。

现脉冲星的轨道错位。数据表明，中子星和白矮星以大约百万分之三的精度以同样的加速度下落，完全和广义相对论吻合。

由于中子星强大的自引力有可能造成不一样的效应（在很多候选理论中是如此），这一观测成了强场情况下对广义相对论一次漂亮的检验。我们甚至还有可能在更极端的情况下检验广义相对论，但是要达到那样的目的，我们必须在下一章里先聊聊黑洞。

第六章

# 如何用黑洞检验广义相对论

黑洞也许是爱因斯坦的广义相对论里最诡异、独特而迷人的预言。这种天体完全由弯曲的时空构成。无论是光线还是漫威的超级英雄，只要穿过那著名的"事件视界"，都会被它虏获。它已经和大众的想象牢牢绑定在了一起，没有任何物理概念能赶得上它。随便在大街上找一个人，让他说出四种基本作用力，或者构成原子的基本粒子，你大概率只能看他干瞪眼。但是如果让他说说黑洞，你很有可能收获一连串关于黑洞基本性质的结论。你基本上肯定能听到史蒂芬·霍金的名字，他随时随地都和黑洞这个概念绑在一起。你还可能会听到一系列电影的名字，里面出现过黑洞的身影。

但更奇怪的是，我们确凿地认定黑洞存在，就好像我们知道的其他科学事实一样确切。在第七章和第八章，我们将会了解到令人赞叹的黑洞并合证据，那是从它们发射的引力波中得到的。但是在那些探测之前很久，天文学家就已经依据从伽马射线到射电波的各种光线获得了黑洞存在的证据。它们已经非常确凿，黑洞就在那儿，几乎没什么可怀疑的了。在这一章里，我们的目标是描述黑洞和支持黑洞的证据（除了引力波）。更重要的是，我们将会为你解释，人们是如何使用黑洞对广义相对论进行了不起的新检验的。

我们已经在第三章中见过，约翰·米歇尔和皮埃尔·西蒙·拉普拉斯在18世纪末猜测有这样一种物体，它非常致密，以至于能阻止光从它的表面逃逸至远处。尽管说他们"预言"了黑洞似乎没错，但实际上，他们使用的物理——牛顿引力以及光的微粒学说——到头来并不是正确的。我们现在知道，引力受广义相对论管辖（至少目前的证据都支持这点），而光线受麦克斯韦的方程组管辖。即便你用量子力学里的光子概念去描述它，也是如此。无论如何，了解一下这些伟大的启蒙运动思想家如何运用他们的想象力、使用他们那个时代广为接受的物理理论得出来一些想法，还是很有趣味的。

现代的、相对论版本的黑洞，始于第一次世界大战的战场上。有一位科学家士兵，名叫卡尔·史瓦西柴尔德[1]。他于 1873 年 10 月 9 号生于德国的法兰克福市，是一个银行家的儿子。他的家族能一直追溯到中世纪的法兰克福，那时犹太人被隔离在犹太区[2]中，不过也受国王，即德语里的"凯撒"保护。史瓦西家族甚至在那时就挺富裕的。他们家族的姓氏显然来自那个时期的一项传统，那就是用房前装嵌的铭牌（德语里叫"柴尔德"）来标记家族。在卡尔老祖宗的时候，他家的铭牌是黑色的（"史瓦西"），所以就有了这个姓。他们在犹太区有个邻居的铭牌是红色的（"罗斯"），那个家族的子孙日后将成为著名的罗斯柴尔德财团家族。1811 年，法兰克福的犹太区被废除了，犹太人也被赋予了一些公民权利。

史瓦西在很小的时候就展露出对科学的兴趣。23 岁时，他已经获得了路德维希-马克西米利安-慕尼黑大学的博士学位。他事业发展得很迅猛，先后在维也纳和哥廷根工作，在 1909 年走上了人生巅峰，当上了波茨坦天文台的台长。他在广泛的课题领域都做出了重大贡献，包括太阳物理、恒星运动统计学、天文镜片光学、彗星与小行星轨道的确定、恒星光谱分类……他甚至去过阿尔及尔[3]，研究 1905 年的日食。当然，那时光线偏折还不重要；在那个时代，日食主要用来研究日冕，以及寻找太阳与水星之间假想的行星伏尔甘。

1914 年 8 月，第一次世界大战爆发了。那时他 41 岁，过了征

---

[1] 标准译名为"史瓦西"，按历史惯例省略词尾的"柴尔德"音译。此处为与下文连接，故将全部音节译出。后文仍按照标准译名翻译。

[2] 当时社会规定的犹太人生活区。

[3] 阿尔及利亚首都，位于北非。

召入伍的年纪，不需要参军。但是，就像当时德国的很多犹太人一样，他志愿报名参军，想要向国家展现犹太群体的忠诚（同样这样去服役的犹太科学家还有弗里茨·哈伯、詹姆斯·弗兰克和古斯塔夫·赫兹）。他从没上过战场。由于他有技术背景，他先是被派去比利时的那慕尔省（Namur）负责一个气象站，然后在法国担任炮兵部队的工作，最后上了东部前线。1915年，他甚至写了篇论文，论述炮弹发射轨道中空气阻力的影响。不过这篇文章因为国防考虑而被拦下了。

但是1915年末在俄国前线，他得上了一种罕见又痛苦的自身免疫皮肤病，叫作"天疱疮"。即便在今天，这种病也很难治疗。在接受治疗的时候，他收到了爱因斯坦几周前呈给普鲁士科学院的论文副本，里面描述了他新提出的广义相对论。史瓦西意识到，这一理论在数学上非常繁难。他开始尝试能不能通过一些简化的假设，找到爱因斯坦广义相对论方程的某个解。

第一次求解中，他假设所求的解是静态的，不随时间变化。他还假设解是球对称的，不管绕着中心点怎么旋转，在空间上都不发生变化。他设想这种解可以用于一个完美的球体，比如一颗静止的恒星，离其他的干扰源都很远。在求解中他还假设所求物体非常小，其自身尺寸和内部结构都可以忽略。他将其称为"质量点"，即质点，也就是全部质量集中于一点的物体。这种假设在物理中很常见，因为这样一来，你就不需要考虑物体内部结构各种混乱的细节，也能得知物体外部的解是什么样子的。令他意外的是，史瓦西算出了爱因斯坦复杂方程的一个简洁的精确解。

第二次求解中，他假设物体的体积有限，但它内部的密度（每单位体积的质量）处处都是均匀的。这个假设不太现实，因为我们知道地球和太阳这样的天体受自引力束缚，核心比表层要更致密。不过同样地，这样的假设也让人不需要考虑太多棘手的细节，比如这个物体是固态、液态还是气态（还是混合态），抑或它是冷是热。再一次，他找到了爱因斯坦方程的精确解。

他把他的解写在两页纸上，寄给了爱因斯坦。1916 年 1 月 13 号，爱因斯坦和普鲁士科学院交流了那篇关于质点的论文，2 月 24 号又交流了关于有限大小物体的论文。爱因斯坦很惊讶，史瓦西居然想办法得出了这些精确解。他自称看到第二篇论文的时候非常开心。至于第一篇质点的论文，就没那么开心了。

那篇质点的论文里有样东西，让爱因斯坦烦恼不已。史瓦西的解给出的公式描述了弯曲时空的几何构造，它是随着到物体中心的距离而变化的函数。离物体非常远时，可能和你预期的一样，物体的引力变得可以忽略，时空的几何构造变成了普通的平直空间和时间。随着你靠近这个物体，时空的几何形状越来越弯曲；正如我们预期的，引力也变得越来越强了。但是在质点解中，当到中心点的距离为质点质量的两倍时（再乘上万有引力常数、除以光速的平方[1]），一切简直是疯了。一个方程会变成无穷大（分母变成零），另一个方程会变成零。这种现象被物理学家称为"奇点"，此后进一步被称为"史瓦西奇点"。它并不是某种实体形成的表面，你不会撞到上面，也不会被它反弹。它是我们在数学上定义的一种假象的表面或者边界，原因是在这个表面上会产生奇怪的数学结果。问题是，这是什么？

爱因斯坦认为这种奇点是无法接受的（我们将在第七章中读到，他认为自己在 1938 年已经证明了引力波不存在，因为那个解中明显

---

[1] 这样计算得到的才是距离单位，即在自然单位制下 2 倍质点质量所对应的长度。

存在奇点），而且现实中不会存在质点这种东西。另一方面，史瓦西第二个关于延展物体的解则完全可以接受。当一个人接近一个物体的时候，时空的几何结构变得更弯曲（实际上，对于相同的质量来说，这种情况下物体外部的解和质点的情况完全一样）。但是一旦进入这个物体的内部，解的形式就改变了，一直到中心点都保持有限。爱因斯坦和其他人认为，一定存在某种物理定律，可以防止特定质量的物体变得太小，以至于缩进这种特殊的"史瓦西半径"之内。量级上的感觉是这样的：对于地球质量大小的物体来说，史瓦西半径约为 1 厘米，只不过婴儿手指尖大小。对于太阳质量大小的物体来说，大约是 3 千米。对于我们今日所谓 5000 万倍太阳质量的黑洞来说，其半径是地球绕太阳公转轨道的半径大小。这样一个物体必须要被压缩成一个不可思议的小尺寸，密度变得极其大，才能塞进史瓦西半径里。对于爱因斯坦和他同时代的人来说，世界似乎很安全，不会产生糟糕的史瓦西奇点。

不幸的是，史瓦西遭受天疱疹折磨，无力回天；他死于 1916 年 5 月 16 号。尽管他是德国人，英国的《天文台》还是在 8 月份为他发表了一篇讣告，因为他作为天文学家很有名气。讣告描述了他在天文学和天体物理中做出的诸多贡献，但没提到他对爱因斯坦广义相对论方程的解。爱因斯坦的理论在那时还是太新、太鲜为人知了。

接下来的 40 年中，黑洞研究的情况基本上一直都是这样。关于史瓦西解的论文这一点儿那一点儿地发表了几篇，不过基本上都被忽略了。讽刺的是，伟大的荷兰物理学家亨德里克·洛伦兹手下的一个年轻学生，名叫约翰尼斯·德罗斯特，在 1916 年春天完全独立地发现了质点解。但是他的论文用荷兰语发表在相对来说默默无闻的期刊《荷兰皇家科学院进展》直到很多年后才被"发掘"出来。

在 20 世纪 20 年代和 30 年代，包括爱丁顿和霍华德·P. 罗伯森①在内的几个科学家试图弄明白史瓦西奇点处究竟发生了什么。这个地方真的会发生奇怪的物理现象吗？还是它只是史瓦西用的坐标系构成的假象，就像地球经纬度坐标系也会造成所有经线汇聚于南北极点，因而也产生奇点一样？现在看来，其中一些论文的观点非常重要，但是很少有人注意到它们。

1939 年，美国理论物理学家 J. 罗伯特·奥本海默和他的学生哈特兰·斯奈德发表了一篇漂亮的论文，题目叫"论持续引力收缩"。在论文中他们表明，如果一颗耗尽了热核能源的恒星质量足够大，它就无法支撑自己抵御自身引力向内挤压的力量，因此会发生收缩。他们用爱因斯坦的方程算出恒星缩小的半径会接近史瓦西半径，而且还会继续收缩。如果一个观测者在恒星内缩时坐在恒星表面上，他在收缩期间不会看到任何"奇点"或者奇怪的现象。而遥远距离上的观测者则会看到恒星表面发出的光变得越来越红（引力红移效应）、越来越暗，直到很长时间之后，恒星的光暗得无法探测。在实际测量上，它会变"黑"，而最终产物则由史瓦西质点解来描述。80 年后的现在，这篇论文读起来仍像是一篇关于黑洞物理的现代论文，其中许多关于这类物体性质的洞见我们才刚刚开始理解。但是在那时，它几乎没造成什么影响。奥本海默没再做什么跟进工作，没过三年他就投入到曼哈顿计划②中，领导原子弹研究去了。

我们必须记住，这个时期广义相对论被认为是死水一潭。这个

① 美国数学家和物理学家，加州理工学院和普林斯顿大学的数学物理学教授，对物理宇宙学和不确定性原理做出了贡献。
② 第二次世界大战期间研发出人类首枚核武器的一项军事计划，由美国主导，英国和加拿大协助进行。1942 年至 1945 年间，设计制造原子弹的实验室由奥本海默负责。

领域几乎没什么研究者。著名的广义相对论理论学家皮特·伯格曼在 20 世纪 30 年代末做过爱因斯坦的助手。他曾开玩笑，倘若他需要了解广义相对论领域正在发生的一切，只需要给他 5 个最好的朋友打电话就行了。那时的物理学家更关注量子力学、原子与核物理、场论和基本粒子；在第二次世界大战之后，又去关注战时产生的新技术的发展，比如雷达、核能、晶体管、半导体、微波激射器和激光器。

1956 年，普林斯顿大学等离子体物理实验室的数学物理学家马丁·克鲁斯卡意识到，他可以找到一个新的坐标系，在这个坐标系下，史瓦西的"奇点"将会消失。他向同事约翰·惠勒描述了他的发现，后者刚刚开始对广义相对论感兴趣。惠勒觉得这个发现不错，不过没怎么上心。但是在 1959 年，他猛然意识到这一发现的重要性。他写了一篇论文，作者填的是克鲁斯卡，将其提交给了《物理学综述》。不知为什么，他没告诉克鲁斯卡自己要干什么。几个月之后，克鲁斯卡正在德国休假，突然收到了自己没写过的论文的小样。不过他发现论文里的图片是典型的老朋友惠勒风格，所以他邀请惠勒也当合作者。惠勒拒绝了，而克鲁斯卡的论文则成为理解黑洞新本质的基石之一。

与此同时，澳大利亚阿德莱德大学的匈牙利数学家乔治·塞凯赖什和新泽西州史蒂文森理工学院的美国物理学家大卫·芬克尔斯坦也在研究类似的办法，来解决史瓦西奇点问题。

这些研究者最终发现，在史瓦西半径处并没有什么"奇点"或者无穷大。不管是一束光、一个原子还是一个研究生，都可以一头扎向中心物体，穿过史瓦西半径，不会经历任何无穷大的情况。诚然，一旦接近中心物体，被它拉伸的挤压是免不了的。不过这和潮汐效应并没有什么不同。举例来说，月球朝自己的方向拉长地球，而在垂直于此的方向上挤压地球。这种力非常大，能把可怜的研究生挤压并拉长成一根又细又长的面条。不过无论如何，在研究生穿过"神奇半径"时，这种力还是有限大的。

事实上，这种史瓦西半径的真正特殊性在另一方面，而这方面非常让人吃惊。这个特别的半径定义的球面实际上是两个王国的交界。球面以外，是外部的普通宇宙：人们可以自由穿梭，速度受光速限制，还可以用光信号彼此沟通。你甚至可以安全地绕这个中心物体做轨道运动。

然而，一旦你穿进了史瓦西半径，你的命运就完全不同了。逃逸是不可能的。即便你点燃想象中最强大的火箭，只要它仍受物理学基本定律束缚，就逃不出去。你被无情地赶向物体最中央的一点，在那里被挤成体积为零、密度无穷大。绝望中你向外发出光信号求救，而且也确实看到了信号相对于你以光速远离。然而，你不知道的是，信号其实仍然随着你向内坠落，不久后就会再和你相聚。任何穿过那致命的球面的东西，都面临着碾成粉末的结局。

这似乎有点自相矛盾：向外发射一个光信号，而它实际上是随着你向内运动的。可以用一个类比来解释这个现象的原理，那就是想象一个人以恒定速度在水里游泳，既不快也不慢。游泳的人在尼亚加拉河里，下游就是著名的大瀑布（图 6.1）。她依然的速度比水流速度快，所以她可以自由选择是游向河的上游、下游还是横渡河流。在另一个随着水流踩水的人看来，她游泳的速度一直都是不变的。但是一旦她坠下了瀑布，事情就不一样了。她仍然拼命往上游，相对于另一个随水流而坠下的人来说，她也确实仍然以恒定速度向上运动。然而，两个人其实都在随着水流往下落，最终都会撞到下面的石头上。正如本书中所有的类比一样，这个类比也不完美，但是它能让我们大体感受到，为什么光线永远也不能逃离这样一个史瓦西物体。不过，与约翰·米契尔想象的不一样，不管是谁测量光线的速度，光速永远不会静止。

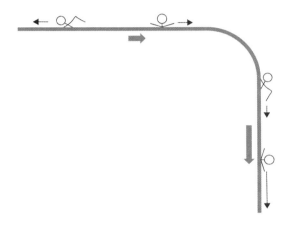

图 6.1　事件视界的大瀑布

瀑布之上，一个人随水流漂浮着，而一个游泳者以恒定的速度远离他游去，慢慢地游向上游。在瀑布之下，随水飘流的人依然随波逐流，而游泳者依然远离他向上游。但是在瀑布下，两个人都在往下掉，游泳者永远也游不到上面。

由于史瓦西半径是能否和外界通信的边界，它又被称为"事件视界 ①"。正如太阳落到地平线以下之后，阳光就敛藏了；任何发生在史瓦西半径内部的事件，都传送不出一点消息。

20 世纪 60 年代中晚期时，许多广义相对论学家因为这类结果而开始相信史瓦西质点解需要严肃对待。约翰·惠勒是其中的一位，实际上"黑洞"这个词的发明也通常归功于他。他一直在反复思考一个合适的词来形容这类物体。1967 年，他在纽约市的戈达德空间

———————
① "视界"的英文"horizon"同时有"地平线"的意思，所以才有下句太阳的比喻。

研究中心做报告，期间说出了自己在琢磨的事。席间有人喊道，"黑洞"。惠勒马上采纳了它，随后推广了这个名字。

但是，对于大多数物理学家以及几乎全部天文学家来说，黑洞只是爱因斯坦理论里的一件怪谈，它又能如何呢？不过，这种态度随着类星体的发现逐渐改变了。

1960 年秋，加州理工学院的天文学家托马斯·马修斯和阿兰·桑德奇准备用位于加利福尼亚州的帕洛马天文台（Mount Palomar）200 英寸（1 英寸 =2.54 厘米）望远镜观测一个射电源，标号 3C48（第三"剑桥"射电源星表[①]的第四十八个）。他们想知道这个源可能会发出什么样的可见光，所以在 1960 年 9 月 26 号，他们用照相底板拍了 3C48 那一片天区。那时的常识表明，他们应该会在射电源位置的周围发现许多星系组成的集群，但是他们看到的并不是这样。实际上，看到照相底板的任何人都会说，这是一颗恒星。然而，尽管它和当时看到的其他恒星很像，这年 10 月、11 月以及整个 1961 年周期进行的观测都表明，它的光谱颜色非常不同寻常。它的亮度（或者叫"光度"[②]）变化又大又快，有时仅在 15 分钟内就会发生变化。它是天体家庭中的新成员，需要一个特殊的名字。一方面，这是一个强大的射电源，但是长得却像"星体"；另一方面，由于光谱（普通恒星的射电辐射并不强）和它的可变性，它又不是真正的恒星，只是"类似"而已。所以不久后，人们就称其为类恒星的射电源，即"类星体"。

类星体的发现让天文学家开始注意到广义相对论。因为其中存

---

① "第三"加"剑桥"的首字母构成了"3C"。

② 光度为天文学中衡量天体实际发光功率的物理量，亮度为天体发光到达地球观测者眼中的情况。二者本不相同，下文按情况使用其中较严谨的一个，不再按照原文混举。

在着（字面意思上）宇宙级的能源危机。3C48 发现几年后，人们又发现，它们这些类星体是宇宙中最遥远的一些天体。天文学家们一开始觉得异常的光谱实际上就是普通的光谱，只是所有特征都均匀地移向了频谱的红端。这意味着类星体一定高速远离我们。对 3C48 来说，达到了光速的 30%。波长移动向红端是宇宙膨胀的结果。举例来说，3C48 的退行速度对应着大约 60 亿光年的距离。类星体既然这么遥远，它们应该非常暗淡才是。然而，它们在可见光和射电波段都是亮源。因此，其真正的光度一定非常惊人。天文学家算出来 3C48 的光度比我们的银河系高 100 倍。

能源危机出现了：是什么产生了如何巨大的能量？在宇宙尺度上，最强的力就是引力。所以，超级强的引力场或许能提供答案。而且，这种能量的来源必须是非常紧凑的。因为这个源在（比方说）一小时之内就能整个地改变亮度，所以它不可能比光在一小时内跑过的距离还要大，否则，这个能量源的一侧就不能及时地感受到另一侧的情况，整个天体也就无法统一行动了。

因此，类星体能量的来源需要有强引力场，可能有高度集中的质量，可能比太阳质量大几百万倍，又要处于光一小时跑过的距离以内，也就是和木星的轨道直径差不多。这意味着物质处于一种新的坍缩态，只能由广义相对论来描述。

但是相对论学者和天文学家基本上互不认识，研究的问题也完全不同。他们在大学里处于不同的学院，采用的科学语言也不一样。为了改变这种情况，1963 年 6 月，得克萨斯州的一小群相对论研究者邀请全世界的天文学家和广义相对论学者参加一个会议，提议成立一个新的学科，叫作"相对论天体物理"。1963 年 12 月 12 日，第一届得克萨斯相对论天体物理论坛举办于达拉斯。气氛中既有激动，又有哀伤。激动是因为把这些人凑在一起，有可能解决重大的问题；哀伤是因为仅仅在三个半周之前，约翰·肯尼迪总统在这个城市遇刺了。实际上，得克萨斯州长约翰·康纳利的胳膊也中了刺客一枪，他吊着绷带来为会议开幕，欢迎来宾。参加者有 300 人，其中大概 230 个是天文学家或天体物理学家，60 个是相对论研究者。后者的人数几乎相当于那时世界上所有广义相对论学家。唯一缺少的是东欧和苏联的相对论学者，因为那时冷战正酣。

类星体问题占据了主场。解决能源危机的主流模型中包含一个坍缩成史瓦西"奇点"的大质量物体。但是，是什么东西坍缩成了这样？加州理工学院的威廉姆·富勒和剑桥大学的弗莱德·霍伊尔提出，坍缩之前的天体是一颗超大质量的恒星，可能比太阳质量大几百万倍。康奈尔大学的天文学家托马斯·戈尔德认为是很大、很密集的星团坍缩成的。约翰·惠勒和他的博士后以及研究生报告了关于致密天体坍缩的研究论文，比如中子星。现在来看有趣的是，他们讨论的所有模型都是关于坍缩模型的，而最终的史瓦西奇点（那时仍然叫这个名字）却完全不重要。1963 年时，黑洞这个概念本身还没被理解。距离超大质量黑洞被证认为类星体能源的"核心引擎"，还有几十年的时间。

会议上只有很少几篇纯粹关于广义相对论和其推论的论文。有一篇是由惠勒的博士生基普·索恩报告的，这篇论文有关被引力束缚的超环面（即甜甜圈形状的）纯电磁场，外人很难懂。另外一篇是数学论文，由新西兰的物理学家罗伊·P. 克尔汇报，他那时在得克萨斯州大学奥斯汀分校工作。他一直在用各种复杂的数学方法，根据对称原理去寻找爱因斯坦方程的新解。他表达解时用了一套基本没人知道的数学变量系统。在座的天文学家还不知道怎么理解相对论术语，所以他做报告的时候，他们肯定觉得他像个外星人似的。

不过，在他报告后的问答环节，希腊相对论学家阿基里斯·帕帕佩图告诫听众要注意这个年轻人的解。因为他有种感觉，它有朝一日将会很重要。

的确，没过多久，克尔的解就被证实为旋转黑洞的解，从而成为所有现代黑洞物理的基石。史瓦西的解只能用于不自转黑洞的特殊情况，但是既然宇宙中的各种东西——行星、恒星、星系——都在自转，克尔解在实际物理中更实用。

把天文学家和广义相对论学家聚到一起研究这类问题，确实很令人激动，不过也有让人忍俊不禁的一面。第一届得克萨斯州研讨会的几个参加者说，有个广义相对论学家打断了一个天文学家的报告，问他"星等"是什么意思（星等是天文学家描述恒星亮度的方式，是每个大学新生天文课上都会教的基础概念）；也有天文学家问广义相对论学家，什么是"黎曼张量"（黎曼张量是描述时空曲率的方式，对于广义相对论学家来说是同等基础的概念）。也有人怀疑这种把两个领域的人聚到一起的方式能不能行。麻省理工学院的天体物理学家菲利普·莫里森声明，他"很有兴趣但未被说服"史瓦西半径的坍缩会产生新的物理，而皮特·伯格曼承认自己"不是很乐观"，他觉得两个领域的玩耍约会不会再有了。

但是汤米[①]·戈尔德在晚宴演说时笑到了最后，他宣告：

"是天才的（弗莱德）霍伊尔提出了这个特别吸引人的主意……做着复杂研究的相对论学家，不只是文化上漂亮的点缀，还有可能真的对科学有点用！每个人都高兴了：相对论学家觉得自己受欣赏了，天体物理学家吞并了另一个领域——广义相对论，自己帝国的疆域扩张了。既然皆大欢喜，那么我们就一起期盼这样做是对的吧。

---

[①] 托马斯的昵称。

如果我们不得不再次解雇所有相对论学家，那将多么不光彩！"

　　然而，很快，这个新颖的跨学科领域从业人员就学会了怎么互相沟通，所以在之后的论坛中（第 29 届于 2017 年在南非的开普敦举办①），不难找到这样的相对论天体物理学家：他们既了解纷繁复杂的弯曲时空，又熟悉恒星的结构和演化，还清楚 X 射线望远镜的能力和局限。

　　从 1963 年到 1974 年，大量理论学家经过一段时间的紧张研究，发现了黑洞许多关键的物理和数学性质。人们发现，对于视界之外的观测者来说，黑洞本身唯一可探测的特征是它的引力场。无论是在黑洞形成时期进入视界的东西，还是在后续进入视界的东西，其全部信息都已经丢失了。当然，残留在视界之外的物质或者辐射仍然是可以探测到的。离黑洞很远时，黑洞的这种引力场和任何同样质量、角动量的物体产生的引力场（譬如说恒星）别无二致。然而，一旦观测者靠近了视界，事情就变得不一样起来，光线的偏折变得非常巨大，偏折角度可以是一个很大的值，而不仅仅是几个角秒。对于非自转黑洞来说，光线甚至可以绕着黑洞视界，在 1.5 倍史瓦西半径处的圆轨道上运动。在克尔解的情况下，自转黑洞像自转地球一样，会产生惯性系拖拽效应。这些效应被引力探测 B 和 LAGEOS 的测量证实了（第四章）。但是，如果观测者离视界足够近，又靠近赤道，时空拖拽就会变得非常强，观测者会被黑洞的自转拽着转圈，不管他把火箭轰得多狠，都逃不出那天体的漩涡。

　　不过，与其老是想着黑洞各种奇怪的性质，不如去看看观测上寻找黑洞的尝试。特别是那些能检验广义相对论的例子，或许更为可行。

　　尽管发现类星体刺激了人们对天体物理中广义相对论的兴趣，

--------

① 2022 年，第 31 届会议在捷克首都布拉格举行。

但是还需要几十年，类星体现象中的核心黑洞才会被重视。真正黑洞的首个严肃候选体反而来自 X 射线天文学这个新领域，那是 1971 年。

太阳以外的首批天文 X 射线源发现于 1962 年，包括一个叫作"天鹅座 X-1"的源。这个代号的意思是，它是天鹅座里发现的第一个 X 射线源。截至 1967 年，这样的源发现了大概 30 个，全都是用飞出地球大气吸收层的探测火箭或者气球探测到的。然而，随着乌呼鲁（Uhuru）轨道 X 射线卫星于 1970 年 12 月发射，X 射线天文学一跃成为天文学的主流。卫星的名字"乌呼鲁"在斯瓦希里语[①] 里是"自由"的意思，因为它是在肯尼亚独立日那天，从他们国家的一处设施中发射的（NASA 的官方名字很无聊，叫作"X 射线探索卫星 SAS-A"）。在 30 年的生涯中，它记录了超过 300 个 X 射线源。后续的轨道 X 射线卫星发现了更多源，包括普通的恒星、白矮星、中子星、星系和类星体，以及从各个方向朝我们接近的弥散 X 射线背景。

乌呼鲁检查了天鹅座 X-1 发出的 X 射线，得到了两条关键的信息，最终得到了黑洞存在的结论。第一条信息是，X 射线以不规则的方式变化着，时标仅有三分之一秒那么短。这意味着发出 X 射线的区域只有三分之一光秒[②] 的尺度，或者说大小约 10 万千米。反过来，这个大小意味着发射 X 射线的区域中心必然是一个非常致密的源，比如说白矮星、中子星或者黑洞。因为如果是像我们的太阳这样的普通恒星，所需要的半径要大 10 倍才行。第二条关键信息是，乌呼鲁给出了这个源在天空中的准确位置。同一个位置上有一颗恒星，编号 HDE 226868。检查这颗恒星的光谱后发现，它在绕着一颗

---

① 肯尼亚官方语言。

② 1 光秒即光在真空中 1 秒钟经过的距离，约合 30 万千米。

伴星旋转。这是通过观测它谱线的多普勒频移得到的，就像观测脉冲周期得知双脉冲星的轨道（见第五章），抑或通过母星的光谱多普勒频移寻找系外行星一样。这颗伴星一定是个 X 射线源。

你可能会奇怪，为什么黑洞能正好找到一颗恒星，从而跳起这支双人舞。毕竟，宇宙是非常大、非常空旷的。个中缘由要从黑洞成为黑洞之前说起。那时它还是一颗恒星，绕着一颗伴星旋转。尽管我们的太阳是太阳系中的唯一一颗恒星，但在我们的银河系中，差不多有一半的恒星都是双星，就像地球绕着太阳转那样绕着彼此转。在很长时间后，其中的一颗恒星会耗尽热核反应所需的燃料。如果它足够重，它会发生坍缩，同时通过超新星爆发炸掉自己的外壳。如果最初的恒星相对来说质量较低，爆炸和坍缩一般会形成一颗中子星。这就是我们在第五章中讨论过的双星系统中脉冲星的形成过程。但是，如果一开始的恒星质量更大，它的坍缩就不会在中子星阶段就停止。它会一直坍缩，直到缩成一颗黑洞。随后这个双星系统中剩下的就是一颗黑洞和一颗恒星了。接下来，如果伴星本身也够重，它最终可能也会经历超新星爆发和核心坍缩，变成一颗伴生黑洞。这样的双黑洞系统将会在我们接下来三章中讨论的引力波探测中成为主角。

不过，再回看黑洞加恒星的这个阶段：如果黑洞离伴星足够近，它强大的引潮力可能会把伴星扰动成有点像泪滴的形状（图 6.2）。泪珠尖端受到的黑洞引力比圆端更大，所以气体会从恒星向黑洞迁移。但是气体不会直直地冲向黑洞，因为黑洞的轨道运动会稍微把它甩向一边。所以气流会被黑洞的引力抓住，绕成一个气体盘，就像两个花滑舞者擦肩而过时抓住对方的手臂，然后结成对飞快旋转一样。因为距离黑洞某个半径处的气体环比它外围的气体环运动得更快，而比它内部的气体环运动得更慢 ①，所以相邻的气体环之间会发生摩擦。这种摩擦会导致两个重要的结果。首先它会把气体加热到高温，让气体发出各个波段的辐射，包括 X 射线。摩擦还会减慢气体环的转速，让它螺旋落入黑洞中。当气体到达离黑洞三倍视界半径的位置，就无法再维持稳定的轨道运动了。它会投入洞中，穿过事件视界，增加黑洞的一点点质量。气体盘的内侧边缘就是图 6.2 中的白色区域。像这样的盘称为"吸积盘"，因为黑洞最终"吸"进了"积"累的气体。

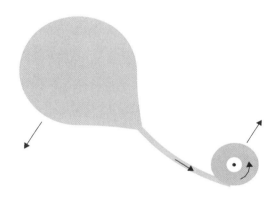

图 6.2　黑洞对伴星气体的吸积

　　黑洞由黑点表示，黑洞周围是热气体形成的吸积盘，会在 X 射线波段发出光线。在吸积盘的内边缘之内（白色区域），气体无法维持稳定圆轨道，会直直落入黑洞里。箭头表示物质运动方向。

　　这个模型可以解释 X 射线源的主要特征，包括天鹅座 X-1 以及后续发现的其他许多。在某些情况下，除了黑洞会从恒星表面上撕下来气体，大质量的伴星还可能会释放出强烈的星风，有点像太阳

① 这是根据引力作用下的轨道运动计算出来的。物体轨道运动的半径越大，速度越慢。此处提到的气体环并不是真正独立存在的结构，只是为了分析盘内物质受力，对气体盘的一种假想分割。

风，但质量的量级要大多了。这种气体也可能进入黑洞周围的吸积盘。人们认为天鹅座 X-1 的伴星 HDE 226868 就是这种情况。

不过，是什么让我们认定天鹅座 X-1 和黑洞有关？它就不能是中子星或者白矮星吗？我们是用伴星的轨道运动信息，加上广义相对论，来证认那个致密天体的。天文学家研究了 HDE 226868 的光谱，认定它这类恒星的典型质量是 20 到 40 倍太阳质量。因此，要想产生观测到的恒星运动，致密天体的质量必须至少达到 10 倍太阳质量。它不可能是白矮星，因为我们在第五章说过，白矮星的最大质量是钱德拉塞卡质量，也就是 1.4 倍太阳质量。这个结论不依赖广义相对论，因为白矮星不需要考虑相对论那么极端的情况。那会不会是中子星呢？广义相对论在中子星结构中非常重要；不管怎样，相对论学家给中子星也算出了质量最大值，大约是 3 倍太阳质量，绝不可能是 10 倍（实际观测到的最大中子星质量为 2.2 倍太阳质量）。因此，它不会是一颗中子星。要质量大得足够引起伴星轨道摇摆，又要小得足以产生短暂的 X 射线波动，唯一剩下的可能性就是黑洞了。尽管这样论证好像有点迂回，但对系统的进一步观测也支持了这个观点，而且不能被其他不包含黑洞的模型所解释。保险起见，科学家仍然按惯例将这些源称为黑洞候选体。

在 X 射线双星系统中还发现了许多其他黑洞候选体。有趣的是，我们在第七、八章会读到，其中没有一个像 LIGO 和 Virgo 用引力波探测到的那样是 20 到 50 倍太阳质量的。这挑战着天体物理学家，促使他们思考这些大质量天体产生的情形。还有许多 X 射线双星包含中子星。在这些系统中，致密天体的质量总是小于广义相对论下 3 倍太阳质量的限制。在许多样本中，X 射线是脉冲形式的，表明下落的气体和中子星周围的旋转强磁场发生了相互作用。

除此之外，还有一批有趣的 X 射线双星子样本，它们给中子星和黑洞的差异提供了不同的启示。有的系统中，伴星的气体吸积率非常低，所以盘中的气体很稀薄，摩擦力小得多。因而 X 射线辐射很弱，但仍然能探测到。然而，如果仔细看这些致密天体低于 3 倍太阳质量的系统，会发现盘的辐射流量之上还叠加了额外的 X 射线流量。而致密天体高于 3 倍太阳质量的系统中，却只有微弱的盘辐射。哈佛大学的拉梅什·纳拉扬和他的同事认为，在大质量系统中，气体到达盘的内边缘，然后落进黑洞中，不会额外发出辐射。而在低质量系统中，气体撞击在中子星表面，受到加热，发出额外的 X 射线辐射。他们提出，这是广义相对论所预言的事件视界存在的第一个确切证据。如果这个结论是真的，那么它就可以检验爱因斯坦理论的一个核心预言了。

其他研究者在探讨，能否通过查看这种吸积盘辐射的其他细节，来检验广义相对论，特别是随时演化以及光谱的独特特征。毕竟，相比于太阳周围，盘内边缘运动的气体是处在极其扭曲的时空领域中的。对于一个 10 倍太阳质量的黑洞来说，气体恰好落入黑洞前的轨道周期大约为 5 毫秒，运动速度达到光速的一半。气体发出的辐射会发生强烈的多普勒频移以及偏折，其中有些光线会绕着黑洞转好几圈，再飞出来到达观测者。如果黑洞在自转，惯性系拖拽效应会带来许多观测上的效应。人们希望检验致密天体周围的时空几何是否真的是史瓦西解或者克尔解。不幸的是，这是个非常复杂的问题。要研究这个问题，必须要把时空弯曲造成的现象，和气体、辐射中复杂的物理过程——有时被称为"肮脏的气态天体物理学"——造成的现象彻底区分开。目前，这是个高度活跃的研究领域，可能会产生一些了不起的广义相对论新检验。

你可能想到了，接下来可以检验广义相对论的地方是类星体。一个广泛的共识是，类星体光谱巨大的红移意味着它们以非常高的速度远离我们。根据宇宙膨胀构想，它们应该位于非常遥远的距离上。人们认为，驱动类星体的动力源是星系中心猛烈活动的核区。从第一届得克萨斯州论坛开始，核区中有一个相对论性的坍缩天体这个观点就没怎么变过。不过，现在认为中心的能量源是一个自转的超大质量黑洞。这种黑洞的质量可能是太阳的 1 亿倍；尽管这个数字很大，但它仍然只有星系总质量的千分之一。黑洞残暴地大快朵颐着，快速吞噬恒星和气体，速率大约为每年吞掉一个太阳质量的物质。接近黑洞的物质与其他物质碰撞，产生摩擦力，使物质升温。温度变得极高，辐射出巨大能量，我们在地球上都能看到。在许多类星体相对的两侧会射出窄窄的物质喷流，速度几乎达到光速。这种现象被认为是吸积物质携带的磁场与自转黑洞的强惯性系拖拽之间相互作用的结果（第四章）。有证据表明，类星体在早期宇宙中比现在常见得多；我们观测得越远，我们在时间上也回溯得越往前，因为类星体的光需要花时间才能到达我们这里。人们发现，类星体的数量在宇宙年龄为现今的三分之一时达到顶峰。一方面可能是因为这样的大质量黑洞需要一定的时间来形成（黑洞形成的问题还没有被完全解决）；另一方面可能是因为一旦黑洞扫除了星系中心的所有恒星和气体，类星体就熄灭了。

尽管人们已经找到了大约 20 万颗类星体，目前的观点还是认为，它们是一类更大族群的子样本，只是本身持续时间短，数量少。观测表明，几乎所有大质量星系都包含着大质量黑洞。而可观测宇宙中有千亿个星系，比已知类星体的数目多得多。这些黑洞的质量从 10 万倍太阳质量，到目前的世界纪录（或许该说宇宙纪录）——星系 NGC 4889 的 200 亿倍太阳质量不等。目前还不完全清楚这些超大质量黑洞是怎么形成的。一个假设是，许多更小的黑洞在极其漫长的时期中并合，形成了这些庞大的怪兽。如果有足够多小黑洞，形成的时期在宇宙中足够早，那么它们就会因为引力而相互吸引，最终并合。还有一个天体物理机制也支持这一点，那就是重的天体倾向于沉入星系的中心，因此黑洞相遇、并合的概率就增大了。而且，星系并合本身在早期宇宙中也是相当常见的。

有了这么多大质量黑洞，你可能觉得会有一大堆广义相对论的检验了。但是，就像双星系统中的黑洞一样，气态天体物理学的复杂性使得整个问题变得很难，尽管这也是目前研究的一个方向。然而，仍然有一个黑洞是检验爱因斯坦广义相对论的完美实验室。你所要做的仅仅是……抬头看看南边的夜空！它很近！它很干净！它叫人马座 A*！

这一章剩下的部分，我们都会用来讲述这个了不起的大质量黑洞的故事。它不偏不倚地位于我们银河系的正中央。故事要从卡尔·央斯基[①]讲起。他是射电天文的先驱，我们在第三章已和他短暂见过面了。

央斯基生于俄克拉荷马州一带，父母有捷克和英国、法国血统。他在 1927 年从威斯康星大学拿到了物理本科学位，然后搬去新泽西，在贝尔电话实验室工作。那时，公司想要研究跨大西洋电话业务中使用的短波（波长大约 10 米）电磁波。1931 年，央斯基被派去研究地球上产生这类干扰通讯信号的电磁波的来源。为了达到目的，他建造了一台射电天线，设计成能探测大约 15 米的波长（对应的频率是 20 兆赫兹），并安装在一个巨大的转盘上。央斯基的这个"旋转木马"大约 30 米宽，6 米高。他可以旋转天线，将其指向任

---

① 生于 1905 年，卒于 1950 年。

意想探测信号的方向。

他收集了几个月的数据，主要的射电干扰源是雷暴。不过除了天气效应以外，差不多每过一天，他的天线还会探测到一个微弱但稳定的射电"嘶嘶"声，来源未知。一个科学家一旦探测到每天重复一次的信号，通常都会怀疑是来自于太阳。所以央斯基一开始把记录的射电波解释为来自太阳。

然而，做了更多研究之后，央斯基意识到信号是每过 23 小时 56 分钟重复一次，不是 24 小时。后者才是地球自转一圈后太阳出现在天空中同一位置所需的时间。这一周期被称为太阳日。而 23 小时 56 分钟是地球自转一圈后恒星出现在夜空中同一位置所需的时间。这被称为恒星日。这差不多 4 分钟的差异来源于地球绕太阳的公转。公转会影响太阳升起的时间，但不会影响恒星出现的时间 [1]。如果央斯基探测到的信号和太阳有关，那么它应该每过一个太阳日重复一次，而不是每过一个恒星日重复一次。这样的数据表明，信号的来源远在太阳系之外。

央斯基仔细地转动他的天线，又采集了几个月的数据。他发现，他的数据在银河系中心的方向上最强。这个位置和人马座的方向一样，靠近一个天文学家称为人马座 A 的天体。1933 年，他在《射电工程师学会进展》上发表了有关自己发现的论文。

《纽约时报》刊载了一篇题为"银河系中心发现新射电波"的文章，让央斯基出了名。但是除此之外，他还是无法说服其他天文学

---

[1] 一天之内，地球在绕太阳的公转轨道上前进了一小段距离，所以它和太阳的位置发生了微小的相对变化，而地球和遥远恒星的相对位置基本没有发生变化。这样一来，太阳相对于恒星的位置就发生了变化，因此造成了太阳和恒星再出现在天空中同一位置的时间存在差别，也就是太阳日和恒星日的差别。

家他探测到的"星星噪音"中包含着重要的科学。时代对他更无裨益。20 世纪 30 年代早期，美国正经受着大萧条，随后就是第二次世界大战。天文学界终有一日会将央斯基推举为射电天文学之父，用他的名字"央斯基"命名射电流量单位。但那是他在 1950 年死于心脏病之后了。

几十年以来，几乎没有人再去探索央斯基在人马座中发现的神秘射电源。直到 1974 年，天文学家布鲁斯·巴里克和罗伯特·布朗才使用射电干涉阵考察了这片区域。回想一下第三章提到的，把一对或者一批射电望远镜结合起来，可以用非常高的精度查明射电源的方位。除此之外，这种技术还能以非常好的分辨率去分辨这些源的大小和形状。巴里克和布朗在美国国家射电天文台工作，他们想要分辨清楚央斯基之前探测到射电波的那一小块天区。令他们惊讶的是，他们发现大部分辐射来自很小的一个区域，和银河系中心的位置一样。从地球上看，它的大小约为十分之一角秒，即大概 800 个天文单位（之后的观测将这个大小限制到了 50 微角秒，大约半个天文单位）。

1982 年，巴里克给这个射电源起了名字，叫做人马座 A*。他提出，在量子力学中，原子的激发态有时候标上星号；而这个射电源明显是非常"激"动人心的。此后人们还给人马座 A* 提议了别的名字，但是一个都没有流传下来。人们很快也接受了标准缩写，Sgr A*（发音为"赛芝 -A- 星"）。

射电辐射来自如此致密的区域，暗示着那里可能有黑洞。但是要得到证实很困难。用光学望远镜无法观测这片区域，因为浩瀚的尘埃横亘在太阳系和银河系中心之间，吸收了可见波段的光。然而，在可见光谱红端之外的波长区间，即近红外波段，光线却能穿过尘埃，使得银心"现形"（不过不是用肉眼，而是用特别的红外探测器，这种探测器开启了天文学一个新的分支）。无数天文学家拿银心来考验自己的红外望远镜，试图看到那里发生的事。

尤其有两个团队用到了最新的望远镜技术。这些技术包括在红外波段进行干涉，这是射电波段常规操作（见第三章）的拓展。另一个进展是一种叫作"自适应光学"的技术，利用地球大气扰动的信息，来改变望远镜镜面的形状，从而得到最锐利的图像。他们还有一个优势是在干燥、海拔高的站点工作。干燥和高海拔很重要，因为水蒸气会吸收近红外光。一个团队由雷恩哈德·根泽尔领导，总部在德国加兴（Garching）的马克思·普朗克地外物理研究所[1]，使用甚大望远镜干涉阵。这个干涉阵有四座仪器，位于智利的高山之巅，海拔高度 8600 英尺[2]，位于圣地亚哥以北大概 1200 千米处。另一个团队由加州大学洛杉矶分校（UCLA）的安德莉亚·季姿领导，使用凯克天文台两座海拔 13 000 英尺[3]的望远镜，位于夏威夷死火山莫纳克亚（Mauna Kea）的山巅。

但是，当他们观察 Sgr A* 周边的时候，他们看到了令人震惊的东西。恒星！你可能会觉得这没什么大不了的，因为天文学家拿工资就是为了看星星的。但是这些不是位于我们和银心之间的前景恒星；也不是位于银心另一边的背景恒星。那些恒星很容易证认并做出解释。而这些恒星似乎是在 Sgr A* 本身的邻域。它们发出的光谱表明，它们是一类大质量、温度低、年轻的恒星，叫作 S 型星，比太阳质量大 10 倍。相应地，德国团队将这些恒星命名为 S1、S2、S3，等等（UCLA 的团队叫它们 SO-1、SO-2，等等。悲哀的是，过

---

[1] 下文简称马普所。

[2] 约 2600 米。

[3] 约 4 千米。

了 20 年，这两个团队连在名字上达成共识都做不到）。季姿称它们为"青春悖论"，因为这些恒星不可能像大多数恒星，比如我们的太阳那样，由一大片气体和尘埃的云团坍缩形成。因为还没等恒星形成，中心天体的引力场就会把云团撕裂。那么，它们从何而来，又是怎么离中心天体这么近的呢？

更有意思的是，观测了这些 S 型星几年之后，天文学家看到它们在移动！慕尼黑 [1] 团队在 1996 年报告了对它们移动的首次探测，而 UCLA 团队两年后也随即跟上。古代天文学家将恒星叫作"恒"是有道理的。它们距离非常远，几乎不可能看到它们移动。即便在现代，要看到恒星的横向移动，也需要用最高的精度，长期地仔细监测。即便如此，这种运动也只能在我们太阳系附近的恒星身上探测到（当然，通过多普勒效应探测它们沿视线方向上的移动要容易得多）。要想单靠几年观测就看到银心恒星位置的变化，恒星必须移动得极其快。很快人们就意识到，这些运动不是随机的，而是有轨道的。这些恒星绕着 Sgr A* 所在的点做轨道运动。

恒星 S2 尤其重要，因为它的轨道周期相对较短，为期 16 年，而且轨道椭得非常厉害（图 6.3）。2002 年，S2 到达了近心点，也就是离 Sgr A* 最近的点。此时，数据已经覆盖了它轨道的一多半 [2]。团队利用这一信息，使用牛顿引力理论得到了 S2 绕转的点的位置。不管

---

[1] 上文提到的马普所所在地加兴靠近慕尼黑。

[2] 原注：近心点是椭圆轨道最近位置的通用名称。在具体的系统中，它有不同的名字。比如绕太阳的轨道中叫近日点，绕地球轨道叫近地点，绕木星轨道叫近木点，双星系统中叫近星点，等等。相对论学界没有给黑洞周围的轨道起什么好名字。他们觉得"近视点"这个词不怎么样。我们的 MIT 同事斯科特·休斯（Scott Hughes）提议用"近洞点"，用到古希腊语的"洞"这个词 "βοθρος"。但是希腊同事指出，这个词在现代希腊语里有不同的（用来骂人的）意思。我们邀请读者提出建议。

它是什么，它都必然比太阳重几百万倍。此处不需要爱因斯坦的理论，因为 S2 到 Sgr A* 的最近距离很遥远，相对论效应在计算中并不重要。一种质量这么大的东西，比如一颗假想的超大质量恒星，或者致密的星团，应该在多个波段都能看到。正如我们说过的，射电测量已经将 Sgr A* 限制到了半径几百天文单位的区域内。一个质量无比巨大的物体，处在如此小的空间内，而且几乎不发出任何光线，必然是一颗黑洞。根泽尔的团队 2002 年 10 月在《自然》上宣布了这个结论，而季姿的团队在 2003 年初宣布了类似的结果。改进的测量表明，如今称为 "Sgr A* 黑洞" 的天体质量为 430 万太阳质量。

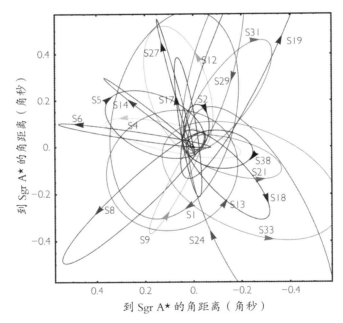

图 6.3　部分 S 型星绕着银心黑洞 Sgr A★ 绕转的轨道

黑洞位于图像的正中心，直径是坐标轴上 0 到 0.2 之间的间隔距离的万分之一。

图 6.3 展示了根据数据得出的 20 颗 S 型星的轨道（目前超过 100 颗星正在受到监测）。Sgr A* 的位置在图的正中央，也就是坐标

轴零度相交的位置（在 S14 非常扁的轨道内能看到这个点）。这么重的黑洞大约有 2500 万千米的直径，比太阳尺寸大 18 倍。银心离我们大约 26 000 光年，相当于地球到太阳距离的 150 万倍。在这么远的距离上，Sgr A* 的角直径大约是 20 微角秒，即 0.00002 角秒。这相当于在地球上看月球上放的两枚 25 美分硬币。在图 6.3 中，Sgr A* 只是一个小点，大小比图片下方横轴上 0 到 0.2 角秒之间的间距小 1 万倍，比画出来的标记小得多得多。

Sgr A* 是检验广义相对论的热门景点。我们在本书中描述过的很多检验，都可以通过仔细地观测它周围的恒星来复现。一个有力的例子就是最近对 S2 的引力红移进行了测量，我们在第二章末尾提到过。因为它绕黑洞旋转的轨道非常扁，在近心点距离仅有 120 个天文单位，速度约为每秒 7650 千米。因此，S2 在此处发出的光相对于它在轨道其他位置发出的光要红移得更严重，既有狭义相对论时间延迟的因素，也有引力红移的因素。2018 年根泽尔的团队测量了这种红移，2019 年又得到季姿团队的确认。因此这又一次证实了广义相对论的预言，不过是在离黑洞很近的地方。

如果你觉得这样检验爱因斯坦的理论听起来很耳熟，那是因为我们在前文已经见过了类似的实验，那时我们讲的是哈佛大学的庞德和雷贝卡在 1960 年进行的实验。在那次试验中，庞德和雷贝卡控制着光源发出的光（通过铁不稳定同位素衰变产生的窄波长伽马射线），也控制着发射器和接收器之间的高度（杰斐逊塔高 74 英尺，1 英尺约为 0.3 米）。他们没法控制的是引力，对于地球来说，引力太弱了，导致预测的光线频率红移仅为一万亿分之二。另一方面，对于 S2 来说，预测的频移大约是一万分之六，效应就大得多，因为 Sgr A* 附近时空的翘曲要大得多。

本书开篇就提到了一个利用 Sgr A* 的广义相对论检验，那是 2017 年"绝妙之夏"的事件之一。季姿的团队使用 S2 以及轨道周期 19 年的 S38 的轨道数据，寻找和牛顿引力预言的两体引力平方反比定律之间的偏离。在两体离彼此不太近的情况下，广义相对论也会近似地给出同样的定律。但是在一些替代相对论的理论中，还存在一个额外的力，在不同理论中表现为引力或斥力。随着距离的增加，这种力比平方反比衰减得更快。由于 S2 和 S38 的轨道都非常椭，可以在很大的距离范围内对引力进行采样，最远的距离可以达到近心点的 10 倍。因此，它们的轨道对于任何随距离变化的力都特别敏感。最终他们没有找到这类异常。这是首次使用黑洞周围的轨道来检验广义相对论。

有了 S2 轨道的椭圆性质，还可以用 Sgr A* 进行另一项广义相对论的经典实验。正如我们在第五章讨论双脉冲星轨道时提过的，弯曲时空造成椭圆轨道进动，导致著名的水星近日点进动以及双脉冲星近星点进动。在近心点时，S2 和 Sgr A* 离得很近，黑洞的质量也很大，导致 S2 的轨道进动速率为每圈 0.2 度，即大约每年四分之三角分。2018 年 5 月 19 号，S2 又一次经过了近心点。在这段广义相对论效应最强的关键轨道上，人们进行了许多测量。这类观测能解析这一效应，在 2020 年再一次检验了广义相对论[1]。

不过，如果我们找到比 S2 轨道还靠内的恒星，就可以进行广义相对论的其他检验。到目前为止，我们还没有找到更靠近 Sgr A* 的恒星。一方面是因为望远镜能力有限，另一方面是因为 S2 太亮、太

---

[1] 该研究由根泽尔团队进行，已于 2020 年 4 月发表于学术期刊《天文与天体物理》，标题为"对恒星 S2 在银心大质量黑洞周围轨道的史瓦西进动的探测"。他们首次探测到了史瓦西进动（文中所述进动的一种表现形式），和广义相对论的预言完全一致。

靠近黑洞，所以很难探测到二者之间的暗弱天体。如果能在离 Sgr A* 近 20 倍的地方找到轨道椭率和 S2 一样的恒星，就有可能测量惯性系拖拽效应造成的轨道进动了。这种参考系拖拽，即伦泽-蒂林进动，和我们在第四章讨论的效应是一样的，那时我们描述的是 LAGEOS 卫星测量的轨道进动。这样一来，就有可能测量黑洞的自转速率，也就是"自旋"了。

这样的测量是非常重要的，有两方面原因。首先，一个给定质量的黑洞，其自旋可以从不自转的黑洞——也就是史瓦西解——的零，一直变化到最大值，即克尔解的极限情况。自旋不能超过最大值，因为一旦超过了，这个天体就不再是黑洞了，而会变成名叫"裸奇点"的东西。物理学家们认为这种东西非常诡异、非常吓人，他们确信自然界不会让这类物体存在。第二个原因是，自旋测量可以给出关于黑洞如何形成、如何增长到大质量的信息。如果它是通过两个先前存在的较小黑洞并合形成的，它的自旋会更大，正如舞蹈结束后两个抱在一起的花滑运动员会转得更快一样。但是，如果它是通过稳定地吸积气体和恒星，从随机方向进入事件视界而增长质量的话，那它最终的自旋就会较低，因为它吸收的物质对它的加速效应和减速效应是一样的。

如果能探测到离 Sgr A* 更近的恒星，并追踪其轨道，那么就有可能检验所谓黑洞"无毛"定理的底层假设。20 世纪六七十年代，理论学家开始理解克尔解的全部内涵。他们省悟了一件令人吃惊的事。在爱因斯坦的理论中，对于空旷空间中的宁静黑洞来说，克尔解是唯一的可能解，而史瓦西解则是它自转为零时的极限情况。黑洞外部的引力场只取决于两个量：它的质量和自旋。如果你有两个黑洞，质量和自转都一样，就算其中一个由坍缩的气体形成，而另一个由丰田牌小型敞篷卡车坍缩而成，它们外部的引力场也是完全一样的。这和地球很不一样，因为地球外部的引力场取决于它熔融核心的旋转，取决于它壳层的刚性，取决于高山和深谷。回忆一下第四章，地球的引力场可以通过用 GRACE 这样的轨道卫星精准地测量出来。

考虑到黑洞这个奇特的性质，约翰·惠勒发明了一个谚语，叫"黑洞无毛"。他假想，如果你处在一个满是秃头大汉的房间里，那么你可能很难辨认他们谁是谁，至少远不如辨认一屋子长了满头秀发的人那么轻松。惠勒的这个谚语已经被数学语言表达了出来，它描述了自转黑洞周围场的确切性质。这样一来，我们可以考虑用许多靠近黑洞做轨道运动（它们必须很近，才能探测到广义相对论效应）的恒星，去描绘黑洞的引力场，就像用 GRACE 卫星描绘地球引力场一样。但是，如果分布图和广义相对论的预测不一样，那要么是广义相对论在黑洞周围的强引力场下失效了，要么 Sgr A* 不是黑洞，而是迄今为止仍不了解的天体。绕转黑洞的恒星够近吗？我们不知道，但是凝视银心的天文学家团队正在寻找答案。接下来的几年应该会非常振奋人心，随着 S2 朝向远心点运动，也就是其轨道接近离 Sgr A* 最远的位置，离黑洞更近的恒星可能会显露出来。

观察绕着 Sgr A* 运动的恒星，和直接观察黑洞不是一件事。不消说，我们没办法看到黑洞内部发出来的信号。幸运的是，我们现在知道了黑洞周围环绕着一个向内吸积的气体盘，而且会发出光来。这种辐射的一部分位于射电波段，从而产生了巴里克和布朗探测到的波。随后的观测证实了吸积盘的存在。但是，和天鹅座 X-1 那样和黑洞紧密相连的 X 射线吸积盘不同，也和类星体那种特别明亮的吸积盘不同，Sgr A* 周围的吸积盘弱得不得了。很显然，不管是附近的气体，还是周围被瓦解或者爆炸的恒星，都没有足够多的气体迁移到银心，去哺育一个明亮的吸积盘。Sgr A* 有没有可能曾是明亮的类星体，现在因为缺少燃料才变成了这样的余烬？目前，这还是个没有标准答案的问题。但是，尽管辐射很微弱，马普所团队还是在 2018 年报告他们探测到了吸积盘辐射的变化，这和气体中过热区在黑洞附近的运动相吻合。这些热气团运动速度非常快，大约达到了光速的四成，所以它们一定是在绕着盘的内边缘运动，很接近要落进黑洞的状态（图 6.2）。这些气团在时空极其卷曲的区域中运动！

但是，我们能不能给 Sgr A* 拍张真正的"照片"？我们会看到什么？回答很复杂，因为黑洞会剧烈地弯折光线。用手机给别人拍张照片很简单，因为光线从被拍物体沿直线传播到手机的摄像头里。在黑洞附近给东西拍照，有点像在嘉年华或者欢乐屋里的哈哈镜前面自拍。你有可能拍出个大头（甚至两个头）和细腰，或者头一丁点大，而腰奇粗无比。这取决于你站的位置。

回想一下我们对引力透镜的讨论（第三章）。黑洞表现得就像一个非常强的透镜一样，扭曲并扩张了你看到的图像，就像游乐园里的哈哈镜一样。所以，如果夜空中突然出现一个黑洞，你会看到许多奇怪的事情。首先，星星看起来会远离黑洞，就像我们在图 3.2 里画的那样。由于引力透镜，你可能会看到同一个星座产生多个图像，例如猎户座有了两条腰带，或者两只北斗七星的"大勺子"，就像图 3.10 里画的一样。你还有可能会看到平时在这片天空看不到的恒星或星座，这些天体实际上是在你背后的天空中。这种情况中，一些星光从你背后穿过，绕着黑洞转一圈，然后再进入你的相机，从而产生本来没有的星星的像（图 6.4）。画面中间是一个圆形的黑盘，我们看到它的直径比黑洞本身大 2.6 倍。这不是真正的黑洞，但这是你能看到离黑洞最近的大小了。

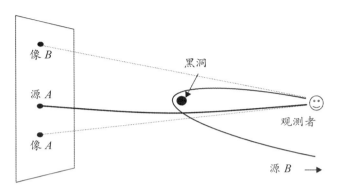

图 6.4　黑洞强引力透镜

黑洞不仅会改变一个源成像的位置（$A$），还会弯折观测者身后的源（$B$）发出的光线，这会产生一个正常来说不在这片天空中的恒星的像（$B$）。

你可能记起，在之前的章节中，我们提到过光线可以绕着比黑洞半径大 1.5 倍大位置转圈。这个圈叫作"光环"（图 6.5）。这些环集合形成了一个比黑洞半径大 1.5 倍的球层。任何进入这个"光球"的光线都会螺旋落入事件视界，然后消失（光环并非视界，因为进入光环的光线如果被内部一个过路的原子折射，仍然可以飞出光球之外）。恰好掠过黑洞光球之外的光线，可以到达你的相机（图 6.5 的路径"$c$"）。但是，即便离开了光球，光线的路径也会被弯曲得很严重，直到它离黑洞很远时才会恢复直线。因而，对于一个遥远的观察者来说，黑洞就好像投下了一个直径是它 2.6 倍的"暗影"一样。除此之外，你还会看到黑洞的暗影被暗弱光线的细环勾了边，那是天空中各处的恒星和星系发的光，它们刚好擦过光球，绕着黑洞转好几圈，然后离开黑洞，飞向了你的手机。

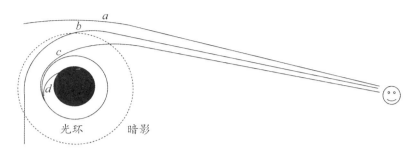

图 6.5　黑洞暗影

　　黑色的盘代表黑洞，实线代表"光环"，光环半径大约是黑洞半径的 1.5 倍。在环上，光线以圆形轨道绕着黑洞旋转。黑洞附近的观测者探测到了一连串光线，每条光线都比前一条离黑洞更近。光线"a"被偏折得很轻；光线"b"离黑洞更近，被偏折了大约 90 度；光线"c"刚好经过光环外围，在到达观测者之前也被偏折得很严重；光线"d"从光环内发出来，不得不穿过事件视界。因此，在观测者看起来，没有光线是来自虚线圈以内的[①]。这个虚线的范围就是黑洞的暗影，视直径大约是黑洞事件视界直径的 2.6 倍。

　　如果你拍黑洞周围的吸积盘，也会产生类似的扰动。如果你从正上方看吸积盘（图 6.6 的左图），图像看起来基本上是个盘形，内部有个边缘，那是气体快速落进黑洞、发不出什么光的区域。中心的黑色区域是黑洞的暗影。如果你从某个角度上看黑洞，比如说 45 度俯视，那么你会看到一部分盘面在黑洞暗影的前侧，一部分盘面位于暗影之后，和预想的差不多。但是，你还会看到暗影较远一侧的盘面隆起了一个包（图 6.6 的中图）。这不是盘的物质隆起，而是盘的向上一面发出的光向上传播，但是被黑洞弯折然后射向我们的效果。如果你从完全的侧面看吸积盘，你会看到真正的"哈哈镜"照片（图 6.6 的右图）。你会看到盘位于黑洞暗影的前方，但是你还会看到另一个绕着黑洞的盘。这第二个盘的上半部分，是黑洞后方

---

① 当然，有些光线比如 b 和 c 确实来自虚线以内；但是因为观测者收到光线时会认为它们是直线传播到此的，所以反溯其位置（也就是观测者看起来的像的位置）都位于虚线圈之外。

的盘向上发射的光线被偏折 90 度之后朝你发射过来；下半部分，则本来是黑洞后方的盘向下发射的光线。所以，在一幅图里，你可以同时看到黑洞背后盘的上下两面。

图 6.6　不自转黑洞周围吸积盘的示意图

　　左：俯视吸积盘，黑洞暗影位于中心。中：盘面相对于视线方向倾斜。盘的上表面垂直向上发出一些光线，这些光线被黑洞周围的弯曲时空偏折了很大角度，射向我们。黑洞后面的一侧看起来被向上扭曲了。右：从侧面看吸积盘。盘面发出的一些光线被黑洞弯折的角度很大，所以我们可以同时看到黑洞后侧吸积盘的上表面和下表面。

　　讨论非转动的史瓦西黑洞时，我们为了引出主要论点，把事情过度简化了。在实际情况中，大部分的黑洞都在自转，很有可能速度还很大。如果这是真的，那么惯性系拖拽效应会剧烈地改变暗影的形状，严重干扰成像。光环的大小取决于黑洞的自转速率，也取决于光线的绕转方向是黑洞自转的同向还是逆向。如果光线的轨道和黑洞的赤道平面有夹角，那么它的运动会变得非常复杂。举例来说，在图 6.6 的右图中，如果自旋黑洞的转轴垂直于吸积盘，那么左侧的隆起就会比右侧的隆起更显著。而黑洞的暗影也不会再是圆形了。在 20 世纪 70 年代那个黑洞性质的理论研究非常活跃的时期，那时在耶鲁大学的詹姆斯·巴丁[1]和巴黎天文台的让-皮埃尔·卢米涅[2]做了很多这种图像的计算工作。

相比于我们在图 6.6 的右图中展示的图像，电影《星际穿越》中卡冈图亚[3]的吸积盘是更细致和正确的版本。基普·索恩做了计算，得到的图像中包含了各种逼真的细节。然而，很多细节只能留在剪辑室里了。比如，由于各种相对论效应，朝向观察者方向转动的吸积盘一侧，会比远离观察者的吸积盘一侧亮得多。如果考虑这些效应，图像就过曝了，只会产生一个光斑。尽管天文学家和物理学家乐意观测和分析这类细节，电影导演克里斯托弗·诺兰想要的却是观众看起来悦目的图像，所以他让索恩缩减了这类效应。

要想给 Sgr A* 周围的吸积盘拍照，我们需要一个特别好的相机。毕竟，我们已经解释过了，Sgr A* 从地球上看起来只对应一个非常小的角度，大约 20 微角秒。甚长基线干涉（VLBI）上线了。在第三章我们已经见识过了，把射电望远镜连接起来，可以对类星体这样的源进行非常精准的方向测量。以特定的方式综合这些望远镜的数据，就可以产生分辨率足够高的图像。

巴里克和布朗使用的干涉阵仅能让他们确定出 Sgr A* 所在的区域，不能分辨这个源本身。要做得更好，你需要更长的基线。在 20世纪 90 年代末，天体物理学家海诺·法尔科[4]、富尔维沃·米利亚[5]

---

[1] 美国物理学家，专攻广义相对论。他 1972 年从华盛顿大学跳槽到耶鲁大学，1976 年回到华盛顿大学。

[2] 法国天体物理学家，专攻黑洞和宇宙学。他同时也是作家、音乐家、雕塑家、诗人。

[3] 电影中黑洞的名字。

[4] 荷兰奈梅亨拉德堡德大学的射电天文学和天体粒子物理学教授，"黑洞暗影"概念的发明者。

[5] 意大利裔美国天体物理学家、科普作家。

和埃里克·阿高尔[①]指出，如果望远镜之间的基线达到地球的直径，观测波长为一毫米，那么分辨率可以达到大约 20 微角秒，小于地球上看到的银心处 Sgr A* 暗影直径。随后人们意识到，用同样的分辨率也可以探测梅西耶 87 号星系（通常叫作"M87"）中心黑洞的暗影。尽管那个星系位于 5300 万光年之外，比 Sgr A* 远 2000 倍，但是黑洞却比 Sgr A* 重 1500 倍，所以从地球上看起来，它们的暗影差不多大。目前看来，Sgr A* 和 M87 黑洞[②]是质量与距离恰到好处的"灰姑娘"结合，这两个黑洞使得观测成为可能。

这激励了在麻省理工海斯塔克射电天文台和哈佛大学天体物理中心任职的谢普德·杜勒曼，他组织起来一帮全球各地的射电天文学家，建立了一个基线如地球大小的阵列。这不是个简单的任务。这些望远镜由不同国家的不同机构运营，在科学目标上也相互竞争。既然每台望远镜都要独立且同时地观测银心，那么很重要的是它们搭载的仪器应该相同，至少仪器出产的数据质量应该是一样的。每一处望远镜都必须有一台极好的原子钟，这样才能准确地记录时间，以确保正确合并不同的数据集。不同观测环节的数据（几千太字节的数据量）会被运往同一个中心，再处理成图像。还有一个必要条件，是全球各地的天气必须同时都很好。——只能祝他们好运了！

为了证明其原理，杜勒曼和同事在 2007 年设法使用夏威夷、加利福尼亚州、亚利桑那州的三台短波射电望远镜构成三角形，探测到了银心和 Sgr A* 事件视界尺度的量级一样的某种东西。这个突破亟需推进。

2012 年，杜勒曼和同事正式开启了项目，名叫"事件视界望远

---

① 美国天文学家。

② 类似于 Sgr A*，M87 中心的黑洞应缩写为 M87*。原文通篇误漏星号。

镜（EHT）"。目前，参与合作的阵列望远镜达到了十台：两台在美国本土，三台在智利，两台在夏威夷，一台在西班牙，一台在墨西哥，一台在南极（图 6.7）。还有计划再加入格陵兰岛、法国和美国的望远镜。2017 年 4 月，进行第一次完整观测，为期 10 天，8 台望远镜参与。有个协调方面的问题，阻碍了人们分析所有数据：4 月的观测流程结束时，南极进入了冬天，所以数据必须被（字面意义上）冷藏起来，直到 2017 年 12 月才能用飞机运出来。数据被复制并分发给四个团队，他们各自独立地分析并且严格保密，以防止出错，并留待日后反复检查。终于，2019 年 4 月 10 号，他们宣布自己得到了 M87 黑洞暗影的图像，它的大小和爱因斯坦理论的预测吻合。Sgr A* 的数据仍在分析中；获取它的图像更加困难，部分是因为气体的吸积率较低，所以吸积盘不是很亮，但更是因为吸积盘变化很大。要看到 Sgr A* 的暗影，可能需要更多观测①。

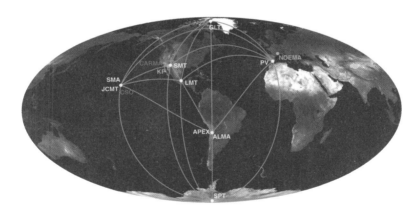

图 6.7　事件视界望远镜

参与这个项目的望远镜，以及连接这些望远镜的基线。图片版权：事件视界望远镜合作组织。

①2022 年 5 月 13 日，该团队召开新闻发布会，公布了银心 Sgr A* 黑洞分析后的最终图像。

［注:SPT: SPT 南极点望远镜，ALMA: 阿塔卡马大型毫米 / 亚毫米波阵，APEX: 阿塔卡马探路者实验望远镜，SMA: SMA 亚毫米波射电望远镜阵，JCMT: 麦克斯韦望远镜，CARMA: CARMA 毫米波组合阵（2017 年退出），CSO: 加州理工学院亚毫米波天文台（2017 年退出），SMT: SMT 亚毫米波望远镜，LMT: LMT 大型毫米波望远镜，KP: 基特峰国家天文台 12 米望远镜，GLT: 格陵兰望远镜，PV: IRAM 韦莱塔峰 30 米望远镜，NOEMA: 北方扩展毫米波阵列。］

我们都被他们给出的照片那镇魂摄魄的美所震撼；你很难找到全世界有哪家报纸不把这张照片放在头版上的。但这不是该任务的唯一目的（甚至不是主要目的）。两个黑洞周围的吸积盘都不是静态的，它们随着时间变化。盘内的热物质团绕着黑洞转圈，因此发出的光也随之改变。正如我们提过的，Sgr A* 周围的这些过热区已经被马普所的银心团队探测到了。EHT 综合了一系列联合照片，希望能够制作一段视频，展示吸积盘的内边缘是如何被黑洞吞噬的。反过来，这又能给吸积盘的物理机制和动力学研究打开一扇充满细节的窗口，让天体物理学家能够将他们的模型和预测与实际的数据进行比对。

我们或许还能用 EHT 检验广义相对论，主旨思想是在比恒星近得多的地方检验黑洞无毛定理。按照广义相对论，无自转黑洞投下的暗影是圆形的。但是如果黑洞旋转，它的暗影则会偏离中心，一侧略扁。一旦你知道了黑洞的质量和角动量，只需给出特定的气态天体物理学吸积盘模型，广义相对论就能精确地预测暗影的形状。但是，如果自转黑洞不由广义相对论的克尔解描述，那么暗影的形状就会有所不同。和克尔预测相比可能更扁，也可能更不扁，还可能朝不同的地方偏离。因此，足够精准地观测暗影，可以检验广义相对论。

　　类似地，由于黑洞的外部引力场完全由其质量和角动量决定，吸积盘的响应和它发出的光线也可预测，并且是固定的。广义相对论的黑洞无毛定理没给它留下什么闪转腾挪的空间。当然，EHT 观测到的光芒取决于盘本身的重要细节，比如它的密度、温度与组成成分。但是由于 Sgr A* 的吸积盘不像它 X 射线双星里的远亲那么茁壮，相对来说更虚弱，也有理由认为它不会涉及太多的肮脏气态天体物理学，不会把观测现象的解释搞得太复杂。M87 黑洞的后随观测也可以进行同样的检验。

　　我们已经走了很远，远远走出了爱因斯坦和他的那个时代，那个认为史瓦西质点解里的奇点太过奇怪，因此不会在大自然中出现的时代。今天我们知道，黑洞存在，而且有可能很快就能提供非凡的新检验去测试爱因斯坦的理论。不过，我们在这章里描述的黑洞，也仅仅是黑洞自己而已。假使我们探测到撞在一起的两个黑洞，那将是一番什么景象？

第七章

# 终于探测到引力波了！

房间很小，无风。房间前面摆着五把椅子，两块视频屏幕，还有一个标着美国国家科学基金会（NSF）徽章的讲台。听众从全世界而来，有科学家，有政客，也有记者。他们小声议论着，期待一项重大的宣告，关于它的小道消息已经传了几个月了。2016 年 2 月 11 号周四上午 10:30，NSF 的主任芙兰茨·科尔多瓦致辞，欢迎听众来到华盛顿特区的国家新闻俱乐部。

两千英里（1 英里 =1.609 千米）外，在蒙大拿州博兹曼市（Bozeman）的小镇上，尼科[①] 和另外 20 个人坐在蒙大拿州立大学极端引力中心的小房间里。窗外是美丽的山景，但大家无心赏景。所有的眼睛都盯着房间前面的电视。屏幕上是国家新闻俱乐部的网络直播。连桌子中央放的庆祝蛋糕都不那么诱人了。

向南 500 英里，在科罗拉多州的阿斯彭市（Aspen），克里夫[②] 和 80 个物理学家、天文学家在阿斯彭物理中心的礼堂里看着同样的直播。他们正在参加一个关于星系中心恒星和气体的工作坊，但是为了让大家看发布会，今天的安排延后了 2 小时。

科尔多瓦简单地感谢了 NSF 资助这项基础科学的前沿研究，然后落座。坐在她身旁的人起身，走上讲台。他个子高高，中等年纪，头发灰白，穿着蓝色西服和衬衫，打着螺纹领带。他倦怠的眼神流露出，过去的几个月里，他已经历过太多难捱的时刻。他在讲台上放下了手稿。

"女士们，先生们，"他说，"我们探测到了引力波。我们成功了！"他高声宣布，人群中爆发出一阵喝彩。博兹曼的 20 个人鼓起掌来；阿斯彭的听众也鼓起掌来。全世界的研究所和大学里，各个

---

① 本书作者之一。

② 本书作者之一。

级别的科学家都鼓起掌来。大卫·莱兹，激光干涉引力波天文台的台长，宣布了 21 世纪（至少目前为止）最重要的科学发现。

大约 12 亿年前，在一个非常遥远的星系中，两个黑洞猛撞到一起。每个黑洞的质量大约都是太阳的 30 倍，但真实大小却只有阿尔巴尼亚或海地①那么大。它们以一半光速绕着彼此旋转，被引力锁住，跳起死亡之舞，最终并合，形成一个新的黑洞。并合使得时间与空间的结构产生涟漪，以光速向四面八方扩散。2015 年 9 月 14 号，这些时空波动终于抵达地球，穿过 LIGO 的仪器，产生出确凿无疑的引力波读数。这就是大卫·莱兹刚刚向全世界宣布的事情。

没过几小时，祝贺涌来，来自史蒂芬·霍金，来自巴拉克·奥巴马总统，来自日内瓦 CERN②加速器中心的领导……20 个月后，2017 年诺贝尔物理学奖颁发给了 LIGO 的建立者：莱纳·魏斯、基普·索恩、巴里·巴里什。对通常冷漠的瑞典科学院③而言，这已是不可思议的快速。"引力波天文学"成为一个正式学科。即便是一些曾经反对 LIGO 的科学家，也为之欢呼。

引力波并非一直如此时髦。

曾几何时，连爱因斯坦自己都认为，他证明了引力波不存在！理论学家直到 20 世纪 50 年代末才确切无疑地证实引力波存在，而首个实验证据 1979 年才出现，我们在第五章已经讲过。1969 年物理学家约瑟夫·韦伯声称他探测到了引力波，但是很快就以其他科学家复现失败而告终。引力波的故事里当然富含科学性，但更充满了属于人的品德与陋习，辩驳与争议，大科学、政治与金钱……它

---

① 国土面积均不足 3 万平方千米。
② 即欧洲核子中心，拥有世界上最大的粒子物理学实验室，也是万维网的发源地。
③ 诺贝尔奖的评审机构。

是一曲延续百年的传奇史诗，传唱自爱因斯坦拙劣补救的一篇论文。

1916年5月，爱因斯坦发表了一篇重要的综述论文。上一年11月，他提交给普鲁士科学院许多关于广义相对论的短论文。那些论文里面东一点西一点的内容，都在他这篇论文里有条理地总结起来了。随后他马上就开始研究引力波。

爱因斯坦是詹姆斯·克拉克·麦克斯韦（1831—1879）的信徒，那是一位苏格兰物理学家，在1867年用同一套架构统一了看似不相关的电现象和磁现象，这套架构现在称为电磁理论。现在，不管是在电子工程里还是在高能粒子物理里，麦克斯韦的方程都是当代物理学的核心组成部分。我们最常用的设备，例如电视、手机、笔记本电脑，都蕴含着麦克斯韦理论的深层应用。麦克斯韦方程是今日物理学和工程学教育的核心，19世纪末爱因斯坦还是学生时也是如此。

麦克斯韦最关键的思想是，电和磁都可以用电磁场的概念来理解，这个物理概念描述了空间中任意位置带电物体所受的力。即便你可能没有意识到，你也一定接触过场的概念。你也许见过，放在纸上的铁屑会排成纸下磁铁的磁场形状。你肯定知道地磁场保护我们免受太阳射出的高能粒子伤害，并造成南北极光。你还应该听过地球的引力场，据说它让一颗著名的苹果落到了牛顿的头上，并且把月球束缚在它的轨道上。

除此之外，麦克斯韦从他的方程中得出了电场和磁场振荡的解。两种场此消彼长，形成了以光速传播的波。他认为这些波就是光，这一观点在1887年得到了德国科学家海因里希·赫兹的实验证实。

在爱因斯坦之前，包括荷兰的亨德里克·洛伦兹和法国的亨利·庞加莱（Henri Poincaré）[1]等少数几个科学家就开始思考，引力会不会像麦克斯韦的电磁波那样形成波。除此之外，因为爱因斯坦的狭义相对论规定了没有东西可以比光速更快，所以从逻辑上来说，引力作用应该也不是瞬时的。引力的效果应该以有限的速度传播，而且这个速度不应该超过光速。但是，他们那时最多只能猜想，因为没有真正的引力理论可供研究。

1916年爱因斯坦发明出了真正的引力理论，他以麦克斯韦为精神榜样，准备看看他的理论是否会产生波。他在1916年6月完成了计算并发表了结果。不幸的是，满篇文章都是——说得好听点叫"一时糊涂"的——计算错误和概念错误。爱因斯坦的同事、挪威物理学家贡纳尔·诺德斯特姆帮爱因斯坦找出了错误，并纠正了它们。1918年，爱因斯坦发表了第二篇引力波论文。

爱因斯坦发现，在一个变化的系统中，比如对于一个转轴垂直于把手（图7.1）的自转哑铃来说，转动的哑铃会产生携带能量的引力波，就像光源会发出携带能量的光线一样。我们在第五章已经讲过，赫尔斯和泰勒测量到的就是双脉冲星系统中的这种能量损耗，因此侧面证实了引力波存在。也正是因为损失能量，两颗黑洞最终才会相拥，发射出LIGO探测到的引力波爆发。

---

[1] 法国最伟大的数学家之一，理论科学家和科学哲学家，被公认是19世纪后期和20世纪初的领袖数学家。

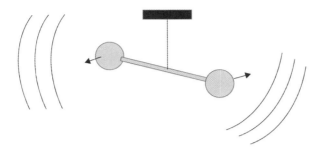

图 7.1　爱因斯坦的旋转哑铃会产生引力波

但是这个引力波解中，有一方面爱因斯坦不太理解。在麦克斯韦理论中，电磁场的波动有两个解。比如，如果实验室里有一股沿着水平方向传播的波，那么会有一个解是垂直方向上震荡的电场（总是垂直于传播方向）；另一个解是水平震荡的，但仍然垂直于传播方向。这两种方向被称为电磁波的"极化模式"，通常的光波是两者的混合。一个带电粒子如果遇到第一种电场就会上下运动，就像海岸边的球顺着波涛上下运动一样。这和声波不同，因为传播声音的是介质分子的运动，它永远是沿着传播方向振动的。偏振太阳镜用到的就是偏振这个概念，它会选择性地屏蔽某一种偏振。当光线从你车前的马路上反射时，或者从沙滩前的水面上反射时，它可以遮蔽掉光线中主要的偏振成分，保护你的眼睛。

在引力解中，爱因斯坦也发现了引力波的两种偏振模式（我们很快就会谈到这两种偏振什么样）。这两种模式都以光速传播。但是除此之外，方程还有别的解，其意义并不清楚。更糟糕的是，那些解的速度并不能通过方程确定。在 1992 年的一篇论文里，爱丁顿仔细分析了爱因斯坦的引力波。他指出，爱因斯坦在 1918 年的论文里犯了一个小小的计算错误，公式得到的能量少算了一半。他还发现，爱因斯坦算出来的额外的模式可能在物理上并不是真实的，而只是用来描述这个问题的参考系产生的波动。他不屑一顾地批注道："它们唯一的传播速度就是脑筋急转弯的速度。"

"参考系的波动"，这句话什么意思？这是广义相对论里的一条原则，指你不管用任意方式标记时空中某点的位置，对物理现象的测量，不管是用时钟、望远镜还是激光，都会是一样的。让我们先来看一个小例子，这个例子不是在四维时空中，而是在二维表面上。假设我们有一个合适的城区，比如纽约市的曼哈顿区，其中有一间非常不错的星巴克门店。有很多种方式可以告诉你朋友这家店在哪。这座城市本身是由街道组成的网格构成的。假设第一、第二、第三大道都并列在同一个方向上，而第 65、66、67 大街和它们垂直。美国很多城市都是这样规整排列的。这样的街道网格形成了城市的"坐标系"。我们假设星巴克坐落在第三大道和第 66 大街的交叉口上。不过，你可以用一种完全不同的坐标系给你的朋友指路。你可以给她这家店的 GPS 位置，然后让她用手机导航过去。GPS 坐标系是基于经度和纬度构成的网格线，这些网格和街道形成的网格是不重合的。不管你用什么坐标系，星巴克里的拿铁都在那儿等着你。

现在再来考虑第三种坐标系，假设星巴克街区周围有一群巨人，他们拉直绳索形成网格，定义了一种新的坐标系。两组平行绳索互相垂直，按照绳子的方向给绳子标号为 E1，E2，E3[①]，N15，N16，N17[②]，等等。在这个体系中，星巴克可能位于 E3-N17，也就是 E3号绳和 N17 号绳交叉的地方。用这套系统，你的朋友可以轻松找到星巴克的位置。现在假设这些巨人开始抖动绳子，绳子震荡着，在水平面上形成了复杂的形状。在这个坐标系中，星巴克门店有点癫狂了，一会儿在 E3-N17，一会儿在 E2.9-N16.8，一会儿回到了 E3-

---

①E 为"东"的英文首字母。
②N 为"北"的英文首字母。

N17，一会儿又去了 E3.1-N17.2……要想通过这个坐标系找到星巴克会非常复杂（实际上坐标值取决于你何时到星巴克），但是仍然是可行的。不过，星巴克里的顾客什么都感觉不到，因为毕竟门店本身没有移动。他们完全没意识到，在巨人摇摆的坐标系下，门店的地址在四处晃荡。

图 7.2　在曼哈顿上东城[①] 寻找星巴克的坐标系统

　　左：基于街道网格的坐标系。中：基于 GPS 的坐标系。右：基于巨人疯狂抖动的绳子网格建立的坐标系。

　　这就是底线：坐标系只是标记点位的方便手段，并不代表物理实质。在广义相对论中有四个维度的坐标，三个描述空间，一个描述时间。但是基本思想是一样的。我们可以用任意一种方便的坐标系标记时空中的点，但是它们对物理世界中发生的事情没有影响，对我们用物理设备测量物理现象也没有影响。今天，学生们在广义相对论的第一节课就会学到这点，后来他们就很适应了。

　　但是爱因斯坦完全不适应，尽管这个概念曾经是他发展自己理论的重要指引。毕竟，他将他的理论称为"广义"相对论（相对于他 1905 年发表的"狭义"相对论）是因为这个理论在"广义"上的各种坐标系中都成立。即便是对广义相对论的理解不比爱因斯坦差

---

① 曼哈顿的富人区，有星巴克这样的中高端消费场所。

的爱丁顿，似乎也有点不确定该拿这些波动的坐标系怎么办。现在我们会觉得，他们对这些模式的踌躇有些奇怪。但是这个问题我们已经有了一个世纪的研究和教学经验了，所以现在我们只是事后诸葛亮而已。

尽管如此，爱丁顿评论引力波以"脑筋急转弯的速度"传播，还是让这个话题看起来有些不靠谱。还要过大约 35 年，这个问题才能尘埃落定。

1936 年，爱因斯坦尝试宣告引力波不存在，这使得事态更糟了。

1933 年，为逃离德国纳粹，爱因斯坦搬去了美国，在高等研究院（Institute for Advanced Studies）任职，靠近新泽西州的普林斯顿大学。这个研究院建立于 3 年前，是知识和发现的中心，也是知识分子逃离纳粹压迫的避难所。1934 年，爱因斯坦雇了内森·罗斯做他的助手，他是纽约市布鲁克林区出身的物理学家，此前在麻省理工学院学物理。那时的"助手"相当于我们今天的"博士后"，也就是一个拿过物理博士学位的人为一个资深的科学家做研究助理，经历几年学徒训练。

爱因斯坦和罗斯开始重新整理爱因斯坦 1918 年的计算，来探究引力波是否是真的。爱因斯坦在 1918 年的论文里使用了他理论的一种近似形式，从而预言了这类波动的存在。而现在，他们想要弄清楚理论的精确形式下，这种预测还会不会一样。令他们惊讶的是，精确形式的理论预言正好相反！他们得到的解中，时空某些特定位置上是奇点，即无限大，就像史瓦西的"质点解"在史瓦西半径处是奇点一样。他们将这种奇异性解释为非物理的，下结论认为整个解也肯定是非物理的。1936 年，爱因斯坦和罗斯向科学期刊《物理学评论》提交了他们对引力波的反证。

　　《物理学评论》的编辑约翰·塔特（John Tate）遵循了那时刚制定出来的规定，将爱因斯坦和罗斯写的论文寄给了另一个科学家评审。基于作者之一是爱因斯坦，塔特把它寄出去时有些不安。但他还是没有破例，特别是因为文中给出了令人惊讶的结论。匿名的审稿人建议，不经过重大修改，不要发表这篇论文。

　　今天，同行评议是严肃科学期刊出版中的常规操作，而且是保证新结果可靠性的必要手段。一般来说，期刊的编辑会将新提交的论文寄给一个或几个专家，征求意见和批评。必须要这些专家都同意发表，论文才会被接收。但是，1936 年，这一操作一点都不常见，爱因斯坦所在的欧洲几乎无人听说。所以爱因斯坦收到塔特的回复时，他看到匿名评审人的批评，感觉受了冒犯，于是撤回了论文。他给塔特写信道，他是"把稿件寄去发表"，而不是寄去给一个匿名的专家看。爱因斯坦再也没有给《物理学评论》投过稿。

　　如果爱因斯坦真的好好读了审稿人的报告，我们现在读到的故事会大不相同，因为审稿人发现了他们论文中一个严重的错误。但是，爱因斯坦没有做任何修改，就把原先的文章投稿给了《富兰克林研究所学报》，那是费城的一家小杂志，没经过评审就于 1937 年把他的论文接收了。此时，罗斯已经搬去了基辅大学，那所大学位于今天的乌克兰。所以爱因斯坦雇了新的助手，利奥波德·英费尔德（Leopold Infeld），一个波兰物理学家。英费尔德到高等研究院时，爱因斯坦和罗斯的文章刚被《富兰克林研究所学报》接收。爱因斯坦很兴奋地告诉他，他的新论文里发现了引力波终究是不存在的。

　　英费尔德一开始有些怀疑。他很难相信在爱因斯坦的理论和麦克斯韦的电磁场理论如此相像的情况下，广义相对论却没有像麦克斯韦理论那样预言波。但是爱因斯坦是物理学界的巨擘，他很快就说服了英费尔德他的论证是正确的。然而，大约就在这个时候，普林斯顿教授霍华德·珀西·罗伯森正从加州理工休假归来。他的研究日后将成为广义相对论宇宙学的基石。当英费尔德遇到罗伯森的时候，他告诉罗伯森爱因斯坦和罗斯得到的结果，但是罗伯森反驳了这个结果，并在几天后展示给英费尔德看问题出在什么地方。又是坐标系的问题!

罗伯森解释道，如果把爱因斯坦和罗斯求解的坐标系转换为柱坐标系，那么困扰他们的无穷大就会被放到柱坐标的轴上。那是引力波源所在的位置，他们的解本来也不适用。英费尔德很震惊，因为罗伯森似乎仅凭他们简短的讨论就解决了这个问题。

爱因斯坦和罗斯发现的奇点叫作"坐标奇点"，今天我们知道，这是坐标系选择造成的假象，因此对物理现象没有影响。即便像地球上的南极点这种普通的地方，也有坐标系奇点。在此处，纬度为 −90度，但是经度有无限种数值，因为所有的经线都在此处交汇。但是，如果你住在南极点上的科考站里，你不会感受到奇点。实际上，你仍然可以在冰面上构建起街道的网格，然后找到星巴克的门店（如果那里也开星巴克的话），就像在曼哈顿一样简单。正如我们之前说过的，物理现象不可能依赖于某个坐标系。英费尔德跑去告诉爱因斯坦，而爱因斯坦告诉他，自己刚刚也独立发现了这个问题。

有了英费尔德和罗伯森的解释和劝告，爱因斯坦心情沉重地重新回顾了自己的论文。此时它已经做成样刊了。他改掉了论文标题，加了关于柱坐标系引力波的新章节，并变更了主要结论：精确形式的广义相对论的确预言了（至少在柱坐标系下）引力波存在。2005年，我们的同事丹尼尔·肯尼菲克做了一些开创性的调查工作，他被准许查看塔特记录提交论文的手册。那手册证明，爱因斯坦和罗斯论文的匿名审稿人不是别人，正是罗伯森本人！

再一次，弄清楚引力波是什么成了问题所在，而这个问题在接下来 20 年内都没什么进展。要记得，这个时期是广义相对论领域的"枯水期"，没几个科学家对它感兴趣，也没什么人研究它。但是 20 世纪 50 年代中期，这个领域开始重生了，广义相对论在 20 世纪 60 年代复兴，我们在第一章里已经讲过。研究这个领域的科学史学家认为，有两个关于广义相对论的会议特别有影响力。第一场会议是 1955 年在瑞士伯尔尼召开的，它是为了庆祝爱因斯坦"奇迹年"的五十周年。50 年前，爱因斯坦正是在这座城市当专利局职员。那年他研究出了狭义相对论，并在量子力学和原子物理方面有了突破性发现。会议同时怀念了爱因斯坦，他在举办会议的 3 个月前去世了。第二场会议于 1957 年在北卡罗莱纳的教堂山（Chapel Hill）[1] 召开。

实际上，这两场会议最后成为了传奇。几年后国际广义相对论与引力学会成立的时候，决定每过 3 年就组织一次大型的"GR[2]"会议。他们给这两场会议追加了"GR0"和"GR1"的编号。2019 年，GR22 会议在西班牙巴伦西亚（Valencia）召开[3]。

尽管引力辐射在两场会议中都不是主要议题，但它还是得到了讨论。在伯尔尼，内森·罗斯回顾了柱坐标引力波。在教堂山，约翰·惠勒和约瑟夫·韦伯争辩道，尽管物理上的情境似乎很不现实，柱坐标波却是可测量的。27 岁的英国博士生菲利克斯·皮拉尼讨论了他近期的论文，其中明确展示了引力波将会如何影响物质粒子，又该如何去测量这些效应。

---

① 此处坐落着北卡罗莱纳大学教堂山分校。
② 既是"广义相对论"的首字母缩写，也是"引力"的缩写。
③ 2022 年 7 月，GR23 会议在中国举办。

　　想象 8 个小圆盘（比如说冰球）在一张桌子上围成一个环形，它们可以在桌子上滑动，完全不受摩擦力（图 7.3 上方最左侧的示意图）。引力波垂直穿过桌子（穿进插图所在的书页）。波的振幅强度按正弦变化：从零开始，逐渐增长到最大值；再回到零，降到最小值；再回到零。根据爱因斯坦的理论，位于桌子两侧的圆盘会在一个方向上被分开，在另一个垂直的方向上被拉近，如图 7.3 上方中间的那幅图。当波的振幅变化到零的时候，圆盘的排列会回到正圆环形状（上方第三幅图）。当振幅为负的时候，圆盘分别在反方向被分开和拉近（上方第四幅图）。最终，波动完成了一个周期之后，圆盘又回到了正圆环的排列（第五幅图）。我们已经说过，广义相对论的引力波包含两个偏振模式。第二个模式的行为如图 7.3 的下方各图。它和第一种模式表现得一样，只不过是沿着对角线拉近和分开，与第一种模式有 45 度的夹角。这两种模式被简称为"加号（＋）"和"乘号（×）"模式，因为如果你把这两种情况下的五幅示意图重叠到一起，组成的图案会让人联想到乘号或者加号。

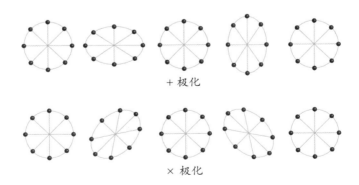

图 7.3　引力波垂直于纸面传播时的两个极化模式

这些截图展示了 8 个小圆盘在无摩擦表面运动的情况。截图自左到右依次展示每个波动周期的四分之一。上面一行展示加号极化，下面一行展示乘号极化。

目前为止，我们已经说了无数次引力是时空的弯曲或扰动了，而且你可能也读过很多报纸文章或者网络故事，说引力波会拉伸和挤压时空，造成我们在图 7.3 里看到的那些图形。那么我们就要问了：引力波不是也会拉伸和挤压桌子吗？那么圆盘不就不会发生滑动了吗？答案是，一个物体在弯曲时空下的行为，取决于它受到的其他力。我们的圆盘在水平方向不受任何力（假设零摩擦），所以它们"完全地"屈服于波动产生的时空扰动；另一方面，构成桌子的原子受到周围原子产生的原子间电场力，这种力比引力大得多。所以桌子的扰动比盘的位移小得多得多。因此，圆盘的确会产生滑动。

实际上，这是教堂山会议中一位"佚名者"用来强调引力波真实存在的巧妙论证。这位佚名者实际上是著名的美国物理学家理查德·费曼，他用假名注册了这个会议，以表达他对当时广义相对论研究情况的不满。基于皮拉尼对物体移动的描述，他指出如果你在桌面上加上一点摩擦，那么随着圆盘来回移动，桌子会稍稍升温。因此，有一些能量从引力波传递到了桌子上，这是一种清晰而确定的物理效应。他在描述的时候用的实际例子是两颗珠子在小棒上滑动，所以物理史上将他证明引力波存在的论据称为费曼的"棒上小珠"。

皮拉尼 1958 年从伦敦国王大学的赫尔曼·邦迪手下获得了博士学位。接下来的几年中，邦迪和其他人确切无疑地证明了引力波是真实的，是可以被测量的，是携带引力源的能量的。爱丁顿的嘲讽造成的漫长怀疑结束了。

但是，一个同等重要的问题是：有可供测量的引力波吗？任何正经物理学家都会说，我们来造一点引力波然后测量吧。1887 年，赫兹用火花放电制造出了电磁波，然后在他实验室的另一头探测到了波的效应。我们能不能制造一个爱因斯坦在 1916 年计算引力波时想象的那种哑铃,然后在别处探测它产生的引力波?不幸的是,很容易就能证明,这样的条件产生的引力波弱得无可救药,即便在最大胆的设想下也完全不可探测。然而,引力取决于你所用的质量大小,所以天体可能会产生引力波,但是 20 世纪 50 年代末,这看起来也不太可能。按照天文学观点,宇宙是一个非常安静的地方,几乎什么事儿都没有。行星安详地绕着母星公转,恒星几乎不变,星系兀自静默,缓缓旋转,远离彼此,而宇宙渐渐膨胀。诚然,确实有爆发的超新星被观测到,例如在 1054 年、1572 年、1604 年。但是这些事件都很稀少,而且人们也不知道这些爆发产生的引力波有多少。

第三个问题是:如果有引力波穿过地球,我们能造出足够敏感的探测器,真正测到它吗?接受了这个挑战的是约瑟夫·P·韦伯。在众多诽谤者口中,韦伯是个悲剧人物,他的研究充满漏洞,他的结论也都被驳倒了。对于其他人来说,他是引力波探测之父,他通过远见卓识设立了许多规则,使得未来的激光干涉阵成功探测到了引力波。他的故事展现了科学发展的曲折和复杂,更是研究科学产生过程的重要样例。

韦伯是立陶宛犹太人的儿子,他们家在 20 世纪初到新泽西和纽约定居。他 1919 年出生,1940 年毕业于美国海军学院,参加了第二次世界大战。战后他担任海军电子对抗部门的领导,以中尉军衔退役。

1948 年,马里兰大学准备聘他做工科教授,但要求他快速拿一个博士学位。韦伯问乔治·伽莫夫,愿不愿意做他的博士导师。伽莫夫是华盛顿特区的乔治·华盛顿大学的物理学教授,因为对量子物理中放射性的解释而出名。讽刺的是，就在这一年，伽莫夫和学生拉尔夫·阿尔珀从理论上预言了宇宙大爆炸后的第一缕曙光，今天叫作"宇宙微波背景辐射"（CMB）。然而，伽莫夫并没有派韦伯进行第一缕曙光的实验探测，而是拒绝了他。1964年，贝尔电话实验室的两个科学家阿诺·彭齐亚斯和罗伯特·威尔逊几乎是纯属偶然地探测到了这一辐射。

被伽莫夫拒绝之后，韦伯决定随着基思·莱德勒研究原子的物理性质，并于1951年从美国天主教大学拿到了博士学位。他把博士课题写成了一篇论文，提交给了加拿大一场关于"微波相干发射"的国际会议作展示。这篇文章里有许多关键的观点和概念，引领了激微波（受激放大微波辐射）和激光（"微波"换成"光"）的发明。查尔斯·汤斯[①]也在做这方面的研究，他和韦伯要了一份论文的副本。与此同时，苏联的尼古拉·巴索夫和亚历山大·普罗霍罗夫也在独立地进行同样的研究。1964年，汤斯、巴索夫、普罗霍罗夫因为制作出首个激微波和激光器而获得了诺贝尔物理学奖。尽管韦伯也被诺贝尔奖提名了，他却从未获过奖。

按照基普·索恩所说，在发现了激微波之后，韦伯对于广义相对论的兴趣开始增长了，因为他希望换一个少一些诺贝尔奖争端的领域。1955年，他到高等研究院休假，和惠勒一起研究引力辐射（他们1957年在教堂山的报告就是这次研究的成果）。随后他在荷兰的洛伦兹理论物理研究所继续他的研究。

做了一些初步研究之后，他开始做别人不敢想象的事情：测量引力波。1958年前后，他认真地开启了项目，首先从理论上计算波在经过固体（而非桌面上滑动的圆盘）时会产生什么效应，然后就

---

① 美国物理学家、教育家。

建造设备。到 1965 年，他已经开始运行一个简单的探测器了。它是一个铝制的实心圆柱（用铝的原因很简单：便宜），直径大约 1 米，长度 2 米，重约 1.5 吨。

当引力波沿垂直于长轴的方向穿过圆柱体时，波的时空扰动会拉伸和挤压圆柱的两头（图 7.4）。在垂直的方向上也有拉伸和挤压，但是不易测量，所以就忽略了。我们前面提过，圆柱里的物质是固体，不会像两个圆盘自由滑动那样分离得那么大，所以相对来说对引力波的响应更加微小。

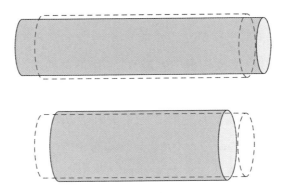

图 7.4　当引力波垂直穿过这页书时，会对"韦伯圆柱"产生扰动（效应的尺度夸大了）。虚线画的是圆柱未受扰动时的情况。上图：圆柱被水平拉伸，而在竖向上被压缩。下图：半个引力波周期之后，圆柱被横向压缩，而在竖向上被拉伸。

不过，圆柱有着滑动圆盘没有的性质。如果你用锤子敲击圆柱的一头，它会以单一的频率振动很长时间，这叫作"共振频率"。小孩子在很小的时候就学会了共振现象。操场上的秋千前后摆动，特征频率取决于秋千的长度。如果你以同样的频率推动秋千，也就是在秋千每次荡回来的时候往外推（或者你一个人坐秋千，那每荡一次在最佳时机向外摆腿），秋千就会荡到吓人的高度。而且即便不再推，秋千还是会再荡一会儿，直到空气阻力和绳子的摩擦力让秋千停下来。

　　韦伯有充分的理由选择共振圆柱而非滑动圆盘。他考虑的潜在引力波源是超新星，那是当时唯一已知的"极端"事件。他设想这样一次事件产生的引力波是一次短暂的"爆发"，可能短于几分之一秒；他还设想它是"宽频"的，也就是它的波动频率范围很大，而非纯音 [①] 那样的单一频率。如果信号中有一部分和圆柱的共振频率一样，那么圆柱就会被强烈地激发；除此之外，它还会在引力波爆发离开之后持续以共振频率振动，这样他的探测器就有更多时间去测量振动了。他的圆柱的共振频率正好是一秒钟一千次上下，即千赫兹波段，和预估的超新星引力波频率接近。为了测量圆柱的压缩和伸长，韦伯在圆柱中部连上了叫作"压电式转换器"的装置，可以将拉伸转换为电信号，从而记录下来以供分析。尽管如此，希望仍然微乎其微：即便最粗放地估计银河系中超新星爆发产生的信号，也只够他圆柱的长度变化一个质子那么多！

　　韦伯费了九牛二虎之力，将他的圆柱和外部的干扰隔绝开来。否则，无论地壳震动，或者周围车辆经过，都会让圆柱振动，被误判成引力波的效果。为避免这类现象，需要把圆柱用线悬挂起来，而且要用能承受同等重量的线里面最细的。这些线固定在钢铁和橡胶一层叠一层制成的支撑物上。他还在圆柱外面罩了电场和磁场。

　　1969 年 6 月，韦伯宣布了一个令人震惊的消息：他同时在相距1000 千米的两个探测器上探测到了信号。一个探测器在马里兰州，另一个在芝加哥附近的阿贡国家加速实验室。要用两个探测器的原因很简单：就算他尽力隔绝干扰，还是会有环境的扰动漏进探测器中，而且圆柱中的原子也会因为热能而产生无法避免的随机运动。因此，单用一个圆柱，要判断扰动来自引力波、环境干扰还是热能，

---

① 纯音指声压的时间波形为正弦函数的声音，只有单一频率（音调）。

就算不是完全不可能，至少也是非常困难。早在 1967 年，韦伯就报告了在单个圆柱中探测到了扰动，但无法肯定它来自引力波。然而，有了相距甚远的两个探测器，两个探测器同时探测到的扰动就不太可能是环境或者热能造成的了，因为同时发生这种巧合的概率非常小。因此，同时得到的探测是引力波的极佳候选体。比起 1969 年同时探测到的事件，更了不得的是他在 1970 年宣告：当探测器垂直于银河系中心方向时，此类事件的发生频率最高，意味着信号源确实位于太阳系外，很有可能聚集在银河系中心附近。这些报告同时吸引了科学圈和文娱界的注意。

然而，还有两个问题。首先，观测到的信号幅度太大，频率也太高（大约一天三次）。这震惊了理论学家，因为这意味着引力波爆发比他们预言的要频繁 1000 倍。这本身不一定是件坏事，因为物理学中要判断一项发现是否伟大，就要看它在多大程度上违背了理论上的清规戒律。

不过，第二个问题却是致命的。韦伯大部分探测结果是在 1969 年到 1975 年之间报告的。到了 1970 年，世界上其他的独立团队建起了他们自己的探测器，其灵敏度据称和韦伯的一样，甚至比韦伯的还要好。但是在 1970 年到 1975 年，这些团队都没有见到高于噪声的特殊扰动。到了 1980 年，人们形成了共识：韦伯并没有探测到引力波。韦伯从不接受这个观点，他继续用共振圆柱探测引力波，直到他 2000 年去世。

所以，这是个悲剧式的失败，还是伟大的成功？它显然是科学自我纠错的一个很好的例子。新的结果要被接纳，必须要得到其他人的证实。这种证实通常是用不同的设置再做一遍同样的实验，有时还要用上更复杂的仪器。在韦伯这件事上，他的结果不可复现，所以他的报告也未被采纳。

但是 1998 年，约翰·惠勒如此说道："曾经，没有人有勇气寻找引力波；而韦伯却揭示出，找到引力波是有可能的。"

随着时间的流逝，人们对于韦伯的科学遗产产生了一种更加微妙的观点。在韦伯之前，广义相对论这一领域几乎完全由理论学家占领。这个领域被称为"理论学家的天堂，实验学家的炼狱"。在教堂山会议上，费曼批评道，广义相对论研究的问题就在于太缺少实验。韦伯的报告促使其他物理领域的实验学家来研究广义相对论，比如低温物理的威廉姆·费尔班克，磁共振领域的罗纳德·德雷弗，精确测量领域的弗拉迪米尔·布拉金斯基，计算机科学的海因茨·比林，基本粒子物理的爱德华多·阿马尔迪，天文学的 J. 安东尼·泰森以及很多其他人。这个领域很快还会激起年轻的 MIT 教授莱纳·魏斯的兴趣，他很快就会建立起 LIGO 设备的基础。这些实验学家帮助这个领域形成了理论与实验共存的健康协作局面。

韦伯的研究也对改变理论有帮助。正如我们所见到的，当韦伯刚开始建造探测器时，理论学家的关注点在于引力波是否存在。而在他宣布探测到引力波之后，全世界理论团队的研究方向变成了考虑有哪些天体有可能（以及哪些不可能）产生他宣称测到的大量信号。尽管没有任何现象可以解释韦伯测到的信号，但在这段时期，人们增长了眼界，发展出了技术。自 20 世纪 60 年代起，因为类星体、脉冲星和宇宙微波背景辐射的发现，广义相对论学家和天体物理学家之间的交流就已经开始增长了；而因韦伯而产生的进步更促进了这种交流。

韦伯的研究工作还影响了本书作者之一的生活。在韦伯宣布首次发现的时候，克里夫 [1] 刚读完加州理工学院的研究生一年级，正在考虑在基普·索恩的研究组里做个暑期项目。索恩告诉他：

"我担心，万一韦伯是对的，那么广义相对论就有可能是错的。我想让你用这个夏天的时间弄清楚目前广义相对论的实验支撑，并想想未来能做什么来证明广义相对论是对是错。"

克里夫五十年的广义相对论职业生涯就此开启！

当然，虽然韦伯被公认为没有探测到引力波，但人们并没有放弃探测引力波的努力。许多课题组继续研制先进的圆柱探测器。一种手段是把整个圆柱和感应器冷却到绝对零度之上 1 到 2 度，从而降低圆柱内部原子热运动造成的扰动。有的课题组换掉了韦伯用的压电晶体，代之以更复杂的感应器，连在圆柱末端，从而大大提升了性能。有些课题组用蓝宝石等不同的材料制造圆柱，从而有机会对引力波激发有更好的响应。

这些课题组都没报告过值得一提的探测，相反，他们得出的地球周围引力波的强度上限 [2] 越来越低。尽管在 1979 年，正如我们在第五章里提到过的，对双脉冲星的测量肯定了引力波的存在，但这个系统发出的引力波本身极其微弱，频率也极低，无法被共振圆柱探测到。人们在圆柱上的研究又持续了 25 年，由于缺少资金，一个个项目逐渐地关闭了。最后一个"韦伯圆柱"在 2008 年前后停止了探测引力波的尝试。但是在这类研究方面已经取得了重要的进展，比如隔绝圆柱和地震噪声，控制热噪声以及数据分析技术。其中得到的许多教训将会被用来建造一个替代性的探测器，关于这种探测

---

[1] 本书作者之一。

[2] 在没有探测到切实信号的情况下，可以根据系统的探测能力给出信号的上限。即信号不可能超过某个强度，否则应该被系统探测到。

器的概念产生于 20 世纪 70 年代。它就是激光干涉仪。

激光干涉仪基于美国科学家阿尔伯特·A.迈克尔逊发明的一种仪器，最初是用来精确地测量光速的，不过后来出名还是因为他和爱德华·W.莫雷 1887 年尝试用它来探测地球在"以太"——也就是假想的传播光的介质——中的运动。从图示上来说，迈克尔逊的干涉仪有两条直的臂，方向构成直角（图 7.5）。每条臂在末端都有一面镜子。在两臂交叉的位置有一面半镀银的镜子，将光线分成两束，每一束都沿着一条臂传播，再被臂末端的镜子反射回来。当两束光再相遇时，它们会发生干涉，产生特征性的条纹图案，图案形状依赖于两束光来回所需时间的差异。迈克尔逊和莫雷没能探测到任何穿过以太的运动，而他们的失败所带来的难题，最终引出了爱因斯坦的狭义相对论。

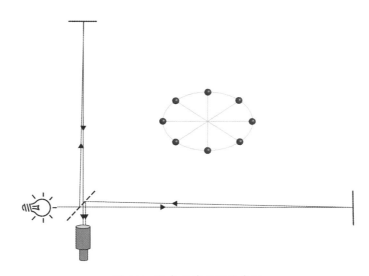

图 7.5　激光干涉仪的示意图

激光器发出的光线被一面半透镜分成两束，沿着两个垂直的臂传播。臂末端的镜子将两条光束反射回来。光束被聚拢到一个感应器上。如果光线互相正干涉，感应器得到的就是一个亮点；如果负干涉，就是一个暗点。如果"加号"极化的引力波垂直穿过你正在阅读的这页书，它就会拉长一条臂，压缩另一条臂，这样一来就会改变两束光线之间的干涉。

在精确测量距离方面，迈克尔逊的干涉仪是一个了不起的工具。因为只需一条臂的长度改变光线波长的四分之一，就足够将最终产生的亮点变成黑点。由于光线波长的测量精度为一米的数百万分之一，那么至少在原则上，它很有潜力去测量引力波造成的物体间距的微小变化。读者可能还会问：引力波会改变镜子和分束器之间的距离，但是它难道不是也会改变光线自身的传播吗？答案是肯定的，但是正如桌上滑动的圆盘一样，这两种效应并不会互相抵消。在出射光束的亮度上，会发生真实的、可测量的变化。

第一个想到这种办法的是俄国科学家 M. 格岑施泰因和 V. 普斯托沃伊特，他们在 1963 年就有此想法，但直到很多年后才被承认。韦伯和他的学生罗伯特·福沃德独立地想出了这种方法。1972 年，福沃德甚至做出了首个干涉仪探测器原型机。但是人们通常认为，真正将理想概念变成能探测到引力波的大规模设备的人是莱纳·魏斯。他的同事叫他莱。

1939 年，莱的家族逃出德国纳粹的魔爪，定居在纽约。他是个喜欢鼓捣电子元件的人，所以后来去了 MIT 学习电子工程。不过他大三时离开波士顿，去芝加哥追求一段浪漫情缘。情缘最终告吹，而他回到 MIT 时，发现因为走的时候谁也没请示，自己已经被学校开除了。但他不屈不挠，说服了 MIT 的物理学家杰拉德·扎卡莱亚斯给了他一份实验室技术员的工作。这段时期，扎卡莱亚斯在研制基于铯原子的首个实用原子钟。在扎卡莱亚斯的帮助下，莱再次被 MIT 接收了，1955 年修完了本科，最终在 1962 年从扎卡莱亚斯手下拿到了博士学位。

他在普林斯顿大学的物理学家罗伯特·迪克手下做了两年博士后，这时他开始研究检验广义相对论的实验。1964 年，他以副教授的职称回到 MIT 工作。在射电天文学家伯纳德·伯克 [1] 的劝说下，他注意到了刚被彭齐亚斯和威尔逊探测到的宇宙微波背景辐射。这种辐射是宇宙早期炽热电磁辐射的残留，那时它曾占主导地位，现在已经因为宇宙逐渐膨胀，而冷却到了绝对零度之上几度的水平。宇宙学理论表明，这种辐射的强度和辐射波长的依赖关系非常明确，称为"黑体谱"。但是用火箭搭载探测器得到的测量结果似乎违反了理论预言。莱和他的研究生用高空气球放飞了一台设备，在 1973 年有说服力地表明，光谱确实是黑体谱。他们还测出它的温度是零 [2] 上 3 度（新近的测量值是 2.725 度）。莱随后成为 NASA 的宇宙背景探测者卫星的领导，这颗卫星在 1989 到 1993 年之间对该辐射进行了更精确的测量。

但是他没有忘记自己的"初恋"——引力实验。1968 年前后，MIT 请他教一门广义相对论的课。因为他不是相关课题的理论专家，所以他决定从实验方面入手，教授韦伯 1961 年写的一小册关于广义相对论和引力波的通识读本。但是当他研究韦伯关于共振圆柱的讨论时，他无法理解韦伯何以达到探测引力波所需的灵敏度。所以他在课上留了一道家庭作业：找出一种办法，在物体之间发射光束，从而测量引力波。学生都被难住了，作业没交上来多少。很快，韦伯宣布了自己的探测，这使得莱很怀疑，所以他开始认真考虑干涉仪的问题。他细细分析了他能想到的每一种噪声和扰动，最后总结道：要是干涉仪足够大，它的灵敏度有可能比韦伯的高 1000 倍。他

---

[1] 美国天文学家，发现了木星的射电辐射以及首个爱因斯坦环。

[2] 指绝对零度。

同时发现了韦伯的共振圆柱和干涉仪之间的关键区别。圆柱只会对和共振频率相近的引力波发生强烈响应,而如果用长摆将镜子悬挂在干涉仪中,它们会响应所有的引力波,不管引力波是什么频率,就像我们提过的无摩擦冰球一样。

他觉得这不值得作为科学论文发表,就写成了一篇 23 页的报告,1972 年发表在 MIT 一本按季度出版的时事通信上。他在报告中给出的概念,将会成为 LIGO 设计的基石。

他一边在写 MIT 报告,一边申请并最终拿到了 MIT 的资助,建造了一个臂长 1.5 米的小原型机。大约在 1975 年,他向 NSF 写了一份提案,想要继续进行研究。尽管有正面点评,提案还是被否决了。一份提案来到了慕尼黑马克斯普朗克研究所的海因茨·比林的案头。比林是计算机科学的先驱之一,刚刚转入物理学,而他的团队就在用共振圆柱检验韦伯的报告。他受到莱描述的干涉仪探测引力波前景的启发,和同事一起开始建造原型机。不久,罗恩·德雷弗来拜访他的实验室,他也在研究圆柱探测器,也对这种新方法很感兴趣。德雷弗(1931—2017)是一个创造性很强的天才物理学家,就职于格拉斯哥大学。在 29 岁的那一年,他曾经做了一个漂亮的实验,使用核磁共振技术,证明了原子的质量不依赖于它相对于银河系的倾角,也不依赖于它相对于地球在宇宙中运动的速度方向。德雷弗的团队也开始建造干涉探测器的原型机。

加州理工学院的基普·索恩也开始考虑干涉仪,起因是在 NASA 委员会的一场会议上,莱·魏斯在华盛顿的一家酒店里劝了他半夜。他的团队当时处于引力波源理论研究的前沿,但他觉得加州理工学院在实验方面也应该占据一席之地。所以 1979 年他招募德雷弗加入加州理工,开始建造一个 40 米的原型机。

最终证明，桌面或者房间那么大的干涉仪原型机对技术发展确实有用，但不够灵敏，无法有效探测到天体可能会发出的那种引力波。反之，需要臂长数千米的设备才行。原因是引力波造成的两个物体间距的变化，是和间距本身成正比的。如果你将分束器和镜子之间的距离加大到两倍，那么你就把差异放大了两倍，因而在光线再相聚的时候，它们的区别就变大了两倍。把 40 米的原型机升级到 4 千米，你就把效果放大了 100 倍。不幸的是，你同时也以同样的倍数提高了造价。一个原因是，光束传播的空间必须是高度真空，否则光束和残存的气体中的原子发生相互作用，会让光速产生波动，这一效应比引力波造成的镜子偏移还要大。同时，还有个共识：和韦伯的圆柱一样，人们需要两个彼此远离的干涉仪，才能提供可信的探测。因此，引力波探测器无疑是非常昂贵的。

因而，在 NSF 的敦促下，加州理工学院、MIT 在 1984 年同意合作设计和建造 LIGO，由魏斯、索恩和德雷弗联合领导。然而，后来发现这种管理方式不可行。1987 年，天体物理学家、前加州理工学院教务长罗切斯·E. 沃格特（Rochus E. Vogt）被指任为 LIGO 主任。1992 年，美国国会已经提供了建造所需的最初资金，华盛顿州汉福德、路易斯安那州利文斯顿的两处地址也选好了。巴里·巴里什，一位高能粒子物理学家，在 1994 年接替沃格特成为 LIGO 主任，管理建造、探测器试运转以及最初的引力波搜寻。LIGO 计划包括两阶段：使用检验过的技术建造并运行干涉仪，灵敏度达到可能探测到引力波的水平；然后再把干涉仪升级，使用更先进的技术，达到在目前广义相对论和天体物理预言下，一定能探测到引力波的水平。初代 LIGO 对引力波的搜寻在 2002 年到 2010 年之间付诸实施。毫不意外，并没有探测到引力波；另一方面，干涉仪达到了设计的灵敏度，在操作仪器和分析数据方面也获取了许多经验。在2010年到2014年之间，干涉仪进入关闭状态，植入此前研制的先进技术，例如更强劲的激光、改良过的镜片，以及更好的隔绝地震装置。2015年9月，设备达到了比初代LIGO灵敏10倍的程度。

但是，不只有美国人想探测引力波。阿兰·布里耶是一位法国物理学家，就职于巴黎附近奥尔赛的（法国）国家研究中心。他1979年曾在科罗拉多大学和乔恩·霍尔（Jon Hall）一起工作，把干涉仪中用到的光源改成激光，做了一个20世纪版本的迈克尔逊-莫雷实验。阿达尔贝托·贾左托是基本粒子物理学家，他在位于意大利比萨的意大利国家核物理研究所工作。他也对引力波探测感兴趣，特别是把镜子与地面震动隔绝开的问题。他们一起提议建造一个大型的欧洲干涉仪，这台干涉仪最终建造在卡斯纳（Cascina），大约在比萨东南方向15千米处，并以室女座星系团① 命名为室女座干涉仪（Virgo）。格拉斯哥的德雷弗团队和慕尼黑的比林团队联合提议建造另一个大型干涉仪，但是部分由于东西德合并的原因，导致他们的经费很有限，只能建造600米长的臂。而对比之下，LIGO的臂有4千米，室女座干涉仪的臂有3千米。这台设备叫作GEO-600，建在德国汉诺威（Hanover）附近。澳大利亚的研究者最初建造的是先进的共振圆柱探测器，随后也换成了干涉仪。但是他们从未说服过他们的政府，无法升级他们的80米原型机。那台设备位于西澳珀斯（Perth）附近，名叫AIGO。日本团队也非常活跃，建成了一座充满野心的干涉仪，叫作"神冈引力波探测器"（KAGRA），它是一台3千米的设备，坐落在日本飞驒市（Hida）附近的池野山（Mount

① 离地球最近的大型星系团，含有大量双星系统、黑洞、中子星等潜在的引力波源，探测到引力波的概率较高。

Ikeno）深处。在这个地方，利用神冈矿的废弃竖井和隧道，人们正在进行着数不清的中微子、暗物质、质子衰变的地下物理实验（见第九章）。

你或许已经想象出了一幅紧锣密鼓的国际竞赛景象，大家都争相要第一个探测到引力波。但真实情况与此相反。回想一下韦伯的教训：你需要不止一个探测器，才能确定你探测到了引力波。除此之外，既然引力波经过时干涉仪中的镜子会发生瞬时且不受约束的响应，只要记录同一个信号到达两个相距很远的干涉仪的时间差，你就能大致知道信号源的方向了。这一原理和我们第三章（图 3.5）中所述的相同，那时我们说过，射电波到达两台分离的射电望远镜时的时间差，可以用来判断天体方向。两台干涉仪给出的信号源在天空中的位置信息是有限的；干涉仪越多，就能越准确地指出信号源的位置。要想达到这个目标，不同的团队必须合作，尽管他们个人或者所在国家可能很想要"当第一"的荣耀。所以，在 LIGO 和室女座处于建设阶段的时候，两个项目的负责人开始了棘手的谈判，最终在 2007 年形成了 LIGO-室女座合作组织。这是一个非常了不起的组织，它将两台 LIGO 设备和一台室女座干涉仪看作是三座干涉仪组成的同一个网络，所有数据都是共享且透明的，时间安排也统一规划，诸如此类。（对于我们那些组织成员同事来说，这也意味着无穷无尽的跨大洲电话会议，以及随之而来的非常不方便的工作时间！）GEO-600 和 AIGO 团队加入了这个组织以研究技术发展。尽管 GEO-600 灵敏度低，它还是在 LIGO 和室女座关机的时候进行观测，以防可能会发生特别强烈的现象，比如邻近的超新星爆发。室女座干涉仪也采取了两阶段的发展战略，和 LIGO 的初步-高级建设方式类似。2015 年 9 月 14 号探测到了首次引力波信号。此时升级版室女座干涉仪还要大约一年才能上线并运转，所以这个信号只被 LIGO 干涉仪观测到了。不过，在 2016 年发表的论文里，室女座的全体成员都被列成了共同作者。这篇论文有超过 1000 个作者。在下一章里，当我们讨论真正探测到的是什么信号，以及这些信号意味着什么时，我们会看到这种合作是多么重要。

2015 年初，两座 LIGO 干涉仪都进入运转，这个阶段被称为"工程运转"。这个阶段中，设备操作员在它们身上到处戳戳点点，拧拧操作盘，改改各种设置，只为了得到最佳的性能。这次运转本计划在 9 月 18 号结束，那时所有的微调都将停止，设备将会进入"观测运转"模式。但是，工程师提前一周完成了工作；两座干涉仪都静静地运转，等待官方宣布观测运转开始。北美东部夏令时区 9 月 14 号早上 5 点 51 分，利文斯顿的设备记录到了一次信号。7 毫秒之后，汉福德的探测器记录到了同样的信号。这个信号现在被称为 GW150914（GW 是引力波的英文缩写，后面的数字是"年年月月日日"格式的时间）。它到达的日子几乎正好是爱因斯坦发表他理论的 100 年后。在下一章中，我们将会详细描述这次发现，以及我们从中学到了什么。

在我们进入下一章之前，关于引力波，我们还有最后一点需要讨论。在许多关于引力波的新闻报道中，你常常会看到这种表述："听到引力波。"许多科普书使用音乐式的意象，比如玛西亚·芭楚莎的《爱因斯坦的未完成交响曲》[1]，或者珍娜·莱文的《黑洞蓝调》[2]。本书的第九章题目也是"宏亮的"未来，而不是明亮的未来。这都是什么意思？你通常会觉得天文学家是"凝望"星空，"看到"超新

---

[1] 中译本由湖南科学技术出版社于 2007 年出版。

[2] 中译本书名为《引力波》，由中信出版社于 2017 年出版。

星爆炸，或者是"目睹"行星凌日。那为什么我们是"听见"宇宙中的引力波？

原因是电磁波和引力波之间存在着根本上的不同。当电磁波——也就是光线——撞到某种物质上时，比如落在你眼睛的视网膜上，光线的电磁场会给物质中的电荷施加一个力，产生一股电流。如果你更喜欢用量子力学的表达方式，那么光线是由许多"光子"构成的，光子会把电子撞出它们所在的原子。随后，这股电流由你的视网膜传输到视觉神经元，再抵达你的大脑。你相机或者手机中的 CCD 元件也能产生这样一股电流。产生电流的也可以是射电望远镜那导体制成的天线。"看见"这个动作本质上就是光线移动电子，从而产生电流。

引力波的作用方式却非常不同。它是通过拉伸和压缩时空，让质量（而不是电荷）彼此之间发生相对的来回运动（回忆一下图 7.3 里的冰球）。所以当引力波穿过你的脑袋时，它会让一只耳朵里的耳膜和骨骼相对于另一只耳朵发生移动。它同时还会试图拉伸和压缩你的头骨，但因为你的头骨非常坚硬，足以抵御很大程度的引力波效应。不过，你内耳中的结构相对来说更容易移动，在移动时，它们会牵拉耳蜗中的薄膜，使得耳蜗中的液体来回流动，触动一系列绒毛，将这种振动转化为电脉冲，传递到大脑的神经元中。在这个例子中，声波和引力波之间唯一的区别，是声波通过扩张和压缩空气来移动鼓膜，而引力波通过扩张和收缩时空本身来达到同样的效果。

但是我们无法感知到自己鼓膜所有的振动。这是因为将振动转换到电磁脉冲的效率有限，频率低于 20 赫兹（最低沉的声音）和高于 2000 赫兹（最尖锐的声音）就无法有效转化了。其他的哺乳动物，比如狗，可以听到最高 45 000 赫兹的声音。而大蜡螟甚至可以听到 300 000 赫兹的声音！事实上，狗哨利用的就是这个物理原理：狗哨能让空气产生高频的振动，人耳听不到，但是狗能听到。

我们在下一章中将会学到，GW150914 的引力波处于 40 到 300 赫兹之间，正好处于人类能听到的范围。所以世界上的人们为什么没有听到引力波信号？答案是引力波实在太弱。我们能感受到的最小鼓膜移动大约是 1 纳米，或者说 1 米的百万分之一。但 LIGO 探测到的引力波只够移动鼓膜一万亿分一纳米！不过，我们倒是可以听到一些很近的源发出的引力波。比如说如果信号源天体位于太阳到海王星距离的两倍，而不是超过 100 万光年远的话，我们就能听到了。但我们应该庆幸信号源天体没有离得这么近，因为信号源是一对黑洞，每个质量都约是太阳的 30 倍，以很近的轨道彼此绕转。如果它们离太阳系这么近，那么早在我们人类出现之前，它们对太阳和行星随便一点引力拖拽就会扰乱太阳系（或者从一开始就使得太阳系无法形成）。

不过，在 LIGO 和室女座干涉仪里，我们用的不是鼓膜，而是镜子。我们依赖的也不是内耳的细小骨骼和耳蜗，而是镜子间反射的激光束。它们能够探测到镜子小于质子直径千分之一的位置变化。LIGO 和室女座激光干涉仪是我们聆听引力波的工具。那么，我们从这些声音里听出了什么？

第八章

# 引力波告诉了我们什么?

事发前 2 小时：华盛顿州的 LIGO 汉福德观测站，此时是中午 12 点 50 分。最后下班的两个科学家也离开了，他们经过了漫长的一整天工程测试，去睡一个应得的长觉。只有值夜班的操作员在岗。为了校正仪器以备首轮科学运转，探测器几个月前就被打开了。按照计划，"高新 LIGO"探测器会在四天后开启。

200 万千米之外，也就是到土星距离的 1 倍半开外，一股时空涟漪的波包以光速接近太阳系（图 8.1）。

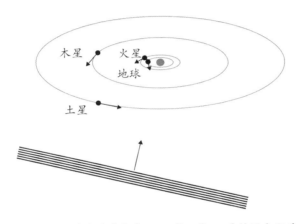

图 8.1 一股引力波波包在 2015 年 9 月 14 号接近太阳系

引力波从下方传来，离太阳系的"南极"大约 15 度。图中展示的是当时地球、火星、木星和土星的位置。这个源产生的引力波可能几百万年来一直在穿过太阳系；我们展示的只是引力波那末尾最强的爆发，也就是 LIGO 探测到的那股波。

事发前 15 分钟：在路易斯安那州的利文斯顿，此时是早上 4 点 35 分。LIGO 利文斯顿观测站里的两个技术员，正准备跑最后一遍测试就下班。这种"减速带测试"需要技术员开一辆车，以每小时 5 到 10 英里的速度开过 LIGO 建筑外的减速带，配备 GPS 定位，以检测干涉仪会不会探测到车开过减速带时产生的地面振动。他们正要开始测试,突然发现手里的 GPS 仪器有点故障,需要重新校准。于是他们没有测试,各自回家了。

时空涟漪此时在 2.7 亿千米,也就是 1.5 天文单位之外。

事发前 0 分钟:时空涟漪经过了利文斯顿的 LIGO 探测器,7 毫秒之后,又经过了汉福德的 LIGO 探测器。在五分之一秒内,干涉仪两端的镜子来回轻微移动了几次,设备内的激光束干涉条纹发生了小小的变化,产生了记录时空涟漪经过的电信号。信号自动记录,但是没有人注意到。至少此刻还没有。

事发后 10 分钟:在德国汉诺威,此时是中午,接近午饭时间。阿尔伯特·爱因斯坦研究所的博士后研究员马尔科·德拉戈注意到,电脑自动程序发出了提示音,表明 LIGO 数据里出现了什么奇怪的东西。他很奇怪,检查了记录,看看有没有什么规划好的"注入",也就是人工让仪器里的镜子振动,模拟引力波经过的情况。但是记录上没有注入计划。

马尔科来到他办公室的隔壁,找他的朋友安德鲁·隆戈伦,后者也是博士后研究员。他告诉安德鲁提示音的事,他们一起深入研究起来。会不会是一次没有记录的注入?不,的确没有任何安排。会不会是一次减速带测试?不,那时没有人在测试干涉仪。会不会是一次微型地震,或者某种大气现象?不,数据质量检测器都处在完美状态。

事发后 54 分钟:马尔科给整个 LIGO 科学组织发了封电子邮件,发给了散布在全球的超过 1000 个研究人员。他描述了记录到的这次事件，在邮件末尾，他邀请大家确认这不是一次人工注入。雪片一样的电子邮件飞来。几小时内，LIGO 的管理层就确认了，这次事件不是注入或任何形式的测试。

事发后 10 小时：LIGO 执行委员会在电话会议中集结。他们讨论了这次事件，并决定：将设备维持在当前的状态，继续采集数据。软件被锁定了。硬件被锁定了。存储电子元件的机箱被锁住了。在接下来的两周里，没有人能接触这两台设备，也不能改变设置，这样一来可以继续积累数据，得到纯粹的随机噪声，从而和之前的事件进行比较。

这次事件让上千个成员的团队严阵以待，以判断它是否是引力波探测。几个独立的计算机数据分析表明，每个探测器得到的是同样的信号。其中有一种简单的分析方法，它使用的技术和高级耳机以及助听器里的技术差不多，能够抵消部分背景噪声，让你即便身处嘈杂的飞机或者餐厅，也能把感兴趣的音乐或者对话听得更清楚。它叫作"带通滤波器"，能够压缩比信号所在的频段（30 赫兹到几百赫兹之间）高或低的噪声，而不会改变关键的频率范围。当简单的滤波被施加在两个探测器的数据上时，发生的情况如图 8.2 的两幅图所示。

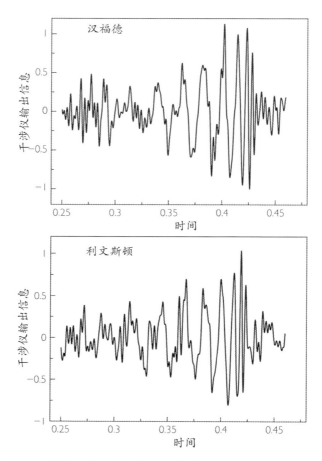

图 8.2  汉福德和利文斯顿的探测器在关键的 0.2 秒内得到的数据

数据已经经过带通滤波器过滤,仪器中已知的振动噪声也已经被移除了。图片
版权:引力波公开科学中心。

　　两幅图中展示的是拉伸过的滤波后输出信息,持续大约十分之二秒,在两个探测器上同时发生。探测器的时间都被设置成了格林尼治标准时间,以避免时区或者日光节约时间 ① 可能造成的误会。从 0.25 秒到 0.34 秒,输出信息看起来很跳跃,彼此之间并不相似。这

---

① 某些国家和地区一种调整时间的规定,在夏季月份将时间调早,以符合夏季更早的日出,更多地利用自然光,从而节约照明能源。调整后的时间即为夏令时。

就是每个探测器上随机且独立的噪声。从 0.34 秒到大约 0.38 秒，我们看到了三个峰值和三个低谷，在两个探测器上它们互相差不多吻合，但还要叠加上一些起伏的噪声。这三个峰值代表了波的 2 个完整周期，耗时 0.04 秒，对应的是 1 秒 50 个周期，也就是 50 赫兹。随后还有四个峰值和低谷，比一开始的三个显著更高，但是比一开始的峰值间距更小。这三个完整周期仅用了 0.025 秒，对应的频率约为 120 赫兹。这意味着，信号不仅强度随时间提升，频率也在随着时间增加。但是，这四个峰值的最后一个已经比前三个低很多了。在这个峰值之后，每个探测器上的输出信息看起来又像是随机噪声了。

即便你不知道这些信号代表着什么，你也会禁不住认为这是引力波信号候选体。首先，两个探测器上的信号几乎完全是一样的。可以想象，也许某种事件，比方说利文斯顿的探测器周围有大树倒下（周围的森林里正好有很多伐木活动），正好让地面产生了恰当的振动，从而制造出了第二幅图中的信号。但是路易斯安那州的这些地面振动，不可能影响到 3000 千米外华盛顿州的汉福德探测器。而汉福德要想发生另一件不相干的事（观测站周围都是无树的高地沙漠）正好在同一时间产生了同一效果，概率小得像天文数字（我们之后再谈具体数字）。这是约瑟夫·韦伯探测引力波失败的正面收获之一，那就是要想声称一次引力波探测可信，同一个信号必须被相互独立的、相距很远的不同探测器探测到。两个信号不完全一致，这和生活中的情形是一样的：两个人在一间嘈杂的房间里听第三个人说话，听到的声音未必完全一样的，但听到的主要内容仍然是一样的。

两个信号还有一个特征很重要。尽管峰值和低谷看起来是按时间同样排列的，但汉福德探测器得到的特征整体比利文斯顿探测器的晚大约 7 毫秒（0.007 秒）。二者的差异太小了，在图里看不出来，但很容易从数据里测出来。那么，如果引力波是从天空中某个正好垂直于利文斯顿和汉福德探测器连线（基线）的位置传播过来，信号就会恰好同时到达两个探测器（图 8.3）。如果它们的传播都正好和基线平行，那么它们就会相差 10 毫秒到达。这个时间差就是信号以光速在两个探测器间传播 3000 千米所需的时间。真实的 7 毫秒时间差正好处在两个极端之间，意味着信号实际上是从相对于基线 45 度角的方向（图 8.3 的右图）抵达探测器的。另一方面，如果时间差比 10 毫秒大，那么这两个信号就不会被承认是引力波了。

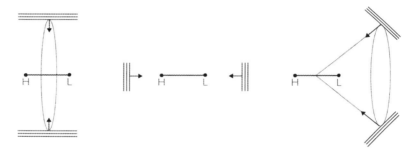

图 8.3 左：引力波从垂直于汉福德和利文斯顿探测器连线的各个方向传播来时，抵达两个探测器的时间是一样的。中：引力波从平行于连线的方向传播来时，抵达一个探测器的时间比抵达另一个的时间早 10 毫秒，因为它们相距大约 3000 千米。右：引力波从连线 45 度角的方向传过来，到达利文斯顿探测器的时间要比到达汉福德探测器早 7 毫秒。仪器测量到的时间差别提供了源在天空上的重要信息。

（注：H 代表汉福德探测器，L 代表利文斯顿探测器。）

其实，LIGO 科学组织的研究人员对图 8.2 展示的信号有非常好的解释："啁啾"信号来自两个天体——例如黑洞或中子星——最后阶段的螺旋绕转和并合。我们将在本章后面的部分描述这个概念的历史和物理机制，但至少要知道，当两个天体互相绕转时，它们会发出引力波，从而失去能量、彼此靠近，绕转得更快（回想第五章里的双脉冲星）。这个"旋近"阶段会导致引力波强度（或说振幅）增加，频率升高，正如图 8.4 所示。这部分信号称为啁啾，因为某些鸟的鸣声中也有类似的特征。随后，两个天体并合，形成一个黑洞，这会使强引力波短暂爆发（图 8.4 的"并合"部分）。新形成的黑洞扭曲严重，它会震荡或者"鸣响"几次，发出"铃宕"波，并很快安定下来，变成一个静态的黑洞，不再发出引力波。图 8.4 所示的引力波是用广义相对论的近似解算出来的，具有图 8.2 两幅图中所有的特征。

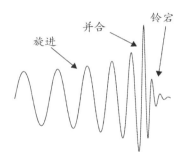

图 8.4　使用广义相对论计算出的双黑洞啁啾信号

　　图中的旋进部分为双黑洞互相绕转，速度不断增加。并合部分为双黑洞并合，成为一个非常扭曲的黑洞。铃宕部分为扭曲的黑洞发射引力波，并稳定为最终的静态黑洞。

　　可以想象，团队内部有多么欣喜若狂。但是，伴随着狂喜到来的还有惶恐。万一是有人故意注入了一个虚假信号，来戏弄我们的呢？当然，这不太可能。黑客通常对天文数据集不感兴趣，而团队内部成员，又不太可能如此怀恨在心。

　　更令人担心的地方在于，是不是某种特殊的噪声假象、设备设置出错或者计算机代码写错，导致人们误以为他们测到了引力波，而实际上并没有？在物理学的历史上，这不是第一次错误的宣告。毕竟，物理是人研究出来的，而是人就会犯错。物理学的一个重要特质就在于它能够自我纠错，错误总能被解决，记录也会被修正。但是，没有人想因为错误而不是发现被铭记。

幸运的是，物理学中这类错误的例子很少。但一旦发生，通常都会变成头条，令人万分尴尬。

1989 年，电化学家斯坦利·彭斯和马丁·弗莱施曼宣布，他们在实验室里观测到了"冷核聚变"。核聚变一般发生于太阳内部，将氢原子转化为氦，释放的能量足以照亮并温暖地球（热核弹里发生的也是同样的机制）。但是这个过程要求极高的温度。室温下产生核聚变将是革命性的，因为这相当于造就了无尽能源。立即有许多科学家尝试复现他们的实验，但大部分都失败了。很快，最初实验中发现了问题，正是这一错误让彭斯和弗莱施曼得到了错误结论。这次事件不仅对两位科学家的事业有影响[1]，更让犹他大学丢了很大的面子，因为他们极尽所能宣传了这项工作。

2011 年，首字母缩写为 OPERA 的实验发布了一场戏剧性的宣告。这台仪器设计出来是研究亚原子粒子——中微子的，它由瑞士日内瓦的 CERN 加速器产生，飞向 730 千米外意大利大萨索（Gran Sasso）山里的探测器。这年九月份，OPERA 团队宣布，他们已经探测到了一次异常，这可能代表着中微子飞行速度快于光速。这一发现如果没问题，那将会是革命性的，因为它违背了爱因斯坦狭义相对论，因而也违背了广义相对论。但是，几个月后，OPERA 团队报告他们的设备有两个问题：一个是光缆纤维没有连接好，另一个

---

① 两人后来都离开了美国，移居法国工作。

是有个钟表跑快了。他们总结道，这些问题是产生异常现象的原因。在改正了这些问题之后，他们发现在测量的误差范围内，中微子确实以光速前进。但是最后人们记住的还是 OPERA 犯的错，而不是最终改对了的结果。

最后，还有引力波科学自身的历史。正如我们在第七章描述过的，韦伯在 20 世纪 60 年代末已经宣布过引力波的发现。在那次宣告之后，实验学家立即开始复现韦伯的结果，但统统失败了。最终，人们达成了共识，韦伯的结果是错的。所以建造 LIGO 探测器的时候，团队特别谨慎，不想再犯同样的错误。他们建立了许多检查和逆检查制度，并经过测试，以确保在宣布一次发现以前，所得到的探测是真实的。

这套检查系统非常严格，以至于造成了声名狼藉的"大犬"事件。2010 年 9 月 16 号，LIGO 探测器较不灵敏的最初版本进入科学模式运行，收集到了一次（公认不太可能是）经过地球的响亮引力波。那天，警报响了。人们辨认出了一起候选事件，它似乎来自于天狼星，也就是大犬座的方向。在这启发之下，人们把这个信号也叫作"大犬"。信号探测到之后 8 分钟，团队里大约有 25 个人被通知要跟进此事，看看它是否值得深入研究。这 25 个人断定它有价值，所以团队给一组合作的天文学家发了通知，告诉他们已经探测到了一次候选事件，数据正在分析中。

参与的每个人都宣誓保密，因为大犬也许是假信号，可能是罕见的双探测器同时受到干扰，还可能是"盲注入"。盲注入是团队定期执行的内部测试，团队中一小组预先选好的技术人员在数据中加入一个假信号，不告诉任何人，只告诉预先定好的团队里几个 VIP 人物。这种测试是为了看看他们发明的自动数据分析工具是否能发现盲注入的信号，以及团队能否正确地识别它。几个月来，团队进行了各种测试，检查了大犬信号，确定了这个信号代表着引力波，并写好了论文的草稿。2011 年 3 月 14 号，"大幕揭开了"，鼓点响起，LIGO 领导层向团队宣布，大犬信号只是一次盲注入而已。好的方面是，团队顺利捕捉到了信号，因此数据分析工具运行得很顺利。——呃，也不尽然：从信号得出的一些参数，比如信号源在天上的位置，和最初注入的信号不完全一样。因为这一点，人们发现计算机代码里有一行的符号写错了，并改正了它。坏的一面是，他们并没有探测到真正的信号。

现在你大概理解了，为什么 2015 年 9 月，当数据分析工具标出了刚探测到的候选信号时，团队特别警惕，并守口如瓶。他们对图 8.2 中展示的简单滤波方式不满意，于是他们又用了更复杂的计算机程序，通过叠加一堆特定频率的短波，尽量抽取出漂亮的啁啾信号。这是一项重要的检验，因为引力的真正理论是未知的，探测信号不依赖爱因斯坦的任何理论。与此同时，团队也搜集了一系列广义相对论预言下并合黑洞产生引力波的细节，把它们和信号相比较。他们发现，在更严苛的分析下，他们最初的结论仍然成立。这些比较也让他们能够测量一些物理量，比如两个黑洞的质量，并检验爱因斯坦的理论。我们马上就会讲到他们从中得到了什么。

团队也计算了这是一次巧合的概率，即两个探测器处同时发生了随机事件，正好让镜子发生这种移动的概率。在千万遍计算机模拟之后，他们发现，这种事件过 20 万年都发生不了一次。所以这不是巧合，也不是什么人工注入。实际上，在探测到信号之后，LIGO 的管理层就立马表示这不是"大犬"那样的盲注入。这次事件是真实的。

这种高度警惕、极度保密以及着魔般详细的分析，解释了为什么从马尔科·德拉戈的目光被最初的"滴答"警报声吸引到大卫·莱兹2016年2月在国家出版俱乐部宣布结果，中间花了足足5个月。

正如我们说过的，第一次探测所测到的，是两个黑洞在并合时最后几圈旋近的轨道，以及最终并合发出来的波。这似乎是一种异常特殊、一辈子只能见一次的事情。尽管我们知道双中子星系统存在（见第五章），却没有任何观测证据表明双黑洞存在。当然，首次探测到的还有可能是人类已经观测了几千年的超新星。超新星也是乔·韦伯建造了共振圆柱探测器之后所寻找的对象。

但事实上，理论学家已经思考了很长时间黑洞或中子星旋进、并合了。当NSF考虑给LIGO探测器重大拨款时，旋进和并合产生引力波就成了LIGO支持者研究的核心课题。

奇怪的是，这个想法最初在1963年首次由物理学家弗里曼·戴森提出，那时他在研究高度发达的外星文明如何满足他们的能量需要①。戴森1923年生于英国，1947年搬去美国，在康奈尔大学攻读博士学位（尽管他一直没拿到）。在他70年的职业生涯中（他是普林斯顿高等研究院的荣誉教授），他在各种各样的科学领域做出过贡献，包括纯数学、量子场论、生物学和空间研究以及许多公共议题，例如核武器和气候变化。1947年，他证明了理查德·费曼和朱利安·施温格所提出的量子电动力学理论看似不相容，但其实是同一理论的不同版本，都叫作QED。1955年乔伊·韦伯到约翰·惠勒处访问时，他见到了韦伯，并对探测引力辐射的想法产生了兴趣。

然而，在1963年，他感兴趣的问题是，对于一个先进的外星文明来说，有没有什么比母星的光和热更好的能量源？在一篇名为

---

① 他之前在1960年提出了著名的戴森球概念。

"引力机器"的文章中，他想象了一个文明，将其居住的行星或基地驻扎在距离一个双星系统不远的地方。如果这个文明向其中一颗恒星发送一个探测器，让它在恒星朝向基地运动时掠过恒星，那么探测器回到基地时所携带的动能就会比离开时更大。这种能量可以被提取出来，维持文明所需。他的模型中所用到的效应叫作"引力弹弓"，对于行星科学家来说很著名，这种效应可以将航天器加速到火箭推进达不到的水平。举例来说，如果要让飞行器飞到木星或土星，就经常要用到这种效应。戴森的想法的问题是，双星在轨道上的运动通常很慢，因此从引力弹弓效应得到的能量和恒星发出的光能相比是很少的。而双白矮星系统提供的能量就会多很多，因为它们比类太阳的恒星小很多，所以彼此绕转的时候距离就能更近，因而速度更大。这对该文明来说可能更有效。尤其是白矮星很暗，本来就不能提供足够的光和热。

但是戴森提出，双中子星的系统甚至还要好。相比于其质量而言，这类天体非常小——直径仅有约 20 千米。它们能够以非常近的间距互相绕转，速度达到很大比例的光速，因此这个文明每进行一次引力弹射，得到的能量会更多。在 1963 年，这是个很极端的想法，因为正如我们在第五章中所见，此时中子星还只不过是巴德和茨维基的想象。而直到四年后，首颗中子星才会以脉冲星的形式被探测到。当然，那时也没有太阳系外行星的证据，更别说外星文明了。无论如何，戴森立即意识到这个想法不成立。离得这么近的双脉冲星，会放出巨量的引力辐射，随即很快旋进、并合，导致这个文明很快就会失去能量来源。另一方面，他指出，引力波信号本身可能会很有趣。他预言"很值得对这类事件保持监测，不管是用韦伯的仪器，还是用某种更合适的改良版本"。

但是，戴森把论文放在了他关于外星生命的书里，没有广义相对论研究者注意到它，也没有人跟进后续工作。1974 年发现了双脉冲星之后，双星旋进的概念才变得重要（见第五章）。双脉冲星是双中子星存在的证据，而测出其轨道周期递减，进一步证明了这种系统会因为释放引力波而向内旋进。正如泰勒和合作者所发现的，旋进的速率是非常小的，轨道周期每年只变化 76 微秒，即两个天体间距每年只变化 4 米。但是测量到的这一速率和广义相对论的预测一致。理论还预言，随着轨道收紧，星体速度增加，因此会释放更强的引力波，进而加速旋进，再进一步产生更强的引力波，如此持续下去，直奔向最终的并合。对于赫尔斯-泰勒双星系统来说，理论公式预测，并合将会发生在几亿年内，而对于脉冲双星系统，并合将会发生在 8500 万年内。这些时间都长得离谱——别麻烦在日历上标日子了——但只不过是银河系 130 亿年寿命的一个零头。所以，尽可以想象几亿年前有脉冲双星开始了演化，现今正达到并合阶段，从而满足戴森的预言。

随着大规模激光干涉仪项目的推进，主流想法逐渐变成了中子星旋进是主要的潜在引力波源。在银河系里，又发现了几个类似赫尔斯-泰勒系统的脉冲双星。尽管很粗糙，还是能估计出我们星系中这类系统的旋进大约 10 万年发生一次。很显然，要靠探测这种引力波吃饭是不太现实了。这确实是韦伯探测引力波的阿喀琉斯之踵[1]。他的探测器也许能够探测到银河系中靠近我们的双中子星旋进发出的引力波，但这类事件的发生率实在是太低了。

然而，地球上收到引力波信号的强度和信号源的距离成反比。

---

[1] 比喻致命弱点。古希腊英雄阿喀琉斯的母亲捏着他的脚踝将他浸入冥河，他因此全身刀枪不入，唯有脚踝是致命处，后被箭射中脚踝而死。

如果从某个特定距离发出的引力波强度是某个值，那么同样的源从 2 倍远处发出的信号，被接收到时就只有一半强度；从 10 倍远处发出的信号就只有 $\frac{1}{10}$ 强度，以此类推。所以，如果有人能建造一个灵敏到足以探测遥远引力波的干涉仪，能探测到大约 100 万个星系的范围，那么探测到中子星旋进的速率就会骤然提升到一年几次（也许 10 次）。按这样的频率，一个研究生都足以靠这些探测拿到博士学位了[1]。

要记住，激光干涉仪和普通的望远镜有一个关键的区别。望远镜只能看到很小方向范围内的光，因此，必须要将望远镜指向潜在的源。望远镜看不见其他方向。相反，一台激光干涉仪可以听到任何方向传来的引力波。干涉仪只对四个方向是"聋"的。如果引力波的方向和台址的地面平行，且和干涉仪的臂之间夹角 45 度，那么当两束激光重合的时候，产生的干涉条纹就不会发生变化（图 8.5）。但是只要引力波离这个特殊的方向偏移 7 度，干涉仪就能以 25% 的效率听见引力波；偏移 15 度，效率达到 50%。只有非常少的一些不幸从四个特殊方向传来的引力波会被遗漏。所以，如果 LIGO 和室女座的设计师和建造者能够让仪器达到听见最近几百万星系中天体旋进的灵敏度（大约比韦伯的共振圆柱灵敏 100 万倍），那预期就会有非常高的探测率了。

---

[1] 正常拿博士学位的时间是 3—6 年。

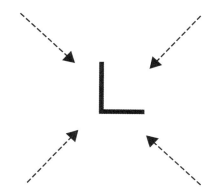

图 8.5 如果引力波从平行于地面、相对于干涉仪臂 45 度的方向传进来，干涉仪就听不见了

　　中子星旋进之所以成为最受欢迎的潜在引力波源，还有一个原因是我们能根据爱因斯坦的理论很精确地计算出引力波信号。广义相对论是一个非常困难和复杂的理论。但幸运的是，有一堆简化方法来解决两个非常小的天体相互绕转的问题。一种方法是，用一系列近似方程来代替广义相对论方程，这些近似方程可以解出轨道运动以及发射的引力波。这种近似还可以一步步地整体改良。这类计算公式长得可怕，通常要写满两三页纸。但是使用这些公式，只需普通的笔记本电脑或者台式机，瞬间就能极其精确地计算出上千圈旋进发出的引力波。一个典型的旋进信号的最后几圈见图 8.4。另一种方法是，把广义相对论的方程换一种准确的方式写出来，在这种形式下，可以用大型计算机进行数值解。这种方法对于精准预测信号中的并合部分尤为重要，正如图 8.4 所示。到 20 世纪 90 年代初，旋进已被认为是干涉仪能探测到的主要潜在引力波源，基普·索恩意识到，预先给出准确的引力波预测很重要。他敦促理论学家开始进行预测波形的艰难工作。一开始，进展很缓慢，但是到 2015 年，LIGO 开始升级运转的时候，进行准确预测的工具已经就位了。

这为什么重要？想想儿童益智游戏：从一页上的几百个卡通人物中，找出一个叫沃尔多的人物[①]。我们这里所说的版本可以叫"尼克在哪里？"。如果有人让你从一大堆各色的人里找出尼克，那么知道尼克是个男性没什么用。但是知道他穿着紫色衬衫、黑色背心、白色五分喇叭裤，就对找到他很有帮助。你对一个信号知道得越详细，你就越容易找到它，即便它埋在一堆噪声里。同样，人们可以将库存的预测波形（和图 8.4 中展示的波形类似）和探测器的输出信息进行比较，看看有没有匹配之处。做匹配的时候不能靠人眼，人眼是非常不可靠的。匹配用的是非常复杂又极其迅捷的数据分析算法。同时，既然波形取决于两个天体的质量等物理量，最吻合的库存波形还会给出关于产生这个引力波的系统的信息。

中子星旋进的概念广为人知。在 2015 年 LIGO 开始升级运转之前，如果你问这个领域的任何人第一次探测到的最可能是什么，大部分人都会说是双中子星并合。本书的作者也如此预测，尽管我们还不至于确定地赌上一大笔钱，或什么昂贵的酒。但是如（丹麦物理学家尼尔斯·玻尔发明的）丹麦谚语所说，预测很难，预测未来更难。我们的预测就错了。

不仅首次探测到的信号是双黑洞旋进和并合，双黑洞的质量也出乎意料之外。在那时，所有黑洞的观测证据和理论模型都指向两类基本的黑洞类型。一类是恒星质量黑洞，质量为 6 到 15 倍太阳质量，经典的例子是 10 倍太阳质量的天鹅座 X-1 黑洞。第二类是超大质量黑洞，质量在十万到几百万倍太阳质量之间。这类黑洞位于星

---

[①] 英国童书，由插画师马丁·汉德福德创作，内容是在插画中的一片人物中找到目标角色。英国版本的目标人物名叫"威利"，有中译本《威利在哪里？》（新星出版社 2013 年出版）。引入美国的版本中目标人物改名叫"沃尔多"。

系中心，正如 Sgr A* 或者 M87 星系中心的黑洞。我们在第六章里见过这些黑洞。有人提出还有第三类黑洞，也就是中等质量黑洞，质量在 100 到 100 000 倍太阳质量之间，但证据还不很充分。

出乎意料的是，黑洞质量分别是 36 和 30 倍太阳质量。这两个值是理论波形和观测到的旋进阶段波形之间匹配的最佳结果。从这部分信号中（图 8.2 的左半部分），我们可以推测出，两个黑洞相距约 700 千米，以光速的五分之一彼此绕转，发出的引力波大约 50 赫兹。当它们碰撞、并合时，每个黑洞的速度都大约是光速的四分之一。使用这些质量，加上广义相对论方程，并且考虑到引力波的强度随着距离递减，就能算出波源应该有多远。结果是 14 亿光年。这些波 14 亿年前就被发射出来了，那时首颗绿藻正在原始地球的海洋中形成。尽管这两颗黑洞已经非常遥远了，但它们质量出人意料地大，因此仍然产生了 2015 年 LIGO 在地球上都能探测到的"响亮"引力波。

当两个黑洞并合以后，它们会形成单颗黑洞。这个过程类似于两个肥皂泡融合成一个大泡泡。二者主要区别在于，黑洞的"表面"，称为事件视界（见第六章），并不由肥皂水那样的物质构成，而是以特定方式卷曲的时空表面（比如让你只能进不能出）。但是正如肥皂泡刚形成时形状不规则，刚形成的黑洞也是个高度畸形的野兽，它并不像你通常会看到的那种黑色球状的黑洞插图。黑洞周围的时空也会有凸起和畸变，它们和自转的畸变黑洞一样，也会振动并产生引力波。这种波的频率取决于黑洞质量，正如特定的钟被敲响时会发出特定的声调。对钟来说，金属内部的摩擦最终会让振动停止，钟就不响了。而对于黑洞这个钟来说，这些波——叫作"铃宕"波——会把振动的能量带走（有些波也会进入黑洞内）。所以等效地，黑洞也会在振动几次后安静下来。

不幸的是，2015 年探测到的引力波在铃宕阶段不够响亮，无法直接从数据里得出铃宕的频率和衰减时间。但是，人们依旧能得到一些别的东西。如前所述，LIGO 团队能够从信号的前半段得到两个黑洞的质量。科学家利用这个质量，加上爱因斯坦方程的数值模拟，就能预测出最终的黑洞质量为 63 倍太阳质量，这和图 8.2 中呈现出来的信号铃宕阶段的频率大致相符。顺便说一句，引力波辐射的最后几个周期也证明了最终形成的天体确实是黑洞。其他天体比如中子星、白矮星或者普通恒星，也会以特定频率振动（太阳也有自己的振荡模式），但它们的频率和衰减速率都不同于 GW150914 最终产物给出的值。

如果你发现了最初黑洞的总质量（66 倍太阳质量）和最终的质量（63 倍太阳质量）不一样，那恭喜你，想对了。有 3 倍太阳质量被转化为流出的引力波，这种转化主要发生在 LIGO 探测到的 0.2 秒内（图 8.2）。在峰值处，这相当于比可观测宇宙所有恒星加起来还高的能量产出率！释放出的能量相当于 10 沟（计数单位，相当于 10 万万万万万万亿，即 $10^{33}$）个百万吨量级的氢弹。有趣的是，恒星和氢弹是将一种形式的物质转化为另一种形式（主要是氢转化为氦），两种形式的质量差被化为能量；而在黑洞身上并没有任何物质参与。形成黑洞时参与的物质，此时都位于事件视界之内，无法影响外面的世界。相反，能量是从造成黑洞周围时空弯曲的质量，转化成向外传播的时空涟漪的能量。

实际上，利用波的性质和源的位置，我们可以估计出波在所有方向上携带的能量（可能也会被宇宙遥远另一端的另一个假想的 LIGO 探测到）。这一能量和爱因斯坦的著名方程 $E=mc^2$ 非常吻合，

其中 *m* 是起初和最终的黑洞质量之差，即 3 倍太阳质量；*c* 是光速。这一标志性的方程已在实验室中检验过了，现在在宇宙尺度上仍然成立！

你还可以换种方式考虑这种质量-能量损失。我们在第五章中见到过，随着引力波从系统中带走能量，双脉冲星的轨道周期会缩短。在这种情况下，轨道周期的变化速率是微不足道的，一年只有大约 70 微秒。但是在 LIGO 的观测中，周期的变化非常快，人眼都能看到它在 0.2 秒内的变化（图 8.2）！使用双脉冲星中能量损失与周期变化之间关系的相同公式，就能算出旋进过程中损失的能量，它会让观测到的周期发生变化，二者关系正好和 3 倍太阳质量的损失吻合。

GW150914 事件的所有方面都支持广义相对论的关键预言：引力波存在，并且会带走信号源的能量。我们已经从双脉冲星中间接地知道这一点了，但直接探测和确认仍然是必要的。双黑洞存在。此时已经有丰富的观测证据证明黑洞存在，既有物质涡旋发出的电磁辐射，也有恒星绕着黑洞运动的证据（见第六章）。但这是第一次纯粹靠引力波的证据。在当时，还没有双黑洞的观测证据。这是首个证据，且不是最后一个。新形成的畸形黑洞会通过发射"铃宕"引力波而稳定下来。这也被证实了。

GW150914 提供了广义相对论的另一个重要检验。理论预言了引力波的速度恰好是光速。并且，正如真空中的光一样，这个速度不依赖于波的频率。在旋进阶段，黑洞发出的波的频率大幅变化，而爱因斯坦的理论预言，波保持以光速传播。在一些修正引力理论中，却并非如此。

一类理论是在解释宇宙膨胀中发展起来的。随时间变化，宇宙膨胀得越来越快，而不是经典广义相对论所预言的越来越慢（见第一章）。在这些理论中，和引力波有关的"粒子"具有很小的质量。正如光的表现形式既可以被当作是麦克斯韦的电磁波，也可以被当作是名叫光子的量子力学粒子，引力波的表现形式也既可以被当作爱因斯坦的引力波，又可以被当作一种叫作引力子的量子力学粒子。但是，光的粒子性已经有许多范例，甚至有太阳能板这样的实际用处①；但引力太过微弱，我们永远无法直接测得它的粒子性。如果引力子有质量，那么它们就会比光运动得更慢，其速度依赖于它们对应的波的波长。特别是长波会比短波运动得更慢。图 8.6 描绘了发生的情况：在最后的旋进与并合阶段释放出的波，运动得比旋进初期发出的波更快一点。这使得并合发出的波在从引力波源到达地球的漫长传播途中，能"赶上"旋进发出的波。因此，相比于最初发出的波，探测器接收到的波在时间轴上会被压缩一点。但是，在所有的 LIGO 观测中，都没有看到这类变形的特征。这又一次令人赞叹地证实了爱因斯坦的预言。LIGO 的观测给引力子的质量设了一个上限，因为如果它们的质量大于这个限制，LIGO 就会探测到其效应了。这一限制表明，引力子小于 1 千克的十秭沟分之一，也就是分母的 1 后面有 57 个零! 广义相对论预言其质量严格为 0，满足测量给出的限制。

---

① 太阳能板利用了光量子进入介质时产生电子的性质，这是光的粒子性的体现。

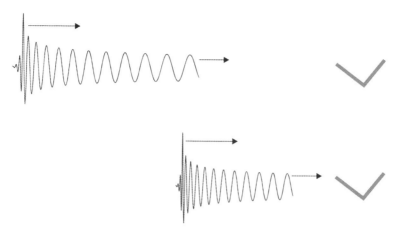

图 8.6 如果波长较短的引力波比波长较长的引力波传播速度更快，那么"并合"阶段的引力波就会赶上旋进阶段先发出来的引力波。这样一来，和发射时的引力波相比，干涉仪收到的引力波就会被压缩一点。数据中并没有探测到这种效应，这给假想的"引力子"的质量设定了一个非常低的上限。

尽管我们在本书的前半部分已经描述过广义相对论成功的实验发展脉络，实证实验还是很喜欢测量这类事件。原因在于，爱因斯坦的理论还未在极端的引力环境中——也就是引力很强，且迅速变化的情况下——受过检验。同时，对于宇宙整体的观测也发现了许多显而易见的异常，例如宇宙加速膨胀。这两个因素加在一起，导致理论学家认为，其中一部分异常可以通过修改广义相对论解决。这类检验的潜在成果可能是巨大的：任何偏离爱因斯坦预测的测量结果，都能将我们引向一个新的解决方案，这些方案有可能催生"超越爱因斯坦"的引力理论。

GW150914 这一"首次发现"事件并不是第一轮观测运行——LIGO 团队称为 O1，从 2015 年 9 月中旬持续到 2016 年 1 月 19 号——过程中的唯一记录。第二次事件发生于 10 月 12 号，但这次信号很微弱，因此它使偶然事件的统计学概率达到了 3 年一次，比

"首次发现"事件 20 万年一次的概率高得多。因此，LIGO 团队决定不将此事件认定为真正的探测，而将其作为"候选"事件，暂不被认定为真正的引力波。随后，人们再次对它进行了分析，将其提升为了值得信赖的探测结果，它是 23 倍太阳质量和 14 倍太阳质量的黑洞并合。第三个信号在格林尼治时间 2015 年 12 月 26 号的凌晨被探测到，尽管那时美国还在过圣诞节。这次探测称为"节礼日事件"，因为在英国本土和英联邦国家有一种习俗，在圣诞节的第二天给商贩、邮递员或邮局工作人员一个小包裹，里面有一点钱或者小礼物。这次事件和第一次事件一样由黑洞并合产生，和地球的距离也差不多，但质量更小（14 倍和 7 倍太阳质量）。因而，这次信号没有第一次那么响亮，但在统计学上来说已经足够显著了。

我们刚刚说的这几次事件，是 LIGO 在第一轮运行中测到的仅有几次事件。在提升了探测器的一些灵敏度之后，第二轮观测运行 O2 开始了。它从 2016 年 11 月持续到 2017 年 8 月底，收获惊人。2017 年 1 月 4 号，探测到了一次大质量黑洞旋进（31 倍和 20 倍太阳质量），而 6 月 8 号探测到了一次中等质量的旋进（11 倍和 8 倍太阳质量）。在 7 月下旬到 8 月底之间，LIGO 又探测到了四起黑洞旋进事件。其中一起有关两颗大型黑洞，质量分别是 50 倍和 34 倍太阳质量，最终产生的黑洞巨兽有 80 倍太阳质量。这个源同时也是截止目前最远的，大约 90 亿光年外。另外三次探测和 GW150914 发现事件很像，质量、距离和其他特征都类似。

讽刺的是，2017 年夏天测到的四次事件直到 2018 年 12 月才被宣布，因为 2017 年 8 月 13 号发生了一起决定性的事件。在这个周里，相隔 3 天内发生了两次探测。这是如此地令人兴奋，以至于团队把所有事都放到了一边，只专注于这两次发现了。

正如我们在第七章讨论过的，意大利的室女座引力波探测器在建造、试运转、升级的各个阶段上，都比 LIGO 落后一年。但是 8 月 1 号，在一场三方会议上，它正式加入了 LIGO，计划持续 3 周，直到 O2 结束为止。2017 年 8 月 14 号星期一，三台仪器都听到了另一对黑洞并合产生的引力波，它们的质量处在 25 倍到 30 倍太阳质量的范围。但是，三重探测让人们可以做些新的事情：确定信号源在天空中的位置。

这些探测器如何确定波从哪里来？正如我们第二章中讨论过的GPS 用法，它的原理也是用信号到达的时间进行三角测量。在 GPS中，让用户确定她自己位置的，是多个 GPS 卫星信号到达用户的时间。在引力波三角测量中，用的是同一个信号到达不同探测器的时间。在图 8.3 中，我们已经见过，对于两个 LIGO 探测器来说，知道到达时间的差异，你就能确定出信号源位于天空中某个圆圈范围里（除了那些特殊情形，源正好位于两个探测器连线的延长线上）。但如果有第三个探测器，比如室女座，那么信号到达室女座和——比方说——利文斯顿 LIGO 探测器的时间差，就能在天空中画出第三个圆（室女座和汉福德 LIGO 探测器的时间差给出的是冗余信息）。

这两个圆有两种可能。第一种是它们不相交，那么这次事件就不会被认定为引力波候选体。这和信号到达两个探测器的时间差比光速长是一样的。第二种可能性，是它们相交于两点，正如图 8.7所示。在这种情况下，由于源一定位于两个圆内，它必定位于两个交点的一个上，要么是 A 要么是 B。第三种情况是非常特殊的，那就是两个圆幸运地正好只有一点互相接触，确定出源在天空中的唯一位置。实际上，这些圆圈都有一定宽度，这是由不完美的数据中不可避免的噪声导致的。再利用探测器响应冲击波的其他细节，还能再排除每个圆形的一部分，因为那部分不太可能是源的位置。因而，尽管此前的 LIGO 探测只能将源的位置在天空中确定为一个香蕉状的范围，LIGO-室女座探测到的源 GW170814 的数据，却能将其位置确定在南天一个椭圆形的范围内，大约是标准棒球用胳膊举到最远时那么大。

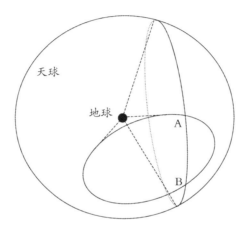

图 8.7　两个探测器之间的时间差，确定了源在天空中所处的圆

三台探测器中的另外一台确定了另一个圆。如果两个圆相交，源一定位于两个交点之一（A 点或 B 点）。

3 天后，8 月 17 号，另外一个信号经过地球，首先到达室女座探测器，22 毫秒后到达利文斯顿的 LIGO，3 毫秒后到达汉福德的 LIGO。这个信号和那时探测到的所有黑洞旋进信号都很不一样。它不是图 8.2 那样，非常短暂、快速变化的啁啾-并合-铃宕信号。这个信号持续了足足有 100 秒，看起来很枯燥，类似于图 8.8 中示意的那样。实际上，图 8.8 只展示了这个信号的大约四分之一秒（要画出整个信号，需要往图的左边再加 200 页纸）。信号恒定地波浪起伏，暗示着信号源是一个双星系统。它的频率和黑洞并合差不多，大约是 100 赫兹，表明两个天体互相绕转得非常快。但是和黑洞信号相比，它的大小和频率变化并不能在几圈之内就看出来，圈与圈之间的差异是非常小的，表明以引力波形式释放的能量是很小的。这表明，这两个天体的质量比旋进黑洞的质量小很多。所有这些证据，都指向双中子星旋进。这起事件被标号为 GW70817。

图 8.8　双中子星旋进时产生的引力波

图中展示的是最后四分之一秒的波。观测到的 GW170817 引力波持续了 100 秒。

　　除此之外，这个信号在被两台 LIGO 设备探测到的同时，还被室女座勉强探测到了。尽管室女座有可能是恰好出故障了（这不太可能，因为它 3 天前还好好的），但更有可能的是，这个源在天空中的位置正好靠近室女座"听不见"的地方（图 8.5）。由于位置很不凑巧，室女座干涉仪对这个信号没有产生本应产生的强烈响应。这是一个有用的信息，再加上信号到达两个 LIGO 探测器时间差得到的圆圈范围，这个源的位置已经能被很好地确定出来了。

　　与此同时，地球上空 534 千米处，费米伽马射线空间望远镜上的探测器在常规性巡视天空的过程中，探测到了伽马射线爆发。伽马射线在引力波信号之后 1.74 秒到达地球。14 秒后，甚至在 LIGO 和室女座的自动软件完成对探测的标记之前，费米就自动给全世界的天文学家（包括 LIGO-室女座团队）发送了警报，从而可以进行后随观测。这一探测被标记为 GRB170817（"伽马射线暴"的缩写）。40 分钟之后，LIGO-室女座发出了它自己的全世界警报，指出引力波信号和伽马射线暴之间有非常近的时间巧合。引力波事件 5 小时后，他们已经将源的位置锁定在了天空中角尺度大小为 30 平方度的范围内，距离为 1.3 亿万光年，准确度为 20%。这些观测表明，信号源所处位置是宇宙中一个三维立方范围，其中包含着 49 个星系。费米观测和这一结果一致，但是还不够准确，不能确定伽马射线具体是从哪个星系中产生的。初次探测过了 12 小时之后，一个团队使用智利拉斯坎帕纳斯天文台（Las Campanas Observatory）的斯沃普望远镜（Swope Telescope），探测到了可见光波段的一个对应信号，将宿主星系证认为 NGC 4993。

NGC 4993 星系没什么特别有趣的地方。它在 1789 年由天文学家威廉·赫歇耳发现，是一个椭圆星系，位于长蛇座中。和银河系或者仙女座大星云不同，它不是一个有旋臂和致密核的自转星系，而是更接近卵形，其中的恒星几乎是随机地绕着它的中心转动。NGC 4993 和银河系大小差不多，和大多数星系一样，在中心也寄宿着一个超大质量黑洞，大约是 8000 万到 1 亿倍太阳质量。它还展示出一些迹象，表明它在大约 4 亿年前和另一个星系并合了。所以，除了星系里爆发了人类首次探测到的中子星旋进与并合，NGC 4993 实在是一个平平无奇的星系。

讽刺的是，就在这起事件发生的 8 月早上，尼科正在博兹曼的蒙大拿州立大学的极端引力研究中心主持一场工作坊，叫作"极端引力遇上极端物质"。这个工作坊的主要目的是把专家凑到一起，讨论一旦 LIGO-室女座探测到了双中子星并合的引力波，能从中得出什么科学结论。对于半数与会者来说（他们属于 LIGO-室女座团队，已经看到了两次警报），他们很难参加工作坊讨论，因为他们受到 LIGO 保密条例的约束。他们怎么能按捺住自己的激动，一点也没走漏风声？真是令人百思不得其解。这种约束仅在一个月之后就被解除了，那时这一事件已经被确认为是真实的探测。

　　LIGO-室女座和费米警报之后，发生了天文学历史上最无与伦比的观测竞赛。接下来的 3 天中，在电磁波谱的每个波段，人们都进行了后随观测，有用地基望远镜的，也有用太空望远镜的。13 个独立团队各自进行了伽马射线和 X 射线观测。哈勃空间望远镜在紫外、可见光和红外波段进行了观测。38 个团队在可见光波段进行了观测，12 个团队用了红外波段。15 个团队在射电波段进行了观测。3 个团队甚至寻找了中微子信号（毫不意外，考虑到源的距离，他们什么也没看到）。2017 年 10 月 20 号，《天体物理期刊通讯》发表了一篇文章，总结了所谓"多信使"天文学在头两个月内所有观测得到的结论。这篇文章有 3500 个作者，其中 1100 个来自 LIGO-室女座团队，其他人来自别的天文项目。文章列出的 953 个单位，几乎囊括了全世界所有的天文学院或研究机构。在 GW70817 和 GRB170817 探测一年之后，对这个源的多波段电磁辐射探测还在继续。在各种天文学期刊上大约发表了 100 篇论文；还有 50 篇论文发表在物理学期刊上。

　　我们谈谈这些事件中的一个讽刺之处，也许无伤大雅。在 20 世纪 90 年代早期，当美国政府试图决定是否要批准建设 LIGO 的资金时，许多著名的美国天文学家激烈地反对。天文学家们的意见大致可以总结成下面几点：它没用；它只能探测到引力波，但我们已经知道引力波存在了（见第五章）；它只是个物理实验，和天文没有关系；它太贵了。其中一个天文学家 J. 安东尼（托尼）· 泰森报告说，他在 1991 年初进行了一次非正式的民意测验，70 个天文学家以四比一的比例反对 LIGO。1991 年 3 月，克里夫 [①] 在美国众议员的小组委员会面前表达了对 LIGO 的支持，而泰森尽管总体上支持 LIGO，

――――――――――――――

① 本书作者之一。

却反对在当时给建设拨款。一次探测造成的改变有多大！

我们从这个多信使源中学到了什么？对引力波信号详细分析后表明，两个天体的质量为 1.5 倍和 1.3 倍太阳质量，和已知的中子星很一致。伽马射线暴表明它不可能是双黑洞，因为你需要很热的物质才能产生高能辐射，而黑洞纯粹是时空结构。中子星和黑洞的"混合并合"不能被完全排除，但是很难想象这么低质量的黑洞产自何处。

将中子星并合和伽马射线爆发联系起来，解决了一个长期以来悬而未决的谜题。自从 20 世纪 60 年代，伽马射线暴就受到了观测和研究，那时美国的维拉号（Vela）卫星偶然地探测到了首次爆发。这些卫星在冷战中期由美国军方部署，以调查苏联是否在太空中测试核武器。伽马射线是核爆炸的副产物，而维拉号卫星确实探测到了许多伽马射线爆发。但是这些爆发并不具有核爆的特征，而是似乎来自太阳系以外很远的地方。

几年内，关于这类神秘的伽马射线暴的研究剧增。1991 年，康普顿伽马射线天文台（CGRO）发射，在随后的 9 年内，它观测并定位了大约 2700 起伽马射线暴（几乎是一天一起），发现它们并不从某个特定的地方来，意味着其来源为银河系外。除此之外，天文学家按照爆发的时长将它们分为两类："短"爆发持续大约 0.3 秒，而"长"爆发平均持续 30 秒。尽管短暴仅占观测到伽马射线暴总数的 30%，它们却格外有意思。天文学家意识到，这些短暴和超新星之间没有关联，因此后者不会是前身星。他们还发现，大多数短暴来自于椭圆星系，其中缺乏大质量恒星，而大质量恒星却是超新星爆发所需的。

理论研究甚至让短暴更有意思了。想象产生这些短伽马射线暴的源是某种尺寸的球或者一团物质，从中产生一道闪光，朝我们飞来。这阵爆发的时长，一定和源的有限大小有关：我们先看到源离我们近的那部分发出来的光线，再看到源离我们远的部分发出来的辐射。由于整个爆发的时长约为 0.3 秒，而伽马射线以光速飞行，那么我们就可以知道发射区域的大小。它的量级是爆发时长乘上光速，大约 100 000 千米，或者说地球直径的 8 倍。由于这些爆发产生了巨量能量，在空间如此小的范围内一定包含着极多的物质。不管产生这些短暴的是什么，都一定和致密天体有关，比如中子星，正如俄国物理学家谢尔盖·布林尼科夫和合作者在 1984 年从理论上预言的那样。

到了 2005 年，天体物理学家开始表示，短暴要么产生于两个中子星并合，要么产生于中子星和小黑洞并合。但是没有办法证明这一点，因为在短伽马射线暴开始之前，探测不到任何来自这对并合天体的光。LIGO-室女座团队给出了这块拼图遗失的一片，明确地证明了至少短暴的前身星之一，是并合的双中子星。这次观测也确定了模型中的其他部分，比如爆发是以一个非常狭窄的锥形射出来的，如果锥形对的方向正好，我们就能在地球上探测到。反过来，这又意味着宇宙中一定还发生着多得多的短伽马射线暴，只不过它们发射的锥不指向地球。引力波探测将会准确地确定宇宙中发生了多少此类事件，因为引力波并不是按狭窄的锥形发射的，而是差不多均匀地朝所有方向发射。

这些短伽马射线暴模型还能够回答另一个问题。任何一个买过婚戒，或者检查过手机内部的人，都会问这个问题：金子是从哪儿来的？如今我们已经很了解自然界中关键元素的起源了。宇宙大爆炸之后大约 3 分钟，大约 20% 的原始氢原子核聚变为氦，还生成了少量的锂，这个过程叫作"大爆炸核合成"。恒星会继续这个过程，将更多的氢转化为氦，但也会将核聚变过程拓展到碳、氮和氧，这个过程对于地球上的生命来说十分关键。质量很大的恒星也会产生这些较轻的元素，而且它们以超新星的形式爆炸时，还会产生较重的所谓"铁族元素"（铁、锰、钴、镍），并将它们播撒到星际空间中。随后，这些元素将会被糅合进地球这样的行星里。遗憾的是，要产生比铁更重的元素并不容易。在元素周期表上，许多铁之上的元素都不稳定，会通过各种放射性过程衰变成其他元素，而且它们原子核中的中子数量比质子要多。核物理学家已经发现了一系列链式反应，叫作"r 过程核合成"（"r"只是代表"快速的"[①]而已，并没有什么想象力）。这些反应可以产生合适比例的重元素，但要求反应发生的环境中子非常多。普通的恒星和超新星不能提供这样的环境。但是中子星基本上完全由中子构成（只掺杂着一点点质子和电子），所以支持中子星并合产生短伽马射线暴的人提出，这种环境同时也产生了 r 过程。

　　双中子星并合的一类模型叫作"千新星模型"。这个名字是"超新星"的一个变体，但它和大质量恒星爆炸并无关系。在这些模型中，当中子星并合时，它们会将几百个太阳质量的物质抛洒到太空中，速度为光速的十分之几。其中一些物质会落回到爆炸的残余物中，可能形成一个物质盘，被残留的星体缓慢吞噬，即"吸积"。但是在坍缩后，一些被发射出去的物质初始速度足够大，能够逃逸出去，造就一个非常热且富含中子的云团。随着云团膨胀、冷却，r 过程会产生像金、铂、银这样的元素，以及周期表中更重的镧系元素（这些元素对电脑、手机和电池很关键）。

---

① 英文 "rapid"。

这正是光学和红外望远镜跟进引力波探测时看到的事情。实际上，人们看到了热云膨胀时物质放射性衰变产生的电磁辐射，这表明在并合后的一秒之内，这一过程就产生了大约地球质量 50 倍的银，100 倍的黄金，500 倍的铂。

天文学家、科学电视节目主持人卡尔·萨根有一次讲到，我们都是星尘。他指的是恒星和超新星核合成产生了元素。但是我们现在知道，我们不止于此。我们身体的一小部分还是中子星尘（不占太多，否则就会中毒）。除此之外，中子星尘（以金、铂、银的形式）还被熔炼为珠宝首饰，常用来装点我们的身体。我们有时甚至用中子星尘做成的指环羁绊住彼此。

我们将以 GW170817 和 GRB170817 提供的广义相对论的非凡检验来结束本章。我们已经从黑洞旋进中学到，引力波的速度与频率无关，满足广义相对论。但是我们不知道这个速度的真实值是多少。这是因为引力波只能通过这些旋进事件探测到，而我们不知道这些信号是什么时候发出的，所以也就没有办法计算波的速度。广义相对论预言，引力波的速度完全和光速一样。引力波和伽马射线暴几乎同时到来，也意味着它们的速度在很高的精确度上一致。论证如下。

LIGO-室女座团队比较了引力波峰值到达探测器的时间，以及伽马射线到达费米卫星的时间。在纠正了卫星的海拔和位置，以及地球半径的影响之后，科学家总结出，伽马射线到达的时间比引力波峰值晚 1.7 秒。这种延迟可能是由于中子星并不是一彼此接触的时候就会产生伽马射线，而是在并合之后的某种猛烈的爆炸中产生；但引力波信号是两个天体一接触时就会产生。这种爆炸的细节仍然是一个活跃的研究领域，但是不同的模型给出的延迟在 1 到 10 秒之间。

让我们假设伽马射线和引力波的峰值完全同时发出，也就是在双中子星互相接触的那一瞬间发出。如果是这样的话，那么我们看到的伽马射线延迟，就完全是由于引力波速度更快造成的。引力波的运动快了多少？引力波的运动时间只不过是其运动路程除以速度，类似地，伽马射线的运动时间也是用运动路程除以光速。这个小小赛跑的路程是 1.3 亿光年。它们运动时间的差异必须等于测到的 1.7 秒延迟，因此我们可以得到，引力波的速度比伽马射线快大约每小时四分之三米。或者，让我们假设伽马射线比引力波的发射时间要晚 10 秒。在这种情况下，伽马射线就要比引力波更快，才能将差距缩小到 1.7 秒，这样它们的速度差是每小时 3 米。将这二者和光速，即每小时 30 万千米进行比较，就会看到得出的速度差异非常微不足道：小于 10 的 15 次方分之一！如我们之前讨论过的，许多最新的理论尝试解释宇宙的加速膨胀，它们把通常归功于暗能量的效应归因于一种替代性的引力理论，这些理论要求引力波的速度和光速不同。GW70817 和 GRB170817 这一次观测，就让理论学家立马把一大堆理论丢进了垃圾桶里。反过来，假如我们假定广义相对论是对的，两个速度完全相等，那么两个信号到达时间的 1.7 秒延迟就完全是两个信号发射时的延迟。对于整理许多复杂的伽马射线发射模型来说，这一信息也很重要。

最后，我们中的大多数人都错误地预测了中子星并合是 LIGO-室女座会探测到的首个事件。但是，嘿，第九名也不差嘛！那些出乎意料的大质量黑洞旋进很响亮，而这类事件的发生率显然比人们想象的要高。LIGO-室女座第三轮观测运行从 2019 年 4 月 1 号开始，灵敏度甚至还要更高，有望探测到更多黑洞并合、中子星并合，甚至一个中子星和一个黑洞的混合并合。虽然本章结束了，但我们不想让你觉得事情也到此结束了。地基干涉仪还会搜寻其他的引力波来源，而其他完全不同的探测器也在运行或者建设中，包括那些注定要发射进太空的探测器。引力波探测的未来一片宏亮，我们已经迫不及待想听到宇宙交响乐的更多乐章①了。

---

① 此处为双关语，原文"movement"既有音乐作品的"乐章"之意，也有天体的"运动、移动"之意。

第九章

# 引力波科学的宏亮未来

读完第八章，你可能会觉得引力波再没什么可了解的了。但是2015—2017年间的探测只不过是个开始。LIGO和室女座观测站中断了两年时间，加入了更多升级，然后从2019年4月开始了第三轮观测运行，叫作O3。马上，4月8号、4月12号、4月21号，就有了新的探测。到2019年8月中旬，已经有了大约18例双黑洞并合，2例双中子星并合。8月14号，还探测到一例可能的黑洞-中子星并合。有几起事件后来又被撤回了，因为附加分析表明，它们可能是仪器或者地面因素造成的。相比于早期探测的极端保密，LIGO-室女座合作组织已经完全公开化，一收到探测信号就会发布。实际上，你可以在智能手机上下载一个"引力波"应用，每当有一次较强的探测，它就会给你发一条通知。你可以选择常用的提示音，也可以选一个听起来像引力波"啁啾"的声音。之所以这么公开，是为了让天文学家更快做出反应，从而有望找到引力波事件的电磁对应体。在你读到这段文字的时候，这段文字肯定已经过时了，因为这些仪器正在源源不断地记录着双黑洞、双中子星、中子星和黑洞，甚至可能记录着某种没人想到的全新现象产生的信号。

但还不止这些。还有人雄心万丈地想把引力波物理送上更高的一层楼，这种努力从日本开始。池野山靠近飞驒市，位于日本中央。在山的表层以下大约1000米处是茂住（Mozumi）矿，属于神冈矿产及冶炼公司，这家公司已经运营了超过一个世纪。如今，这座矿已经不再运营，至少已经不再开采矿物。取而代之，矿洞里放置了许多全世界最复杂的物理实验设备。举例来说，超级神冈探测器就是其中一个。它能观测和辨识高能中微子——一类非常微小的亚原子粒子，运动的速度非常接近光速。一些中微子是核聚变的副产物，由太阳制造出来；另一些是超新星等天文事件产生的高能粒子撞击氮原子和氧原子,在大气层里产生的。超级神冈同时也在寻找构成原子的基本单位——质子可能存在的衰变。它没有找到这种衰变,因而给质子的寿命提出了一个下限,大约是100沟(1后面跟着34个零)年。

茂住矿还是一个新引力波探测器的家,这台探测器即将开始运行:神冈引力波探测器,又称KAGRA。这台探测器和LIGO、室女座类似,有两条垂直的臂,均为3千米长。但不像LIGO和室女座,KAGRA探测器深深地藏在地底。KAGRA的镜子也和LIGO/室女座不同,它并不处于室温,而是被冷却到大约20开尔文(−253摄氏度,或−423华氏度)。不过,为什么要这样?

藏到地底,有助于消除两项重要的噪声来源:地震噪声以及"引力噪声"。虽然我们感受不到我们脚下的地球有什么运动,但它其实一直在颤抖。这种地面震动是由火山喷发、地壳板块互相摩擦、人造爆炸等产生的。它们沿着地球表面和内部向各处传播。许多向内传播的波都被抑制住了,因为地球内部的核是熔融的,而且密度很高。最强的震动都沿着地球表面传播。将LIGO和室女座的镜子和这类外部震动隔离开,是一个重大挑战。即便采取了复杂的措施,一些震动还是会漏进去,导致镜子稍微摇晃一下。在低频段,比如10赫兹或者更低时,这类震动尤其令人头疼,限制了我们探测低频振动引力波的能力。因此,将引力波探测器放在大山深处,是保护设备免受表层地面震动的一个办法。

类似地,位于仪器上空以及周围的引力也不是恒定的。想象一大团冷的、致密的气体经过地表的干涉仪上空(图9.1的左图)。由于镜子之间相距数千米,这团气体对不同镜子的引力是不一样的,这会造成小的移动,就像背景噪声一般。你可能会说,这种效应肯定小得不得了。它们确实很小。但是，引力波产生的移动更小，因此这种效应还是比它大。引力是没法屏蔽的，但如果你把干涉仪放在深深的地下（图 9.1 的右图），就会增加它和气体团之间的距离。由于引力大小和干扰源距离的平方成反比，增加距离有助于减弱干扰的效应。因为有质量的物体都会产生引力，人们开车经过会产生引力，地震波压缩地层会产生引力，所以引力噪声确实是个问题。将探测器隔离在地底，有助于降低这一效应。

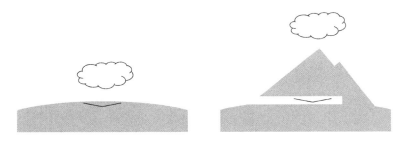

图 9.1 左：一片致密云朵的引力会让地面上干涉仪的镜子产生移动。右：对于 KAGRA 这样深藏在山里的干涉仪，云朵离得很远，引力效应也降低了。

那么，为什么 LIGO 和室女座不建在地下呢？这是资金问题。所有见证过"大开掘"工程 ① 的波士顿人都知道，即便对管理交通这样回报丰厚的目标来说，挖隧道也是件非常昂贵和复杂的事。每个重大科学项目，都必须平衡科学产出和失败的风险，以及建设的花费和时间安排。项目常常需要在科学性能上做妥协，以达到某个预算水平，才有可能被政府通过，拿到纳税人的钱。所以，对 LIGO 和室女座来说，建在地下从来都不在考虑范围之内。但是 KAGRA 有优势，它可以利用神冈现有的隧道和基础设施（供电、通风、交

---

① 全称为中央动脉隧道工程，1991 年至 2006 年施工，重新规划穿过波士顿核心地段的 93 号州际公路，修建了多条隧道。"大开掘"为民间俗称。

通）。虽然还是需要进行一些挖掘，却不至于负担不起。

把镜子冷却到低温，和一种叫作布朗运动的效应有关。罗伯特·布朗是一位苏格兰植物学家。1827 年，他在显微镜下观察到，花粉分散成的微粒漂浮在水中时，会不断地运动。一开始，人们认为这种现象是某种神秘的"生命力"造成的。直到 1905 年爱因斯坦在他有名的论文里建立起热统计理论，这种现象才得到了解释。爱因斯坦意识到，这种颤抖的运动应该是花粉微粒和快速随机运动的水分子之间碰撞的结果。事实上，"热量"这个词描述的不是别的，就是分子运动所具有的动能。因此，干涉仪中所有镜子的表面都在不断地波动着。这样一来，镜子之间的准确距离就变得不太确定了，因为这个距离是通过测量反射的激光得到的。除此之外，没有哪面镜子的反射是完美的，一部分激光会被镜子吸收，将镜子加热，额外增加了热波动。通过把镜子冷却到将近绝对零度，这两个效应都可以得到显著降低。

KAGRA 探测引力波的预期灵敏度和 LIGO、室女座差不多，甚至有可能在低频段超过它们。因为在低频波段，后两座探测器充斥着地震和引力噪声。但是，日本的这个项目遭受了一系列延误。比方说，2014—2015 年，因为春天融化的雪水过多，茂名矿的一些隧道部分垮塌了。洪水是个麻烦，不仅因为它会弄湿实验学家的脚，更因为它会造成引力噪声。要研究出方案，处理这些额外的水，这耽误了探测器的建设。不过在 2018 年，KAGRA 的建设终于完成了，首轮运行（镜子处于室温）很成功。2019 年初，KAGRA 团队报告了镜子在 16 开尔文[1] 下的一次成功探测。这让他们准备好加入 LIGO 和室女座的观测运转了，正好赶上 2019 年 O3 阶段的尾巴。

---

[1] 约合零下 257 摄氏度。

与此同时，第五台引力波设备正在研制中，名叫印度 LIGO。它将建在阿恩德镇（Aundh）附近，位于孟买东南方向，在马哈拉施特拉邦欣戈利地区的普纳市（Pune）郊区。这座城镇供奉印度教女神湿婆，神话中的毁灭者与转生者。这里有她最神圣的十二座神殿之一①，称作"乔蒂林加（Jyotirlingas）"。印度 LIGO 将会复制一座 LIGO 干涉仪，但不是坐落在美国，而是印度。实际上，这座仿制品一开始曾经是 LIGO 汉福德站点一座较小干涉仪的一部分。

我们描述 LIGO 和室女座时，用"干涉仪"这个词多少有点草率。真正的干涉仪由激光、分束器、镜面、地震隔离设备构成，还包括维持它运转的各种精细设备。观测站还有一个同等重要的组成部分，那就是长达几千米的巨大真空管，干涉仪放置在其中。我们说的"干涉仪"这个词，形容的其实是它们全体。

第一次设计 LIGO 的时候，本来计划要在汉福德台址装配安装两台干涉仪。第二台干涉仪和第一台完全一样——一样的激光，一样的分束器，一样的镜子——只不过，末端的镜子安装在 2 千米处，而不是真空管尽头的 4 千米处。这个系统被标为 H-2，而更长的系统标为 H-1（利文斯顿系统叫作 L-1）②。实际上，这些抽空的管道尺寸可以容纳多个干涉仪和多束激光。

之所以这么做，是为了富余和可信。到达探测器的引力波，在 H-2 产生的响应正好是 H-1 的一半。两台设备的背景地震噪声几乎是相同的。反之，利文斯顿的探测器虽然和 H-1 一模一样，但它处在不同的地震环境中，其光束管道有自己的真空系统。难点在于，在不同噪声来源的情况下，不容易可信地探测到引力波。LIGO 从

---

① 即距离普纳市约 50 千米的比马山卡寺，传说湿婆曾以炽热光柱的形态在此现身。
② 标号中的字母均为地名首字母。

2002 年到 2010 年的初步运行包含了两处 LIGO 台址的全部三台干涉仪。2008 年到 2010 年，人们修建高新 LIGO 探测器时，给 H-1、H-2、L-1 都修建了升级的干涉仪系统。

但事实证明，初代 LIGO 系统的运行非常成功。诚然，这次运行没有探测到引力波；但人们本来也没做此打算，因为初代 LIGO 还不够灵敏。然而他们学到了很多东西，学到了噪声源如何变化，以及它们如何影响探测器。LIGO 团队开始怀疑，他们真的需要 H-2 吗？如果不需要，那么正修到一半的仪器要怎么办呢？2009 年，杰伊·马克思（Jay Marx）提出，谁愿意建造真空管，并修好整个引力波探测器基础设施，就把 H-2 免费送给谁。他是一位实验高能物理学家，在此三年前接替了巴里·巴里什管理 LIGO 的职责。尽管美国国家科学基金会一开始有些质疑，他们最后还是批准了提案。

是什么让美国愿意白送出差不多 8000 万美元的值钱技术？答案是科学。我们已经讨论过，按照韦伯的偶然探测原则，用多个探测器确认引力波信号非常重要。这就是为什么一开始就规划了两座 LIGO 观测站，而且还要在欧洲修建室女座探测器、在日本修建 KAGRA 了。

但更重要的是，我们已经见到过，多个探测器可以利用信号不同的到达时间，三角定位出源在天空中的位置。越多探测器目睹一次事件，探测器彼此间隔越远，它们定位信号源就越准。然而，目前所有的探测器——LIGO、室女座、KAGRA——都在北半球，纬度相差不到 15 度。最南边的利文斯顿 LIGO 在北纬 30 度，而最北边的汉福德 LIGO 在北纬 46 度（室女座和 KAGRA 分别在 43 度和 36 度）。所以，很粗略地来看，所有四个探测器都位于横截地球的一个假想平面上。

这意味着，如果引力波从正北或者正南方向附近来到地球，它到达四个探测器的时间差就很小。因此，徒有四个探测器，定位源在天空中的位置还是会有很大误差。但是，如果南半球能有一个探测器，离这个"平面"远远的，关键的时间延迟信息就能补上了。分析表明，这样一台探测器能将定位源的能力增强 5 倍到 10 倍。

10 倍是个很大的数字。在第八章里，我们已经解释过，2017 年双中子星并合时，三台设备（两台 LIGO 探测器加上室女座探测器）同时探测到它，让人们能以中等精度确定源在天空中的位置。反过来，这让全世界的天文学家能把望远镜指向恰当的位置，并找到了并合之后发出来的光线。但是，那次是凭运气。那对中子星并合离地球很近（大约 1.4 亿光年外），所以 LIGO 和室女座确定出的区域里，星系的数量不是很多。因此，首批观测者能够一个接一个地扫描这些星系，辨别它们是否有异常的电磁辐射，然后告诉别人精确位置。

如果源离得更远，那么要想找到包含并合事件的星系，就要难得多了。看起来同样大小的一片天区，离得距离越远，实际范围就会越大（图 9.2）。而范围越大，这片区域里的星系就越多。因此，将引力波源定位得更准确，会是一项很大的优势。这样一来，望远镜寻找电磁辐射就会快得多，就能捕捉到这个快速变化的过程中更早发出的光线。

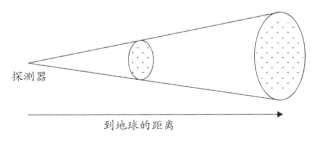

图 9.2　准确定位引力波源在天空中位置的重要性

对于离我们较近的源来说,它所在的天区可能只有寥寥几个星系。这样天文学家就可以一个一个地筛选电磁对应体。对于遥远的源来说,天区内的星系数量增加了很多,望远镜要想筛查一遍就很难了。圆锥越窄,要筛查的星系数量就越少。

因此,LIGO 和 NSF 特意在南半球寻找合作伙伴来安放 H-2 干涉仪。计划是先把干涉仪设备存储起来,等到合作者建好了大型真空管和各种相关的基础设施,美国再把设备交给对方,然后进行安装。他们首先找了澳大利亚,因为澳大利亚在引力波方面付出了积极努力,而且许多澳洲科学家也已经是 LIGO-室女座合作组织的成员了。在珀斯北面 100 千米一个叫金金(Gingin)的镇上,有一座 80 米的 AIGO 干涉仪原型机,是由西澳大利亚大学的研究人员研制的。但是尽管 NSF 批准了计划,澳大利亚科学家和全世界的引力波物理学家也积极游说,2011 年 10 月,澳大利亚政府还是拒绝了倡议,说本国的科研预算里没有钱去做这样的新尝试。

一年之后,美国政府同意和印度洽谈。和澳大利亚人不一样,印度引力波科学家并没有自己的干涉仪原型机,但他们中有许多人是 LIGO-室女座合作组织的成员,也已经在各个站点呆了很长时间。他们很快形成了一个联合体,全都是热情的研究人员,并开始劝说印度政府的相关部门批准印度 LIGO。这项批准慢慢地打通了政府的各项关节。在此过程中,有一个小小的插曲。印度政府中有人意识到,探测器会不断测量地震信号,而且这些数据会与整个合作组织的成员共享。在政府看来,这类数据关系到国家安全,因为他们用它来监测邻国巴基斯坦是否在试验核武器,所以这些数据不能被印度以外的人看到。花了将近一年时间,在这件事情上的谈判才完成,最终达成了可行的妥协。终于,2016 年 2 月 17 号,纳伦德拉·莫迪(Narendra Modi)总理宣布政府支持这个项目。有趣的是,这正好在 LIGO 宣布第一次探测到引力波之后一周。这二者或许不无关系。预期建设将于 2020 年启动，首轮科学数据收集大概在 5 年后开始。

思考引力波物理未来的，不只有印度和日本的研究人员。LIGO-室女座合作组织在拼命琢磨，怎么让汉福德、利文斯顿、卡斯纳的探测器更灵敏。第一批升级预计从 21 世纪 20 年代开始。其中的升级之一，是在镜面上加上反射能力更强的涂层，来降低镜子本身吸收的激光量。这会有助于降低镜子表面的热起伏。

另一个升级，是加入激光科学家近些年完善的一项技术，叫作光线"压缩"。一束激光由光的粒子（光子）构成。当光子从镜子表面反弹时，镜子也会被反弹回去一点，就像台球打另一颗球的时候，自身也会被反弹一样。这是动量守恒的体现。但是由于小小的光子和大大的镜子之间动量不同，镜子的反弹小得不得了。（不过你现在大概已经习惯了，"小得不得了"的东西在引力波探测里也可能是大问题。）既然光子本质上是受量子力学支配，海森堡不确定性原理就会给它们的行为引入随机性，从而导致镜子运动的噪声，尤其是在高频时。比方说，海森堡原理断言，你无法将粒子的位置和速度同时确定到无限精度①。虽然理论允许高精度测量某个变量，但如果你降低了一个变量的不确定性，另一个的不确定性就会增加。使用压缩光线，你可以让不影响镜子的不确定性随意增长，从而降低光子束反弹镜子那方面的不确定性。最终，高频波段的"光子噪声"会得到降低。这一技术首先于 2011 年在德国汉诺威 GEO-600 探测器身上得以实现，现在正在配置更大的干涉仪。

下一轮升级预计在 2025—2030 年，包括使用 KAGRA 的技术，

---

① 不确定性原理是量子力学中的一条定律，指观测者不能同时准确得知同一个物体的某一对物理性质。它有许多表现形式，例如能量和时间、速度和位置等，此处为它的一种体现。

把测试物冷却到大约 120 开尔文①。其他的改良还包括硅做的新镜子以及镜子的新悬架，这样可以把镜子和地面震动更好地隔绝开。这一切完成以后，新探测器会比高新 LIGO 灵敏 2 倍。2 倍的灵敏度提升，可以让探测到波源的距离加倍，可探测的空间体积会增大 8 倍（体积随半径的立方增长），从而探测器能观测到的星系数量也会增大 8 倍!

现有 LIGO 和室女座探测器的升级，再加上日本和印度的新探测器，被统称为第二代探测器。它们基本上还是遵循 20 世纪 70 年代格岑施泰因、普斯托沃伊特、韦伯、福沃德、拉伊·韦斯等人最初的"L"形设想，在这之上进行改良。但还有一项雄心万丈的计划，孕育着完全不同设计的"第三代"探测器。它叫爱因斯坦望远镜，简称 ET。

目前规划的爱因斯坦望远镜，是一台位于地下的三角形干涉仪。臂之间的夹角是 60 度，而不是 90 度。事实证明，没有人规定干涉仪的臂必须相互垂直。目前的干涉仪臂之所以互相垂直，主要是历史传统。19 世纪末，迈克尔逊想测量光速，以探测地球在假想的以太中运动（未成功）时，一开始建造的那台桌面大小的干涉仪，就有互相垂直的臂。但是 90 度臂的成因不只有历史传承；在 90 度时，对于特定的入射引力波而言，干涉仪的响应也是最大的。然而，如果你让夹角比 90 度大些或小些，响应并不会显著降低。两臂夹角为 60 度时，响应大约仍然是最大值的 86%（其比例是两臂夹角的正弦值）。

但是，这样一来，会发生一件很妙的事情。假设你要挖掘两条隧道，来建造你的 60 度干涉仪。只需将挖掘费用增加 50%，你就

---

① 大约零下 150 摄氏度。

能挖出第三条隧道，完成整个三角形。之后，像图 9.3 那样，只需在三角形的各个顶点再部署一套干涉仪，你就能让干涉仪的数量增加三倍。从 90 度到 60 度损失的那点灵敏度，很容易就被同一位置同时运行的三座干涉仪弥补上了。在 ET 现有的规划中，三角形的各边都是 10 千米长。相比之下，现有的干涉仪只有 3 千米或 4 千米。增加臂的长度对应的原理是，引力波造成两个物体间距的变化，和两个物体本来的间距大小成正比。除此之外，隧道将会位于地表100 到 200 米下，从而降低地震和引力噪声。镜面也会被冷却到接近绝对零度，以降低热噪声。三台探测器让我们可以用更高的灵敏度测量所有方向传来的引力波，而且这样一来，在一处台址就能分辨波的不同极化。然而，现实是残酷的，目前的 ET 设想太过昂贵，很有可能只能建一座。因此，设计 ET 的时候考虑的是，如果只能建一台高灵敏度设备，该如何得出最多的科学成果。

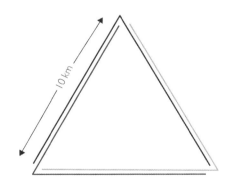

图 9.3　爱因斯坦望远镜的三座干涉仪示意图

等边三角形的隧道中可以安装三台独立的干涉仪。计划书提议建 10 千米长的臂。

　　ET 这样的第三代引力波探测器，将会开创极端引力中实验相对论领域的精度时代。爱因斯坦望远镜提高的精度，将会让它听到比任何地基探测器都远的信号。比方说,预期 ET 将探测到可观测宇宙中几乎所有恒星质量和中等质量黑洞的并合,以及中子星的并合。除此之外,高新 LIGO 和室女座已经探测到的那些事件,如果被 ET 探测到,将会响亮 100 倍[①]。提高这么多的灵敏度将会让我们有能力深挖引力波那些哪怕最小的特征,从而得到产生引力波的天体的细节信息。除此之外,我们还能用比目前检验更严苛 100 倍的水平,进行广义相对论的检验。

不过,就算是最高瞻远瞩的设计理念,也无法避免探测器的局限。在低频段,即便埋在地下,干涉仪的输出结果还是由地震和引力噪声主导。第二代和第三代探测器有可能探测到最低几赫兹的波,但地面上的探测器探测的频率不可能再低了。我们必须到太空中去。

去太空探测引力波,这个概念并不新颖。1976 年,莱·魏斯领导的一个 NASA 广义相对论和引力小组发表过一篇报告,讨论了地基激光干涉仪,以及将这种系统放进太空的可能性。尽管报告中设想的是迈克尔逊型的绕轨干涉仪,一些研究人员,比如科罗拉多大学的皮特·本德尔、詹姆斯·弗勒,格拉斯哥大学的罗恩·德雷弗等人,却开始私下琢磨自由航行的飞船阵列。在 1984 年和 1985 年发表的论文里,弗勒、本德尔和科罗拉多大学的其他同事概述了一种探测引力波的太空天线。

他们想象,把三颗卫星发射到环绕太阳的轨道上,相距大约 100 万千米。三颗卫星将形成 L 形,就和当时正在研制的地基干涉仪一样。激光束可以用来监测拐角位置那颗主卫星和两条"臂"另一端卫星的距离。当然,不需要什么真空管,因为外太空比任何人

---

① 信号本身的强度并不会增加,但由于 ET 灵敏度提高,背景噪声将大大降低,同样信号将变得极其清晰。

造的真空都要空。卫星将沿轨道自由运行，不受支撑线缆的束缚，更没有地面噪声的影响。

　　然而，你无法将一束激光射出几百万千米远，让它在镜面上反弹，再去寻找反射后的信号。因为不管你如何聚焦，激光束还是会有弥散。等它到达另一端的卫星处，光束已经变得很大，镜面只能反射其中的一小部分。反射后的光束也会弥散，所以等它再回到主卫星时，光的强度就基本上探测不到了。对于地面上 4 千米的距离来说，这还不是问题。但在 100 万千米的距离上？别想了。不过，还是有办法解决的。与其让另一端的卫星反射激光，不如让每颗卫星都装备上激光。当它用复杂的光学元件捕捉到传来的激光时，会识别出光束在发出时编入的"时间标识"（也称作"相位"），然后用搭载的激光器向主卫星发出一个新的强劲信号，打上同样的值。实际上，这就是激光版本的"异频雷达收发机"，后者曾被用来非常精确地追踪行星际飞船（见第三章）。

　　但是，尽管激光束在外层空间的真空自由穿行无碍，外太空对卫星却不是很妙。卫星持续受到太阳风和太阳发出光子产生的推力。在某种程度上，这些效应随时间是相当稳定的，因而可以被建模和计算。但它们也有起伏，导致飞船随机抖动，和地球上的地震噪声一样烦人。为了克服这个困难，弗勒和同事提议使用"无拖拽"控制，这种技术在 20 世纪 70 年代被美国海军用于导航卫星 TRIAD。当时，引力探测 B 也正在积极开发这种技术。这种技术的原理是，在每艘飞船的内部放置一个小质量物体（比方说，一个表面能反射的小立方体），让这个小物体充当每条臂的"末端"（图 9.4 的左上图）。激光束进入飞船，被立方体的表面反射，然后进入一连串透镜和镜面，测量出所需的信息；飞船搭载的激光器产生激光，把这些信息再发送回去。

关键的步骤是保护小立方体免受太阳风和太阳光子流的冲击。当然，包裹着它的飞船会充当护盾的角色。但是，外力会推动飞船，使得内部的小立方体不再位于保护舱的中央，而是越来越贴近舱壁（图 9.4 的右上图）。舱室内部的感应器探测到了它的接近，把信号传递给飞船另一侧的推进器。这些推进器轻推飞船，让立方体再回到中心。飞船在六个方向上都有推进器，这样任何方向的外力都能抵消。这样一来，每个立方体的运动路径就完全是弯曲的时空决定的；引力波经过，产生时空涟漪，就会让它变化。做到这项任务的典型力是用"微牛顿"单位来衡量的。1 微牛顿的力，大约相当于一只跳蚤落到你家狗尾巴上时产生的压力。

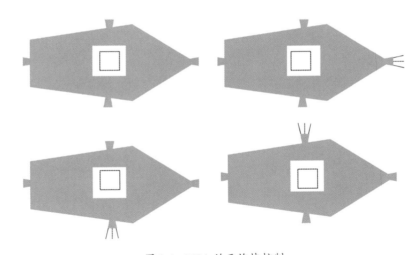

图 9.4　LISA 的无拖拽控制

如果飞船受到很大的推力，中心的立方体离舱室壁过近，那么微牛顿推进器就会收到信号，微调飞船，让立方体保持在中心。

这些想法最终成就了 LISA——激光干涉空间天线，由欧洲航天局研发，NASA 参与，计划于 2034 年发射。我们已经在本书中见过了几个例子：引力物理中的一些重要突破，开端和结局之间长路漫漫。从费尔班克、席夫、坎农提议，到引力探测 B 发射，过了 43 年（见第四章）。从拉伊·韦斯在 MIT 发表报告，到 2002 年的 LIGO 首轮科学运行，花了 30 年时间；到 LIGO 首次成功探测，花了 44 年。但是，LISA 将会创纪录地花上 54 年。对于一些人来说，这似乎是无法忍受的漫长时间。这个设想的一些发起人，有可能都活不到它实现的时候。另一些发起人则有可能把整个职业生命都花在这一个项目身上。但是，这就是科学王国的一部分。当科学家想回答宇宙最深奥的问题时，他们必须打持久战；不管是修筑能量最强的粒子加速器，完善核聚变装置，还是建设空间望远镜。

在许多年里，弗勒 - 本德尔设想一直在研究界流传。喷气动力实验室的罗纳尔德·海灵斯发扬了它的另一个版本，用飞船环绕地球。德国加兴市马克思·普朗克研究所的卡斯滕·丹茨曼也对空间探测器感兴趣。他参与建设过 GEO-600 地基干涉仪。1992 年，这一切到达了紧要关头。

这一年，第十三届国际广义相对论与引力大会（就是 1955 年在波恩举办 GR0 的那个会议）在阿根廷的威尔塔格兰岱举办。这是一座风景如画的小镇，坐落在科尔多瓦省，位于这个国家的中部。胡安·多明戈·裴隆在 1946 年到 1955 年当总统时，在阿根廷的乡村建了很多"避暑营地"，给工会成员的家人住。这次会议正是在一个这样的营地里召开。这次会议上，本德尔、海灵斯、丹茨曼和其他空间探测器的支持者进行了长谈，最终达成一致，向正在征求新空间任务的欧洲航天局递交一份提案。还有一段传闻，说是会议结束时，参会者正准备各自回家，飞回美国、欧洲和亚洲等地区。结果就在此时，机场的行李搬运工罢工了，航班因此延误或取消，一大群广义相对论学家困在阿根廷中部。就是在这段被迫延误的时间内，他们形成了要给 ESA 投递提案的主意。不消说，随时间流逝，参与的核心人物对这件事的记忆也有点模糊了。所以我们姑且把它当作传闻记下来吧。

1997 年，ESA 和 NASA 进行了大量评估工作，研制出了 LISA 的"底线"任务（我们将简要描述）。提案的任务在科学上无懈可击，但技术挑战将会很大，需要花很多钱，以 10 亿美元为单位计算。但是预料之外的情况不断发生，让 LISA 被推得越来越迟。比方说，1997 年发现了系外行星，1998 年发现了宇宙加速膨胀而非减速膨胀，因而有无数的空间望远镜提案涌现，想找到更多系外行星，或者解决宇宙学谜题。从 2005 年前后开始，NASA 用来接替哈勃空间望远镜的詹姆斯·韦布空间望远镜（James Webb Space Telescope）开始接连出现资金超额和工期延误问题，吞掉了许多 LISA 这样新项目的拨款[1]。2010 年时能看出，继韦布之后，NASA 下一个最高优先级的项目，显然将是宽视场红外巡天望远镜（WFIRST）。这台望远镜的设计目标是深入探测宇宙加速膨胀，并寻找更多系外行星。LISA 在名单上排第三位，前面还有一堆小任务，那些任务用 NASA 的行话来说叫"探索者"型。

与此同时，ESA 也在规划自己的大型空间任务长期策略，2011 年在巴黎召开了一次排序会议。发射安排从 21 世纪 20 年代初开始，间隔 8 年。三个大项目同时在竞争首发位置，它们分别是冰卫星探索者（JUICE）、先进高能天体物理学望远镜（ATHENA），以及 LISA。LISA 团队的报告得到了全场起立喝彩，但是有传言说，华盛顿方面要求 ESA 推迟对任务的排序。

在此之前一年，共和党赢得了美国国会的大多数席位。他们拒

---

[1] 韦布望远镜于 2021 年 12 月成功发射，2022 年 7 月发布了首批数据。

绝提高美国的债务上限，除非通过谈判降低赤字①。2011 年 7 月 31 号，议会同意提高债务上限，但代价是大幅缩减未来的支出。这些缩减，再加上詹姆斯·韦布望远镜超额，给了 NASA 很大的打击。NASA 被迫暂停几乎所有未来的任务，包括和 ESA 的联合任务，比如 JUICE、ATHENA、LISA。

NASA 隐退之后，ESA 不得不做出妥协：他们自己也会做下去，但是为了省钱，每个任务都必须缩水。其中两个任务缩水很容易——JUICE 项目可以让飞船只去木星的一颗卫星，比如说嘉倪墨得斯②，不去欧罗巴③了。ATHENA 项目可以移除卫星上的一颗次级 X 射线望远镜。但是，在此之前，LISA 设计的一直都是三角形干涉仪，三颗卫星相距 500 万千米，每条边由两束激光连接，和图 9.3 里画的 ET 三角形设计差不多。要简化这套设计并不容易。把臂长从 500 万千米缩短到 100 万千米，可以降低望远镜对准激光束能力的要求，还能减少部署望远镜位置所需的燃料。但省这点钱还不够。所以 LISA 团队还提议去掉 LISA 的一条臂，回到 20 世纪 80 年代提议的 V 形结构，从而大幅简化其中两艘飞船的设备。

但是，ESA 仍然需要确定缩水后各个项目的发射次序，所以 2013 年，又召开了第二场"点球大战"。这次，LISA 的提案排第一了！建设和发射的所有事情都安排好了，只是还要做一件事：

---

① 简单来说，美国法律规定，美国政府在入不敷出时，有权以借债的形式填补赤字。但是政府借债的总量有限额，提高这个限额需要国会批准。2011 年，美国政府债务达到法定上限，有可能造成金融危机等重大后果，称为"债务上限危机"。而共和党支持经济自由主义，认为解决债务问题的根本是削减政府支出，而不是民主党提倡的增加税收。因此共和党占多数的国会，一边批准提升债务上限以应对危机，一边大幅削减未来的开支。
② 木卫三，木星最大的卫星。
③ 木卫二。

LISA 团队必须证明 LISA 所需的技术真能实现。这迫使他们去设计、建造并发射一个完全独立的任务，叫作 LISA 探路者（LISA Pathfinder）。这样的要求并不意外。我们回想一下第四章，引力探测 B 就规划了一次技术验证任务，但是挑战者号的失事让任务取消了。现在回顾起来，假若真实施了"引力探测 B- 探路者"任务，那么很有可能早就发现了此前所说的"排布效应"，真正任务的麻烦将会减少许多。反之，LISA 的支持者早在 1998 年就提议进行一次探路者这样的任务，但航天局一直不接受。

LISA 探路者想要测试 LISA 最具有挑战性的方面，那就是检验无拖拽系统、微牛顿推进器，以及看看光学感应器能否精确测量出漂浮的"测试物"的位置。这次实验由一颗卫星构成，其中两个测试物相隔 38 厘米，代表 LISA 一条臂的缩小版。不需要做出大间距，因为不管走得多远，光的传播都是一样的。测试物是金和铂做的，用机器加工成完美的立方体，边长 4.6 厘米（大约 2 英寸），重约 2 千克。发射卫星以及前往最终位置的过程中，测试物安全地待在舱室中，以防止弹来弹去。大约 74 天后，一旦卫星到达最终的轨道，测试物就被释放出来，随着飞船绕太阳运动，自由地漂浮着。卫星配备了精密的感应器，持续测量着每一个测试物相对于舱壁的位置。有两种不同的微牛顿推进器受到了测试，一种喷出冷气体的微流，另一种使用电场给一些电离粒子流加速（回想一下狗尾巴上的跳蚤）。

2015 年 12 月 3 号，为期 18 个月的任务发射了。人们设想的是让它足够接近完整 LISA 任务所需的表现，这样航天局就有信心，随着之后的研发，能达到最后的目标要求。探路者的成功远超任何人的预期。感受器能够准确量出测试物的相对位置和倾角，精度超过 1 厘米的十亿分之一，推进器也能让测试物以这样的精度保持原位。LISA 探路者其实超越了许多性能上的目标。

事实上，发射后几个月，探路者卓越的性能就显露无疑了。与此同时，在任务的第 70 天，LIGO 宣布探测到了引力波，引力波天文学变成了现实。这两大事实，让 LISA 的命运发生了一百八十度大转弯。2016 年 6 月，NASA 的一个委员会建议航天局作为 ESA 的次级合作伙伴，重新加入 LISA。8 月份，一份对美国所有天文学和天体物理学优先级的评估建议 NASA 重新支持 LISA。一个月以后，一位 NASA 官员在 LISA 科学家的研讨会上宣布，美国航天局准备回归了。最后，2017 年 6 月，ESA 批准了 LISA 项目在 2034 年前后发射，而且要加上第三条臂。

图 9.5 画出了 LISA "最终" 版本的样子。三艘飞船各自独立，它们每年一起环绕太阳一圈，轨道和地球轨道很接近。如果最初的轨道选择恰当，而且入轨的过程中不受干扰，那么就会发生一件不可思议的事情：三艘飞船绕着太阳转，保持着不变的三角形构型，间隔相等，不需要喷射推进器。秘诀在于起始的轨道要和地球的轨道平面成 60 度夹角。

要想明白这是什么原理，我们不妨假设地球轨道是个完美的圆形（其实不是很圆，但是之后可以再加细节）。假设一开始一艘飞船低于地球轨道平面，离太阳更近；而另外两艘飞船高于地球轨道平面，离太阳更远（整个构型位于近日点）。这三艘飞船运行到太阳的另一侧时（整个构型现在位于远日点），倾角就反过来了。之前靠下、靠内的那艘飞船，现在靠上、靠外了。而之前靠上、靠外的两艘飞船，现在靠下、靠内了（回想一下图 3.1 里绘制的椭圆轨道）。但是，它们的间隔和刚开始的时候完全相同。图 9.6 将这个过程画了出来。从上方来看，三颗行星逆时针环绕太阳，而三角形顺时针旋转，形成的平面 60 度倾斜，一直保持着等边三角形的状态。要以这种漂亮的构型飞行，不需要任何推进器。牛顿的引力理论（在此处是个足够好的近似）就能完成一切。也许，只有物理学家会说牛顿方程的解很"性感"，但是我们向你保证，它真的性感极了。

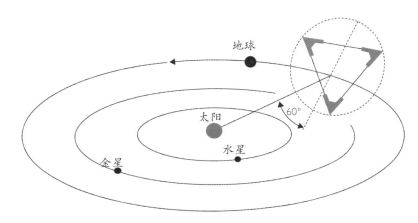

图 9.5　三艘 LISA 飞船以三角形构型围绕太阳运动

三角形的平面相对于地球的轨道平面倾斜 60 度。激光束在飞船之间双向发送，飞船相距约 300 万千米。阵列在地球 20 度后跟着。

获得通过的 LISA 版本设计了三条 300 万千米长的臂。图 9.5 里，我们把三角形的尺寸夸张了大约 45 倍；在现实中，它只有图上一个像素点那么大（太阳和行星的大小也夸张极了）。另一方面，臂长大约是地球到月球距离的 8 倍。阵列将会紧跟在地球后面，相差大约 20 度。这个数字没什么特殊的。定这个距离，是为了保证阵列离地月系统足够远，这样一来，这些天体的引力拖拽才不会对三角形影响太大；阵列也不能太远，这样数据才能轻松传回地球。每艘飞船都有两套完整备份：两套立方体测试物，两套激光器，两套望远镜。两条激光束将沿着每条臂持续传播，各自朝向一个方向。每一条光束到达飞船时，它的"时间标记"或相位会被记录下来。而总共的六条数据会被传回地球，再进行分析，看有没有什么微小的变化是由穿过阵列的引力波引起的。

LISA 一旦发射，就会让我们听到一种完全不同的宇宙音乐。地基干涉阵对 10 到 1000 赫兹的频率敏感，对应 30 000 到 300 千米的波长。由于地震噪声的阻碍，这些探测器听不见更低频的波。与之相反，LISA 能听到 1 赫兹的一千万分之一到十分之几之间的频率，即大约 200 天文单位的波长（地球到太阳的距离叫作 1 天文单位），也就是几百万千米。LISA 探测到的时空涟漪，波动的周期为 10 秒钟到 1 天之间。正如天文学从可见光转变到射电波时改变了我们对宇宙的认知，低频引力波也会揭示出奇异源的新世界。

这种信号的来源会是什么？典型的例子是两个超大质量黑洞的并合。我们在第六章中学过，大多数的大质量星系中，包括银河系在内，都有一颗超大质量黑洞位于中心。它们的质量从 100 万到 100 亿太阳质量不等。人们也知道，星系会互相碰撞并融合。在当前的宇宙中，这个过程不常发生。不过，我们的银河系和附近的仙女座星系正在相向而行，速度超过每秒 100 千米。目前正在争论的是，它们是会真正地撞到一起然后并合呢，还是像《夜色中的陌生人》( *Strangers in the Night* ) [1] 那样，只是邂逅，然后擦肩而过？然而，宇宙历史中早期的星系互相离得更近，更有可能不遵循宇宙总体的膨胀，受彼此的引力而拉扯靠近；也更有可能并合，从而最终产生可观测的结果。

---

[1] 美国歌手法兰·仙纳杜拉 1966 年的知名歌曲，开头的歌词为："夜色中的陌生人 / 交换着眼神 / 在夜色中漫步 / 要多少缘分 / 才能让我们分享爱意 / 在这夜色淡去前？……"

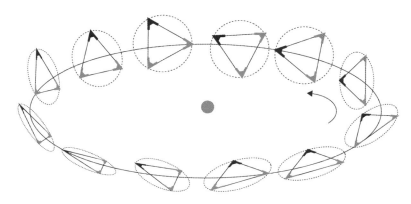

图 9.6 随着 LISA 环绕太阳，三角形的平面会旋转，而三艘飞船在平面内翻着筋斗。这种特殊的轨道方案可以让飞船之间的距离几乎保持不变。

如果每个星系的核心都有一颗超大质量黑洞，那么这两颗比恒星重得多的黑洞将在并合后的星系核心处安顿下来，开始彼此绕转。实际上，天文学家已经发现了几个星系，所有迹象都表明它们是并合的产物，而它们的核心中有两个非常小又非常亮的点，每个都有可能是一颗超大质量黑洞，以及周围热气体构成的吸积盘。当两颗黑洞最终开始了死亡舞蹈之时，它们会发出宏亮至极的引力波啁啾。

LISA 的"耳朵"听到这种引力波时，信号会远超过设备内部噪声；不像 LIGO-室女座探测到的黑洞旋进，还得仔细地把背景噪声过滤出去才行（图 8.2）。LISA 将能探测到宇宙最远处的源，由于引力波以光速运动，这就意味着 LISA 将会探测到宇宙最早期的大质量并合。LISA 将能够回答这样的问题：超大质量黑洞会和早期星系同时形成，还是形成得更晚？对于研究星系形成与演化的天文学家来说，这是一个烫手山芋，因为常见的天文望远镜"目力"不及，无法回答这个问题。

另一类可能的引力波信号，是由小黑洞或中子星落入超大质量黑洞时产生的，这通常发生在星系的致密核心区。当一颗不幸的小黑洞或者中子星和另一个天体（比如恒星）交会时，它会受到"引力弹弓"效应，被发射进星系中心潜伏的黑洞里。要想正好射进黑洞的事件视界里，这样的瞄准必须非常走运（或者非常不走运），因为黑洞这个目标实在是太小了。更有可能出现的事情是，小天体会接近黑洞，绕着它打转，速度可能达到光速的一半，划出很大的圈子，然后再落回黑洞附近，再绕它打转，如此往复。但是，这个天体不会按照图 3.1 里那样漂亮的椭圆轨道运动，而是在黑洞周围强广义相对论环境下，在卷曲的时空中做着非常复杂的漩涡状运动。图 9.7 画了一个"激旋"轨道的示意图。慢慢地，轨道会开始收缩，因为随着引力波发射，轨道上的天体会逐渐损失能量。小黑洞或中子星的质量相比于超大质量黑洞来说微不足道，这种情况叫作 EMRI——极端质量比旋进。EMRI 会产生频率极其复杂的引力波。靠近黑洞时，天体的运动变化得很快，所以发出的波有很高的频率。而远离黑洞时，运动又很慢，引力波频率就比较低。如果我们把这些引力波的声音用喇叭放出来，听起来就会像是摩托车加油门：EMRI 轨道里的各种频率，产生了声音的高低起伏。

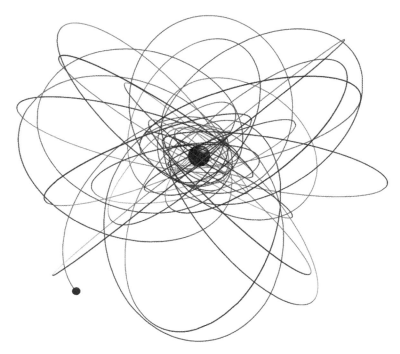

图 9.7 一个自旋黑洞周围发生的极端质量比旋进的激旋轨道

由于很强的近心点进动和惯性系拖拽效应，椭圆轨道的倾角变化得很剧烈，与此同时轨道还在收缩，因为引力波向外辐射。版权：马尔腾·范德米恩特（Maarten van der Meent）

第三类 LISA 能探测到的引力波，叫作"星系级双星"，是两颗白矮星构成的双星系统。白矮星是由超新星爆发形成的，其自身引力和一种特殊的量子力学压力相互抵消（见第二章）。回想一下，这类天体的质量通常在 0.1 倍到 1.5 倍太阳质量之间，但是它们比太阳的尺寸要小得多，半径只有几千千米。双星系统中的白矮星彼此之间离得还很远，所以引力波信号很微弱，旋进几乎可以忽略不计。这意味着，引力波的频率会在很长一段时间内保持不变。但是，它们中许多引力波的频率都是在毫赫兹波段，正好位于 LISA 最灵敏的范围。

因为这些波很弱，我们基本上只能听到银河系内的双白矮星。人们通过电磁观测发现了大约 10 对这样的双星，但是由于白矮星本身很暗弱，看到的这 10 对都离太阳很近。现在还不知道整个星系中一共有多少，可能有上百万（银河系中一共有 1 万亿颗恒星）。此外，还有可能存在绕转距离较远的中子星和黑洞，不发出电磁辐射，但会发出可探测的引力波。了解了这些天体，我们就能学到很多恒星演化、衰老、结束生命、形成致密天体的知识。

离我们最近的这几对双白矮星，人们都借助电磁波观测恒星的运动，从而把轨道非常准确地定出来了。因此，利用广义相对论，我们可以相当准确地预测出它们发射的引力波信号。这些叫作"检验源"，因为 LISA 必须要明白无误地探测到它们，否则 LISA 或者广义相对论之间肯定有一方有问题。LISA 还有可能会再分辨出多达 25 000 对双星，尤其是在高频波段。但是，银河系中双星太多，它们可能制造出背景"噪声"，比仪器中自身的噪声还要大。

凡是进过体育馆的，都懂得这个道理。把眼睛闭上，仔细听，你会听到很多声音。有说话的，有笑的，有叫喊的，全都混在一起。要从混合的声音中挑出某个声音是很难的。你大概能分辨出最近的或者最响的声音，但是这些只是庞大声浪中的几缕。在星系级双星中，我们也能从背景中选出几个鹤立鸡群的波。但总体而言，大量的源会形成噪声的形式。

新的引力波源意味着广义相对论的新检验。也许，这些新源的最大优势在于它们很响亮，即便达到宇宙级别的距离也能够被听到。爱因斯坦理论的一些修正，比方说引力波的传播速度可能和光速不同，或者引力对应的粒子（引力子）有可能不是无质量的，这些论断预测的效应都需要靠增加距离来测量。因此，LISA 对超大质量黑洞的观测将会引领对类似修正的检验，检验力度将比地基干涉仪强100万倍。

在极端质量比旋进中，小黑洞充当了自旋黑洞周围弯曲时空几何的标志物：一会儿很近，一会儿很远，一会儿在赤道面上，一会儿在极点方向……就像制图师记录下地球表面的沟沟壑壑一样，它也描绘出时间和空间的样子。这些旋进可以标记出黑洞外的引力场，就像 GRACE 标记出地球的引力场一样（见第四章）。发射出的引力波记载了所有的信息，探测这些数据，分析这些数据，我们就能知道，超大质量黑洞的几何是否真的由爱因斯坦的方程描述。

LISA 的袖筒里，还藏着最后一个惊喜：它允许多波段观测。想象一下，LISA 观测到了双黑洞产生的引力波，每个黑洞都在大约30 倍太阳质量。要想 LISA 探测到这种现象，双黑洞离地球相对来说必须比较近，假设说是 14 亿光年吧。此外，双黑洞在轨道上的间隔必须够大，这样才能发射出足够低频的引力波，被 LISA 听到。这样的一个源会在几个月内都处于 LISA 灵敏的波段，其频率缓缓下降，两颗黑洞慢慢地朝彼此旋进。最终，波段频率会高出探测器的敏感波段。这就好比听一个频率慢慢升高的声音一样，你最后听不见它，因为我们的耳朵没办法探测到高于某个频率的声音了。

这样的信号会从 LISA 的探测中消失，但几个月之后，同一个信号频率升到了 10 赫兹，这下它又在地基探测器身上出现了！我们将这类 LISA 先看到、地基后看到的信号叫作多波段观测，因为同一个信号是用不同的仪器、在不同的频段观测到的。

这类多波段观测将会是一个真正的突破。LISA 的观测让人们可以预测出，同一个事件未来什么时候能被地基设备观测到。而且，LISA 还能把这个源在天上定位，这样一来，地面上和太空中的望远镜就能指向天空中的这个区域，观赏即将到来的烟火（如果真有的话）。对于检验广义相对论来说，这么一起事件简直妙不可言，因为它能让我们非常准确地测量出，双星频率在横跨好几个量级的过程中是以什么速率变化的。这个变化速率被广义相对论预言得很精确，所以如果这些预言和实际不同，爱因斯坦的理论就出大问题了。

用 LISA 测试爱因斯坦的理论，还有最后一项优势。LISA 能看到的这些源，会有很多在好几个月，甚至好几年内都能看到，而不是 LIGO-室女座探测到的那种几分之一秒到几分钟的短啁啾。在这段时间内，三角形的 LISA 将会绕着太阳运转，整体朝向和三角所在的平面都在绕转的过程中转动。这样一来，LISA 就好像是地球上的好几座干涉仪一样，在实际只有一座设备的情况下，也能让我们得知信号的不同极化。所以，LISA 可以测试爱因斯坦理论的另一个预言，即引力波是不是只有两个极化方向——图 7.3 中的"加号"和"乘号"。这是个很有力的声明，因为许多修正理论都预测了不止两种极化。如果我们可以确定引力波确实只有两种极化，许多修正引力理论都会受到致命打击。

目前为止，我们详细讨论了各种不同仪器，我们可以建造它们来探测引力波。但是，大自然还给我们提供了一个天然探测器；它用到了脉冲星（第五章中讲述的发现脉冲星历史和脉冲星的特征可供参考）。脉冲星发出的脉冲，尤其是年老的、循环形成的脉冲星发出的脉冲，在很长一段时间内都稳定得不可思议。周复一周、年复一年，到达探测器的脉冲周期都基本上是一样的。这些特殊的脉冲星很多都有毫秒级别的自转周期，所以这些号称"宇宙灯塔"的中子星，其实转动得比专业级别的厨房搅拌机的刀片还要快。它们的周期通常十分稳定，一年都不会有一微秒的变化，和地球上最好的原子钟都有得一拼。但是,如果引力波穿过脉冲星和地球之间的区域,测到的脉冲星周期会被经过的引力波改变。你可以粗略地想象成,引力波轮流伸展和压缩着地球与脉冲星之间的距离,从而导致脉冲的频率看似发生了高高低低的多普勒频移。因此,用足够高的精度测量脉冲频率,从原则上来说就能探测引力波。

一个问题是,虽然毫秒脉冲星在长时间内稳定,它们在短时间,比方说几十毫秒内,却不是稳定的。一部分是因为脉冲频率本身在变化,另一部分是因为,随着射电信号穿过大团电离气体——我们与脉冲星之间的星际介质,光脉冲的速度也会变化。LIGO-室女座之所以必须装备极其高度真空的管道,就是为了避免光信号产生这种速度变化。因此,观测到的脉冲必须在很长时间内——以年为尺度——做平均,才能抹除掉它自身以及传播过程中的变化。这就好比,扔十次硬币,很有可能五次正面,再三次反面,又两次正面。但把一个完美的硬币扔十亿次,正反面次数就会是五五开,相差只有十万分之一。之前描述过的极为稳定的周期,就是这样平均后的结果。另一方面,当一个非常遥远的源发出引力波信号,穿过银河系,它对某颗脉冲星的脉冲周期测量的影响是非常确定的,这种影响只依赖于脉冲星相对于引力波源的方向,以及地球和脉冲星之间的距离。因此,如果我们能同时观测一批脉冲星,比方说15颗或20颗,散布在银河系各处,那么这样得到的结果就可以揭示出总体的引力波信号,比平均一堆只对单颗脉冲星有用的短脉冲周期要强。

这种办法叫作"脉冲星时间序列"(PTA),全世界射电天文学家正在实践它。基于澳大利亚的帕克斯射电望远镜,建立了帕克斯脉冲星时间序列(PPTA);使用欧洲四台最大的射电望远镜,建起了欧洲脉冲星时间序列(EPTA);用阿雷西博、绿岸望远镜和西弗吉尼亚望远镜，建立了北美纳赫兹引力波天文台（NANOGRAV）。一个国际组织（缩写应该是 IPTA[①]，不然还能是什么？）负责监督和调度不同的团队。

这样的 PTA 能探测到什么样的引力波？既然我们必须把脉冲在一年内平均，那么我们只能探测到很长时间内波的变化。而一年大概是 0.3 亿秒，所以我们寻找的波频率大约在 1 赫兹的 300 亿分之一，即 30 纳赫兹。在这些频段最响亮的引力波源，是围绕星系中心超大质量黑洞运转，但距离并合还有很久的天体。天空中可能有几千到几百万潜在的纳赫兹源。这么多源没办法在数据中全都分离出来，它们会形成背景噪声，和 LISA 听到的双白矮星背景差不多。但是这种"噪声"有自己的特征，比方说自身的晃动或者传播效应，可以和其他噪声来源区分开。关注这类特征（称为相关量），我们就能了解产生引力波的双黑洞一族。

通过 PTA 方式，还没有探测到双大质量黑洞的引力波背景，但是快了。一旦探测成功，我们就不仅能了解到引力波背景本身，还能了解其他造成超大质量黑洞旋进产生引力波的物理效应。一旦能利用这一点，从原则上来说，我们就能限制那些预言了其他引力波极化的引力理论，因为上面提到的"相关量"依赖于波的极化数量。

如我们所见，引力波提供了宇宙的音轨。而随着第三代地基探测器、LISA 和 PTA 建成，我们建造起的复杂耳机在接下来的几十年只会越来越精良。爱因斯坦的引力波曲目列表有许多调性、许多流派，从恒星质量黑洞旋进那尖锐的啁啾断奏，到双白矮星的噪声和弦，再到 EMRI 的鸣笛呜咽。我们要做的只是静静聆听。

---

① 即"国际脉冲星时间序列"的缩写。

第十章

# 对　话

第十章 对话

尼科：克里夫，你好像自我出生前 100 万年就在研究广义相对论了。在职业生涯中，你肯定经历过一些激动的时刻。排名第一的是哪件事？

克里夫：那肯定是知道 LIGO 探测到了引力波的时候。我们那时都很相信升级版的干涉仪能探测到引力波，但是完全不知道什么时候能探测到。你知道的，在 2015 年秋季，有许多谣言说 LIGO 探测到了某种东西，但是我不是 LIGO-室女座合作组织成员，所以没有内部消息。最后，在 2016 年 1 月底，大概在真正发布之前两周，各种科学杂志开始给我打电话，问我知不知道什么内情。我只能说我和别人一样听过一些谣言。最后，为了给记者写些评论，我给佛罗里达大学我们学院的同事发了电子邮件，他们是真正的合作组织成员。其中一位说："不管命运派你去做什么，你都应该有所准备。"这一点用都没有好吗！但是几天后，另一个同事来我办公室，关上了门，让我发誓永远不告诉别人他接下来要给我看的东西。那是描述 LIGO 发现的论文的草稿。不用说，我震惊了！我平时是个很镇定的人，但是那晚我太太见到我，她马上问："出什么事儿了？"我不得不告诉她！（我知道她会保守秘密。）一周后，那场大型发布会召开了。在各种意义上来说，我的职业生涯都从 1969 年韦伯有瑕疵的引力波探测宣告开始，所以我等这一天等了将近 50 年了。

我有一种预感，你最激动的时刻可能和我一样。不过当时你是怎么知道的，是什么反应？

尼科：我和你感同身受。我在宾州州立大学读研究生时，是LIGO合作组织的一员。但在研究生毕业之后，我发现自己对理论物理更感兴趣，所以我换了方向，但我的研究仍然和LIGO观测所做的科学很像。2015年秋天，我已经在蒙大拿州立大学了。虽然我的同事是合作组织成员，我却不是，所以我并没有什么"秘密"消息。但是我和别人一样听到了谣言。到了宣布时，我们单位的每个人基本上都知道要发生什么，所以我们聚在会议室里，买了一个庆贺的蛋糕，一起听到了那九个有魔力的字："我们探测到了引力波。"

我有点惊讶，因为我听说有个同事在这一发现被观测到的那天，2015年9月，就告诉了他十岁的儿子。但是小男孩保守住了秘密！现在，我们能在智能手机上收到通知了。我很高兴我们不再需要保密了。我打赌这个领域和你年轻时候完全不一样，那时候还是嬉皮士时代①。

克里夫：确实，那时我头发还很长，尤其是和现在相比。这让我想起"想当年"另一起激动人心的事件。1974年秋天，我刚到斯坦福大学做助理教授，和天体物理学家罗伯特·V. 瓦戈纳（Robert V. Wagoner）一起工作。9月底，鲍勃冲进我办公室，挥舞着一张"IAU②电报"。

尼科：电报！真的吗？

---

① 指20世纪60年代中期形成的美国青年文化运动，反对战争，推崇多元文化，许多人吸食致幻药物、演奏流行音乐。男性留长发也是嬉皮士的一种标志。
② 国际天文联合会。

克里夫：那时还没有互联网，发布天文学新发现是国际天文联合会的一项工作。他们会给全世界的天文台和大学发电报，简要描述新发现的内容。鲍勃是我认识的最有激情的物理学家。他喊道："克里夫，他们刚在双星系统里找到了一颗脉冲星！不管你在做什么，都别管了。我们必须马上研究这个新的系统。"当然，这就是赫尔斯 - 泰勒双脉冲星，我们在第五章里讨论过了。没过几周，鲍勃就写了一篇重要文章，讨论如何测量双星的轨道周期，从而证明引力波存在。我也写了一篇论文，讨论测量轨道近心点的进动会带来什么启示。接下来的差不多 8 年里，和脉冲双星有关的研究占了我研究生活的半壁江山。1978 年乔伊·泰勒在得克萨斯研讨会上宣布了他们团队对轨道内旋的测量，结果和爱因斯坦预测的引力波能量损失一致。那是梦想成真的时刻。当然，我在 1993 年 10 月还尝到了蛋糕的糖衣。那时我收到了诺贝尔基金会寄来的一个厚厚的信封，里面有一封邀请，请我和我太太去斯德哥尔摩参加乔伊和拉塞尔·赫尔斯的诺贝尔奖颁奖仪式。

尼科：哇哦！显然，我们职业生涯中都有很多难忘的时刻。对我来说，另一个重大时刻是法兰斯·比勒陀利乌斯（FransPretorius）完成了首个全广义相对论的双黑洞并合计算机模拟。我的物理生涯从圣路易斯市的华盛顿大学开始。那时，如果你还记得，没有人能模拟这种并合。即便是单个黑洞静静地待在那里，什么活动都没有，用计算机模拟起来也很难（尽管我们已经有了史瓦西解，你在纸上用一行字就能写完）。其中一个麻烦在于黑洞事件视界处的表观奇点。某些数学公式在此处变成了无穷大，不过我们知道该怎么处理，也知道此处的物理并没什么问题。

克里夫：确实，我们在第六章讨论过这个问题。但是，虽然我们的大脑能接受无穷大，甚至适应了无穷大的概念，计算机却不行。计算机一旦遇到了一个数除以零，就会直接中断，弹出报错信息。而这只是爱因斯坦方程计算机解的众多问题之一。

尼科：但是 2005 年一切都改变了。我那时是宾州州立大学的研究生，因为我还太年轻了，不能去加拿大班夫（Banff）参加一场会议，所以我待在自己的办公室里。年级更高的学生去参加了，在那里汇报他们的研究。突然——我记不清是一个研究生还是博士后了——猛闯进我的办公室，兴奋地告诉我法兰斯·比勒陀利乌斯在班夫报告的计算机模拟。我惊得下巴都掉了！他做到了！从此，预测黑洞并合最后阶段产生的引力波成为可能。这是我经历过的广义相对论研究最大的突破，我超级兴奋。很快，全世界许多团队都能用计算机模拟黑洞并合了。他们用的方法和法兰斯的很不同，但得到的结果一样。黑洞并合问题基本上宣告解决了。

克里夫：那个突破到来的时间正好，因为 LIGO 正为高新 LIGO 做准备，这项突破给了他们信心。到真正引力波被探测到的时候，我们就能很好地在理论上预测出引力波了。

尼科：要是没有 2005 年的突破，我们就不能像图 8.2 那样清晰又自信地宣布它是来自双黑洞并合了。我们也无法那么准确地测量黑洞的质量。

克里夫：顺带一提，2005 年真是个好年份。它还是"世界物理年"，全世界的物理学家都在庆祝 1905 年爱因斯坦"奇迹年"的 100 周年。那一年爱因斯坦写了 5 篇论文，改变了物理学。2 篇论文有关狭义相对论，一篇有关光电效应（他因此获得了 1921 年的诺贝尔奖），一篇有关光的量子本质，一篇有关布朗运动。2005 那一年，我还做了一次为期四周、辗转 21 个加拿大城市的巡回演讲，由加拿大物理学家协会资助。那时我做了一个报告，题目是"爱因斯坦当时是对的吗？"。巡回的过程中，北极光弦乐四重奏乐团（Borealis String Quartet）一直陪着我，那是温哥华一个很有名的乐团，负责给我的演讲暖场。他们演奏了一些莫扎特（爱因斯坦最喜欢的作曲家），还演奏了一首名叫"从水到冰"的曲子，是阿尔伯塔大学一个兼修物理学和音乐学的学生创作的。

尼科：真棒！我一直觉得把爱因斯坦的物理和艺术结合起来会很酷。2015 年的时候，为了庆祝广义相对论百年，我们在蒙大拿州立大学做了一点尝试，发明了一台沉浸式艺术设备，里面是一个环绕着吸积盘的黑洞，播放一些酷炫的太空音乐。我们还做了一部原创的交互式电影，有关爱因斯坦和他的理论。电影最后，观众可以在头顶挥舞一根空心塑料管（大约 2 英尺 ① 长），产生自己的"引力波"。很走运，观众没有用我们给他们的"引力波发生器"打彼此的头！那时开始，我们还开创了一个蛮酷的口语活动，把诗歌和物理结合起来，还办了一场关于引力波的天文馆展览。

再谈谈我们经历过的事情吧（希望不是老生常谈），当你刚进入这个领域的时候，广义相对论还刚崭露头角。变化都有哪些？

---

① 约 0.6 米。

克里夫：最明显的变化是这个领域壮大了。那时，全世界只有十几个相对论"团组"。每过几个月，我们就会拿到（当然，是通过邮寄）一个单子，是瑞士伯尔尼的广义相对论学会总部寄来的，上面列了这个领域新发布的论文。单子上大约有 30 个题目。如今，我们在网站上发表广义相对论的论文，一天之内大约就有 30 篇新的！

尼科：这个数目仍然在不断增长。许多和广义相对论有关的论文都发表在高能理论或者天体物理学网站上面，因为作者觉得那些领域的人对他们的论文更感兴趣。这种广义相对论和其他领域的交叠和互动真的很迷人。我们提到过，1963 年的首届得克萨斯研讨会（第六章）把广义相对论学家和天体物理学家很尴尬地放到了一起，但我的天，他们现在可真是携手共进了！中子星并合的论文有 3000 个作者，来自相对论和天体物理领域，比当时参加得克萨斯研讨会的人数还要多 10 倍。诸如量子引力、弦理论、暗能量之类的课题，也和广义相对论与粒子物理学一样，吸引着研究人员。

克里夫：广义相对论的另一个大变化是实验的角色。

尼科：我记得之前描述这个领域早期时，用的词是"理论学家的天堂，实验学家的炼狱"。没有实验数据，科学家们就不会拿你当回事。你也这么觉得吗？

克里夫：我很幸运，刚开始工作的时候，正好是一切都在发生改变的时候。尤其让人兴奋的是，你可以一边把玩那些高深的时空概念，一边用真正的数据"练练手"。比方说，我在加州理工读研时的笔记，就包括广义相对论和其他引力理论预测的天体运动数学计算。但在同一时期，我的笔记里还记着我和附近喷气动力实验室科学家的讨论，讨论的内容是要想测到夏皮罗时间延迟效应，NASA对接下来维京号火星任务的雷达测距需要测得多准。正如我们在第三章看到的，那项任务非常成功。随着时间流逝，新的实验检验出现了，引力波探测器发展了，天文学和宇宙学的观测在广义相对论领域也越来越重要。如今，理论和实验彼此共生，这个领域生机勃勃，与当年的"枯水期"相差十万八千里。

尼科：我想这就是物理学发展的方式。我们先产生怀疑，再建立一套理论来巩固这种怀疑。但是直到做完了实验，分析完了数据，我们才能真正相信这套理论。如果理论的预测和数据不符，我们就要抛弃掉这种理论，一直找到符合的理论为止。但是新的理论也必须符合所有做过的实验，满足所有的数据，而且在未来的检验中也存活下来。对我来说这很不可思议，爱因斯坦居然仅靠一个理论就能做到这一点，而且在超过一个世纪的过程中一直屹立不倒。物理学家不是没有尝试过开发新理论来代替爱因斯坦的理论，他们还试图解释我们第一章中讨论过的一些异常现象。但是这些理论，至少其中能做出预测的那部分，都和或这或那的观测相矛盾。实验似乎很支持爱因斯坦的理论，尽管它看起来疯狂又古怪。这也许是我觉得广义相对论最迷人的地方了。

克里夫：我同意。任何 20 世纪二三十年代的科学家，都会发现我们在本书中讨论的广义相对论和爱因斯坦 1915 年提出来的理论一模一样。但是同样一群科学家，却会被今天描绘的组成物质的基本单元吓到，甚至可能被这些夸克、轻子、胶子、光子、中微子、希格斯玻色子给弄糊涂了。那些描述它们的基础理论——量子电动力学、量子色动力学、电弱相互作用理论——对他们来说更是如此。它们和他们当时的理论模型完全不同。那时世界是由电子、质子、中子构成的，都由电磁学和简单的量子力学描述。这些科学家大概会以为自己穿越进了平行宇宙。基础粒子理论中这些彻底的变化，大部分是由实验结果造成的。这些结果发现了反常事件或新的现象，必须由新的理论或革新后的理论描述才行。

尼科：如果我们最终探测到了组成暗物质的粒子，这些理论可能要发生更剧烈的改变。

克里夫：对极了。不过，从另一方面来看，我觉得广义相对论如此长寿也不太让人惊讶。牛顿的引力理论坚持了超过 230 年，然后广义相对论才出现。所以从这个标准来说，爱因斯坦的理论还像你一样，是个年轻人。问题是引力弱得要命。两个质子之间的引力比它们之间的电场力要弱 1 万亿万亿万亿倍。所以，你必须费很大的劲，才能找到足以修正广义相对论的引力微小偏移。虽然基本粒子理论领域的变化以十年为计——在我当物理学家的这段时间里，已经看到了这个领域的许多重大变化——但引力理论变化的时间，也许是以世纪来计算的。

尼科：呃，这可真让人失望啊！我感觉你刚对我浇了一盆现实的冷水！但是我觉得你说得对。

克里夫：我们领域里有个传说，我从没出过错。

尼科：没错。我还输过一场和你打的赌，输了一瓶很贵的马尔贝克[①]葡萄酒。不过我们跑题了。也许要花很长时间，我才会看到我们对引力的理解发生变化，才会见证爱因斯坦之后的下一场科学革命。这让人很失望，因为我一开始对相对论感兴趣是因为《星际迷航》[②]！相位器和光子鱼雷倒没什么，但我很想知道有没有哪种新技术，能让我们找到现在物理定律的漏洞，从而可以在宇宙中穿梭，探索新星球和外星文明。按照我们目前对爱因斯坦理论的理解，并没有这样的漏洞。这样一来，就不可能见到《星际穿越》里面那样近在眼前的黑洞，更不可能用它来拜访酷炫的新世界了！

克里夫：但是我们现在的这个世界有打转的中子星、碰撞的黑洞、失控的宇宙膨胀，不是已经很让人激动了吗？

尼科：当然！尤其是我们现在探测到了引力波！但是，像傲慢的将军一样骑着老马在山坡上俯瞰战场是一回事，亲自在战场上左右挥舞宝剑则是另一回事。就好比读篮球赛的报道，肯定和坐在场边观众席上不一样！比赛确实是同一场，但是得到的信息和体验是完全不同的。

---

① 一种紫黑色葡萄，用于酿造红葡萄酒。

② 著名科幻电视剧，讲述太空飞船"企业号"在宇宙中探险时遇到的人和事。首播于20世纪60年代，已经产生各种电影、电视剧、小说、漫画、游戏等衍生品。下文提到的技术均为剧中设想。

克里夫：合理……但是我情愿待在地球上，不愿意真的靠近黑洞。而且，如果我在黑洞旁边待得够久，我回到地球的时候就会比你年轻了！顺带一问，我有点好奇，你说的是有柯克船长①的那部最初的《星际迷航》吗？那部电视剧可比你的年代早多了！

尼科：是的，我看过《原初系列》，但是我刚才指的是《星际迷航：下一代》②。我在阿根廷长大，那里的有线电视每周都重播这部电视剧。所以我1999年搬来美国研究物理时，我已经知道我最想研究的是黑洞了。我差不多花了一年时间才意识到，要研究黑洞，我真正要学的是爱因斯坦的理论！

克里夫：对，你显然早早就产生了兴趣，因为我记得2000年你还是华盛顿大学大二学生的时候，就想做这方面课题的研究。一开始是和我们的同事马特·维瑟（Matt Visser），然后是跟着我。

尼科：那你呢？你是怎么对广义相对论研究产生兴趣的？

克里夫：我的道路和你的很不一样。我本科是在加拿大的马克马斯特大学读的，那里没有广义相对论课程，也没有懂广义相对论的教授（大概1967年前后）。关于爱因斯坦和他的理论，我读过几本科普书，还有《科学美国人》③上的几篇文章，不过也就仅此而已了。1968年秋天我到了加州理工学院，只知道我想学理论物理，但

---

① 柯克船长于1966–1969年播映的《星际迷航：原初系列》剧集中第一次出现。
②1987–1994年播出。
③ 美国科普杂志，1845年创刊。

不知道具体学什么。那时很多研究生新生去加州理工是想跟着理查德·费曼研究粒子物理，但是他们不知道他那时已经不招新学生了。一些加拿大同学告诉我，我应该和一个新来的教授聊聊，他的名字很滑稽，叫"基普"。我从没听说过他，因为他才刚来，加州理工寄给我的物理研究生院介绍册里没写他！终于，开学一个半月以后，我找到了他。他告诉我，我可能不太走运，因为那时他正在教广义相对论课程，但下一年就不开了。所以我赶快退了天文选修课，选了基普的课。不过我必须要补上差不多半学期的阅读材料和课后作业，把我累个半死！但是这最终起到了效果，因为这一年结束的时候，基普邀请我参加他研究团队的组会。剩下的部分已经写在本书里了！

尼科：但是广义相对论前景如何？我从蒙大拿州立大学搬去伊利诺伊大学之前，在博兹曼的落基山脉博物馆做过一场公众演讲。一个观众问我，我是否"相信"弦理论。一开始我有点吃惊，因为我们在物理中一般不用"相信"这个词。我不是"相信"引力。我拿块石头，扔出去，它会落下来。引力就在那儿，不管我"相信"与否。正如我的学生所说："引力不在乎你怎么想。"所以，尽可能礼貌地解释了这一点之后，我还必须讲讲房间里的大象①：弦理论，或者其他量子引力理论，到底怎么了？

我有点犹豫，因为我们都知道爱因斯坦理论的局限。正如我们在第一章里讨论的，我们并不太理解暗物质或者暗能量到底是什么，但它们组成了宇宙中95%的物质和能量。我们怀疑，爱因斯坦理论中的奇点，比方说黑洞中心的奇点，意味着理论中缺失了某种东西，

① 英文俗语，指显而易见却又常常被刻意忽视的事物。

而量子力学和爱因斯坦的理论在数学上是不兼容的。这样，一切都连起来了：一定有某种更"根本"的理论，能在非常小的尺度上代替爱因斯坦理论的位置。这种基本理论必须和量子力学兼容。

所以，没错，肯定有某种类似于弦理论或者圈量子理论之类的东西是对的。但是，到底哪种才是正确的基本理论？我"相信"与否，或者觉得一个理论优雅与否，其实一点都不重要。真正重要的，真正帮助我做出判断的，是实验和观测。如果某种量子引力理论能做出预言，而这些预言和我们在大自然中观测到的一致，那么它就是对的。万事大吉！但是我们现在还没有到这种程度。没有一种量子引力理论是足够完整的，它们还有很多数学上的问题，不能做出和实验比较的预测。但即便能做，在我们现在能观测的方面，量子引力的效应也非常微小，似乎无法用今日（或者近未来）的技术测量出来。我这么说会不会太悲观了？

克里夫：尼科，你让我觉得自己骨子里连一丝悲观也没有！现在引力波、黑洞、中子星领域里有这么多可以做的科学，这么让人激动，值得乐观的事情简直太多了！

我们给本书起名叫"爱因斯坦还是对的吗？"[1]，这个问题我们将会留给读者，让他们自己去想。但是另一个问题是："爱因斯坦会一直是对的吗？"鉴于我资历已高，别无所求，我决定冒一把险。

尼科：你的意思是你想再赌一瓶葡萄酒吗？

克里夫：好啊，为什么不呢？我论述如下：如果宇宙加速膨胀

---

① 英文原名。

的解决办法是重提爱因斯坦最初提出的宇宙学常数，就像普朗克常数或者牛顿的引力常数那样，是一个我们现在可以测量的值，我会觉得理所应当。如果广义相对论在人类未来能做的任何实验中都保持着绝对的正确，我也不意外。

当然，话虽然这么说，我还是禁不住想到尤吉·贝拉（Yogi Berra）的故事。他是纽约洋基队著名的球手和经理（我童年时代的英雄之一），头脑卓尔不群。他不打棒球之后，有次他夫人卡门问他：“尤吉，你在圣路易斯出生，你在纽约打棒球，而我们现在住在新泽西。如果你先死，你想让我把你葬在哪里？”尤吉说：“给我个惊喜吧！”

# 人名翻译对照

A

Achilles Papapetrou 阿基里斯·帕帕佩图

Adalberto Giazotto 阿达尔贝托·贾左托

Alain Brillet 阿兰·布里耶

Albert A. Michelson 阿尔伯特·A. 迈克尔逊

Albert Einstein 阿尔伯特·爱因斯坦

Alejandro Cárdenas-Avendaño 亚历山大·卡迪纳斯-埃文达诺

Aleksandr Prokhorov 亚历山大·普罗霍罗夫

Alfred North Whitehead 阿尔弗莱德·诺斯·怀特海德

Allan Sandage 阿兰·桑德奇

Anne Archibald 安妮·阿奇博尔德

Anne Hathaway 安妮·海瑟薇

Andrea Ghez 安德莉亚·季姿

Andre Lundgren 安德鲁·隆戈伦

Andrew Crommelin 安德鲁·克罗梅林

Antony Hewish 安东尼·休伊什

Arno Penzias 阿诺·彭齐亚斯

Arthur Stanley Eddington 亚瑟·斯坦利·爱丁顿


B

Barack Obama 巴拉克·奥巴马

Bernard Burke 伯纳德·伯克

Bernard Schutz 伯纳德·舒茨

Bruce Allen 布鲁斯·艾伦

Bruce Balick 布鲁斯·巴里克


C

C. W. Francis Everitt C.W. 弗朗西斯·埃弗雷特

Carl Brans 卡尔·布兰斯

Carl Sagan 卡尔·萨根

Charles E. St. John 查尔斯·E. 圣约翰

Charles Davidson 查尔斯·戴维逊

Charles Perrine 查尔斯·帕莱因

Charles Townes 查尔斯·汤斯

Christiaan Huygens 克里斯蒂安·惠更斯

Christopher Nolan 克里斯托弗·诺兰

Clifford (Cliff) Will 克利福德（克里夫）·威尔

Cole Miller 科尔·米勒


D

Daniel Goldin 丹尼尔·戈尔丁

Daniel Kleppner 丹尼尔·克莱普纳

Daniel Kennefick 丹尼尔·肯尼菲克

David Finkelstein 大卫·芬克尔斯坦

David Gyasi 大卫·盖伊斯

David Reitze 大卫·莱兹

David Wineland 大卫·瓦恩兰

Dennis Walsh 丹尼斯·沃尔什

Don Bruns 唐·布伦斯

Duane Muhleman 杜安·米勒曼


E

Edoardo Amaldi 爱德华多·阿马尔迪

Edward W. Morley 爱德华·W. 莫雷

Edwin Cottingham 埃德温·考廷海姆

Edwin Hubble 埃德温·哈勃

Eric Adelberger 埃里克·阿德尔伯格

Eric Agol 埃里克·阿高尔

Erwin Finlay-Freundlich 埃尔文·芬雷-弗里德里奇

Erwin Schrödinger 埃尔温·薛定谔

Etta James 艾塔·詹姆斯


F

Felix Pirani 菲利克斯·皮拉尼

Frank Dyson 弗兰克·戴森

France Cordova 芙兰茨·科尔多瓦

Francis Sinatra 法兰·仙纳杜拉

Frans Pretorius 法兰斯·比勒陀利乌斯

Fred Hoyle 弗莱德·霍伊尔

Freeman Dyson 弗里曼·戴森

Fritz Haber 弗里茨·哈伯

Fritz Zwicky 弗里茨·茨维基

Fulvio Melia 富尔维沃·米利亚

I

Ignazio Ciufolini 伊尼亚齐奥·丘富里尼

Ilse Rosenthal-Schneider 伊尔莎·罗森塔尔 - 施奈德

Imre Bartos 伊姆雷·巴托斯

Ioannes Philiponus 约翰·费罗普勒斯

Irwin I.Shapiro 欧文·I. 夏皮罗

Isaac Newton 艾萨克·牛顿


J

J. Anthony(Tony) Tyson J. 安东尼（托尼）·泰森

J. Robert Oppenheimer J. 罗伯特·奥本海默

James Bardeen 詹姆斯·巴丁

James Bradley 詹姆斯·布拉德利

James Clerk Maxwell 詹姆斯·克拉克·麦克斯韦

James Dewar 詹姆斯·杜瓦

James Faller 詹姆斯·弗勒

James Franck 詹姆斯·弗兰克

Janna Levin 珍娜·莱文

Jay Marx 杰伊·马克思

Jean Eisenstaedt 珍·埃森史泰德

Jenny Meyer 詹妮·梅耶

Jerrold Zacharias 杰拉德·扎卡莱亚斯

Jessica Raley 杰西卡·瑞雷

Jim Hough 吉姆·霍夫

Jocelyn Bell 乔瑟琳·贝尔

Joe Taylor 乔伊·泰勒

Johann Bode 约翰·波德

Johann Georg von Soldner 约翰·乔治·冯索德纳

Johannes Droste 约翰尼斯·德罗斯特

John Connelly 约翰·康纳利

John Kennedy 约翰·肯尼迪

John Michell 约翰·米歇尔

JohnTate 约翰·塔特

John Wheeler 约翰·惠勒

Jon Hall 乔恩·霍尔

Jorge Pullin 豪尔赫·普林

Joseph H. Taylor 约瑟夫·泰勒

Josef Lense 约瑟夫·伦泽

Joseph P. Weber 约瑟夫·P. 韦伯

Juan Domingo Perón 胡安·多明戈·裴隆

Julian Schwinger 朱利安·施温格

Jürgen Renn 尤尔根·雷恩


K

Karl Jansky 卡尔·央斯基

Karl Schwarzschild 卡尔·史瓦西（柴尔德）

Karsten Dazmann 卡斯滕·丹茨曼

Katerina Chatziioannou 卡特雷纳·查兹欧南诺

Keith Laidler 基思·莱德勒

Kenneth Nordtvedt 肯尼斯·诺德维特

Kip Thorne 基普·索恩

L

Leonard I. Schiff 莱纳德·I. 席夫

Leopold Infeld 利奥波德·因费尔德

Lorand Eötvös 罗兰德·埃特沃斯

M

M. Gerstenshtein M. 格岑施泰因

Maarten van der Meent 马尔腾·范德米恩特

Marcel Grossman 马塞尔·格罗斯曼

Marcia Bartusiak 玛西亚·芭楚莎

Marco Drago 马尔科·德拉戈

Marta Burgay 玛塔·布尔盖

Martin Fleischmann 马丁·弗莱施曼

Martin Handford 马丁·汉德福德

Martin Kruskal 马丁·克鲁斯卡

Martin Levine 马丁·莱文

Martin Ryle 马丁·赖尔

Matthew McConaughey 马修·麦克康纳吉

Matt Visser 马特·维瑟

Michael Turner 迈克尔·特纳

N

Narendra Modi 纳伦德拉·莫迪

Nathan Rosen 内森·罗斯

Neil Armstrong 尼尔·阿姆斯特朗

Nicholas(Nico)Yunes 尼古拉斯（尼科）·尤尼斯

Niels Bohr 尼尔斯·玻尔

Nikolay Basov 尼古拉·巴索夫

Norbert Wex 诺伯特·韦克斯


O

Oliver Lodge 奥利弗·洛奇

Oliver Sacks 奥利弗·赛克斯

Orest Chwolson 俄莱斯特·奇沃尔松


P

Paolo Freire 保罗·弗雷尔

Paul Reichley 保罗·赖克利

Paul Weyland 保罗·维兰德

Peter Bender 皮特·本德尔

Peter Bergmann 皮特·伯格曼

Philip Eaton 菲利普·伊顿

Philipp Lenard 菲利普·勒纳

Philip Morrison 菲利普·莫里森

Pierre Simon Laplace 皮埃尔·西蒙·拉普拉斯


R

Ralph Alpher 拉尔夫·阿尔珀

Ralph Fowler 拉尔夫·富勒

Ramesh Narayan 拉梅什·纳拉扬

Ray Weymann 雷伊·威曼

Rainer(Rai) Weiss 莱纳（拉伊）·韦斯（莱）·魏斯

Reinhard Genzel 雷恩哈德·根泽尔

Reverend John Michell 瑞沃伦特·约翰·米契尔

Richard Feynman 理查德·费曼

Richard van Patten 理查德·凡帕滕

Robert Brown 罗伯特·布朗

Robert Carswell 罗伯特·卡斯维尔

Robert Dicke 罗伯特·迪克

Robert Forward 罗伯特·福沃德

Robert H. Cannon 罗伯特·H. 坎农

Robert Trumpler 罗伯特·特朗普勒

Robert V. Pound 罗伯特·V. 庞德

Robert V. Wagoner 罗伯特·V. 瓦戈纳

Robert Vessot 罗伯特·维索特

Robert Wilson 罗伯特·威尔逊

Rochus E. Vogt 罗切斯·E. 沃格特

Ronald Drever 罗纳德·德雷弗

Ronald Hellings 罗纳尔德·海灵斯

Rudi Mandl 鲁迪·曼德尔

Rudolph Mössbauer 鲁道夫·穆斯堡尔

Russell Hulse 拉塞尔·赫尔斯

S

Scott Hughes 斯科特·休斯

Scott Ransom 斯科特·兰塞姆

Sergei Blinnikov 谢尔盖·布林尼科夫

Sheperd Doeleman 谢普德·杜勒曼

Simon Stevin 西蒙·斯蒂文

Stanley Pons 斯坦利·彭斯

Stephen Hawking 史蒂芬·霍金

Subrahmanyan Chandrasekhar 苏布拉马尼扬·钱德拉塞卡

T

Thomas Gold 托马斯·戈尔德

Thomas Matthews 托马斯·马修斯

U

UrbianJean Joseph Le Verrier 奥本·让·约瑟夫·勒维耶

V

V.Pustovoit V. 普斯托沃伊特

Vladimir Braginsky 弗拉迪米尔·布拉金斯基

W

Walter Baade 沃尔特·巴德

Walter S. Adams 沃尔特·S. 亚当斯

Werner Heisenberg 维尔纳·海森堡

Wilhelm Hersche 威廉姆·赫歇尔

Willem de Sitter 威莱姆·特希特

William Campbell 威廉姆·坎贝尔

William Fairbank 威廉姆·费尔班克

William Fowler 威廉姆·富勒


Y

Yogi Berra 尤吉·贝拉

Yvonne Choquet-Bruhat 伊冯娜·乔克特 - 布鲁哈

**图书在版编目（CIP）数据**

爱因斯坦还是对的吗？/(美)克利福德·威尔,(美)尼古拉斯·尤尼斯著;刘丰源译 .-- 长沙：湖南科学技术出版社，2023.4

ISBN 978-7-5710-2052-1

Ⅰ . ①爱… Ⅱ . ①克… ②尼… ③刘… Ⅲ . ①自然科学 - 普及读物 Ⅳ . ① N49

中国国家版本馆 CIP 数据核字 (2023) 第 019683 号

Is Einstein Still Right?
Copyright © Clifford M. Will, Nicolás Yunes 2020
The moral rights of the authors have been asserted
First Edition published in 2020
All rights reserved.

湖南科学技术出版社获得本书中文简体版独家出版发行权

著作权合同登记号 18-2021-100

**AIYINSITAN HAISHI DUI DE MA?**
**爱因斯坦还是对的吗？**

著者
[ 美 ] 克利福德·威尔
[ 美 ] 尼古拉斯·尤尼斯
译者
刘丰源
出版人
潘晓山
责任编辑
杨波
出版发行
湖南科学技术出版社
社址
长沙市开福区芙蓉中路一段 416 号
http://www.hnstp.com
湖南科学技术出版社
天猫旗舰店网址
http://hnkjcbs.tmall.com

印刷
湖南省众鑫印务有限公司
厂址
长沙县榔梨街道梨江大道20号
版次
2023 年 4 月第 1 版
印次
2023 年 4 月第 1 次印刷
开本
710mm×1000mm 1/16
印张
21.5
字数
226 千字
书号
978-7-5710-2052-1
定价
68.00 元